高等院校"卓越工程师"教育培养计划配套教材

机械电子工程导论

（第3版）

李景湧　编著

北京邮电大学出版社
www.buptpress.com

内 容 简 介

"机械电子工程导论"是机械电子工程专业为新生开设的一门专业导论性课程,旨在向新生介绍机械电子工程专业的性质、特点及其在国民经济中的地位和发展概况,本专业的学生在校期间学什么、毕业以后能干什么以及在校期间应当怎样学习。本书的特点是:结合机电系统(产品)的设计思路确定了机电工程师应具有的能力,进而建立了机械电子工程专业的知识体系并依据该体系建立了课程体系;介绍了本专业的核心课程、这些课程的核心知识及这些知识在机电系统中的应用。另外,本书增加了有关"人工智能技术"的介绍,对初学者可以起到启蒙的作用。

本书可作为机械电子工程专业学生的教材,也可供机电工程技术人员参考。

图书在版编目(CIP)数据

机械电子工程导论 / 李景湧编著. -- 3 版. -- 北京：北京邮电大学出版社,2025. -- ISBN 978-7-5635-7406-3

Ⅰ. TH-39

中国国家版本馆 CIP 数据核字第 2024GU3316 号

策划编辑：马晓仟	责任编辑：刘春棠　　责任校对：张会良　　封面设计：七星博纳

出版发行：北京邮电大学出版社
社　　址：北京市海淀区西土城路 10 号
邮政编码：100876
发 行 部：电话 010-62282185　　传真 010-62283578
E-mail：publish@bupt.edu.cn
经　　销：各地新华书店
印　　刷：保定市中画美凯印刷有限公司
开　　本：787 mm×1 092 mm　1/16
印　　张：15.25
字　　数：386 千字
版　　次：2015 年 1 月第 1 版　2017 年 11 月第 2 版　2025 年 1 月第 3 版
印　　次：2025 年 1 月第 1 次印刷

ISBN 978-7-5635-7406-3　　　　　　　　　　　　　　　定价：46.00 元

· 如有印装质量问题,请与北京邮电大学出版社发行部联系 ·

第3版前言

目前人类社会已进入人工智能时代,无人驾驶汽车、无人驾驶火车已在线运行;智能车间、智能工厂、智能码头已正常使用;各式各样的机器人降低了人们的劳动强度,甚至还出现了能陪人聊天的机器人。这些人工智能产品的出现对机电一体化技术是一个很大的冲击,同时也为机电一体化技术指明了发展方向——人工智能。

前三次工业革命将人们从体力劳动中解放出来,第四次工业革命——信息化革命定会将人们从繁重的脑力劳动中解放出来。人类社会发展到这一步,是大势所趋,每个人都必须紧紧地跟上,并尽自己的一份力量。信息化革命的核心是发展人工智能技术,为了适应这一发展形势,作者决定对《机械电子工程导论》(第2版)进行改版,其目的就是向学生介绍一些人工智能的知识,将学生引进人工智能的大门,以推动机电一体化技术的飞速发展——高度自动化与智能化。

本次改版除了增加了人工智能技术方面的内容,还对"工程力学模块"、"机械设计模块"、"电工电路模块"、"检测控制模块"和"计算机类模块"所设置课程的介绍作了修改,更强调从广义执行子系统和检测控制子系统的设计与使用的角度去选取教学内容。这样,对教师来说,可以将本书作为教学的参考资料;对学生来说,可以知道所设置的每一门课和所讲的内容在系统设计中有什么用。

本书所增加的"人工智能技术"部分的内容承蒙张碧玲教授审阅并提出许多宝贵意见,在此特向她表示衷心的感谢!

由于作者水平有限,本书内容可能存在不当之处,恳请读者指正。

作 者
2024.9.20

第 2 版前言

《机械电子工程导论》自 2015 年年初出版以来,受到许多院校的关注,并被这些院校用作教材。经过两年多的教学实践,作者对该课程有了进一步的认识,同时收到了热心读者的一些反馈意见,因此,作者决定进行改版工作。

2015 年我国政府公布了《中国制造 2025》和"互联网＋"行动计划;在此之前,德国公布了"工业 4.0"。今后,产品(系统)从研发设计、生产制造、运行维护到报废回收都将高度自动化、智能化;基于互联网的"信息物理融合系统"将对任何产品(系统)都进行"系统生命周期管理";虚拟仿真技术将伴随产品(系统)的整个生命周期。因此,机械电子工程将在第四次工业革命中扮演重要角色,同时机电一体化的内涵也将进一步得到丰富与发展。

为了适应"系统生命周期管理"理论的实施,推动"信息物理融合系统"(《中国制造 2025》和"互联网＋"的核心内容)的普遍应用,尽快实现《中国制造 2025》和"互联网＋"等所制定的目标,有必要对机械电子工程专业的教学内容进行深入的改革。因为在不远的将来,产品的设计、制造、检测、运维都将是先虚拟后现实,设计工作将不再是难事,机电工程师的能力集中体现在产品策划与概念设计的创新上(这是计算机替代不了的)。据此,改革的内容应当集中在两个方面。一是加深基本理论的内容,重点是普遍增加非线性理论(模型)的内容。因为虚拟仿真的结果是否符合实际,关键在于从实际问题所抽象的物理模型(从而数学模型)是否符合实际,而绝大多数的实际问题都是非线性的物理模型,所以无论是广义执行子系统还是检测控制子系统都应当增加非线性的内容,只有模型正确,仿真结果才能接近实际,进而由"虚"到"实"的"系统生命周期管理"才能真正得以实现。二是加深计算机科学的内容。按《中国制造 2025》和"互联网＋"的精神,我国将全面推进企业与工厂的信息化与智能化。要实现这一目标,首先要将企业和工厂(包括其产品)数字化(即全都建立数字模型),然后通过互联网建成数字化企业或数字化工厂,最后通过智能技术控制数据,进而实现企业和工厂的智能化。机械电子工程专业的学生是非计算机专业的学生,要想适应国家的需求,必须掌握计算机软硬件的相关概念和理论,而不应当只停留在掌握很少的应用技术上。

另外,第 4 章对各门课所讲的知识在机械电子工程专业或机电一体化系统中的应用都作了一些介绍,供学生参考。

此次改版全书的架构不变,只依上述思想做些改动,以适应形势的要求。

在本书的编写过程中,作者参考了中国机械工程学会技术认证中心所编的《中国机械工程学会机械工程师资格考试指导书》和北京邮电大学自动化学院与教务处编印的《北京邮电大学自动化学院 2009 年版教学大纲》,在此对上述资料的作者表示衷心的感谢!

作 者

2017.8.16

第 1 版前言

刚刚踏进大学校园的大一新生都希望通过四年的专业学习,成为品学兼优又有一技之长的国家栋梁之材。他们渴望尽快地了解大学里的一切,尤其渴望了解自己所学的专业。对于机械电子工程专业的新生来说,一系列问题萦绕在他们的头脑之中:
- 机械电子工程是什么样的专业?
- 机械电子工程在国民经济中的重要性是什么?
- 在校期间学什么?
- 毕业以后能干什么?
- 在校期间怎样学习?

这些问题必须尽快解答,以便他们迅速地进入角色。

另外,在过去的教学中,作者发现有些同学不会选课,对于一些比较难学但对本专业很重要的课程,这些同学没有选,导致书到用时方恨少。

因此,在新生入学之初就开设一门导论课,及时、系统、科学地解答他们的疑问,则显得特别必要。通过对导论课的学习,学生对本专业的工程系统、知识体系和核心知识有了一个概括性的了解:一方面明确了自己所学专业的内容与方向;另一方面在后续的学习中精选所学课程。通过课堂教学和一系列实践活动,学生可以系统、科学地掌握本专业的基本理论、基本技术、基本技能和工程知识,逐步培养自己分析、解决实际工程问题的能力和自学能力,从而避免因为没有得到及时的引导,无依据、无系统、盲目地选课而浪费了宝贵时间,到毕业时,才发现所学知识有所缺失,但为时已晚。

《机械电子工程导论》就是在这样的背景下,针对新生的需求和作者对这些需求的理解与体会而编写的,希望本书对机械电子工程专业的新生有所帮助。

由于新生对机械电子工程专业具体内容无知或知之甚少,又加上本专业涉及机械、电子、测控、计算机等许多学科的知识,内容既多又杂,而学时又有限,因此在选择本书的内容时作者做了如下处理:

(1) 在介绍机电一体化产品和系统的设计制造时,只作概念性的、定性的介绍,不涉及理论公式的推导与计算;

(2) 知识体系侧重于机电一体化产品和系统的设计,有关制造方面的内容是为所讲设计内容服务的;

(3) 重点介绍机械、电路和控制等系统设计方面的基本理论和基本知识,其他方面(机械制造、电路制作、检测技术、计算机应用等)的内容均作为基本技术和工程知识予以介绍。

本书是在系统工程思想指导下编写而成的,原因有二:其一,任何实际工程问题都是一个工程系统,机电一体化产品和系统也不例外,因此,在介绍该系统时,一定要按系统工程的思想进行;其二,专业知识体系和课程体系本身也是一个教学培训系统,其涉及内容庞杂,也必须按系统工程的思想将其理顺,给学生一个层次分明、条理顺畅的体系架构,便于学生了解本专业所涉及的学科、学科内容及各学科内容之间的相互关系,进一步确定本专业的核心知识,为今后的学习打下基础。基于上述思想,本书的编排思路是:按照教育部对本专业的要求,首先,对机械电子工程专业以及该专业所学习的对象——机电一体化产品和系统作一简单介绍;其次,以机电一体化产品和系统创新设计为导引,指出学生应当具有什么样的能力,继而从培养学生能力出发,构建机电专业知识体系(包括基本理论、基本技术、基本技能和工程知识);最后,将机电专业知识体系按学科、按知识的先后衔接顺序分成不同的课程,构成课程体系,并简单介绍每门课(对本专业来说)的核心知识内容,这样就使学生对本专业的教学体系有一个明确的认识,知道怎样选择课程可以获得比较完整的知识体系,同时这也是学院安排教学计划的依据。

本书共分7章。第1章为绪论,依据教育部的规定对机械电子工程专业作了简单介绍,同时还介绍了机械电子工程专业在国民经济中的地位、发展历史与现状,以及学生毕业后的就业方向。第2章为机电一体化系统简介,介绍了机电一体化系统的构成、概念及其深层含义。第3章为机械电子工程师应具备的知识体系,先依机电一体化系统(产品)创新设计的思路引出机械电子工程师应具有的能力,再由应具有的能力确定他们应具备的知识体系。第4章为机械电子工程专业的课程体系与核心课程,按上述知识体系建立了机械电子工程专业的课程体系,并介绍了每一门核心课程(对本专业来说)的核心知识。第5章为方案设计实例,这里选择了收集机器人和光电产品自动装配生产线作为实例,介绍实际的机电一体化系统(产品)是如何设计的。这一方面是对前面所讲内容的应用与总结,另一方面也是为了培养学生掌握机器人概念设计的初步能力。第6章为机械电子工程专业发展方向展望,简单描述了机械电子工程专业的发展方向,引发学生对将来事业发展的思考。第7章为关于如何学习的几点思考,介绍了作者关于在大学期间怎样学习的几点看法,告诉学生,在大学的学习中,关键不在于记住某个原理、某项技术、某个公式,而在于理解这些原理、技术、公式在机电一体化系统中怎么用,通过自己独立思考和反复实践悟出其中的道理,不断提高自己分析、解决实际问题的能力和自学能力,将自己锤炼成一个素质高、修养好、知识面广、能力强的好学生。另外,本书还有一个附录,它是为执行教育部提出的卓越工程师计划对教学安排提出的几点建议。在前7章讲完以后,给学生布置开发项目,考虑到可实践性,要求每个学生自己选一个机器人类型的项目(如跳舞机器人、清障机器人、爬楼机器人、管道机器人、清洁机器人、搏击机器人、足球赛机器人、机器鱼等,也可以自己设计),毕业前完成。在近三年的时间内学生可以利用实验、实习、课程设计和毕业设计(或课余时间)的时间去完成这一项目。这样安排还有一个目的:希望各门课程的教学活动都以这些项目的开发设计为导引来进行,使学生知道所学内容(原理、技术、工程知识)有何用,如何用。要做好这项工作,就必须有一份针对机电一体化系统开发的"项目开发指导书",使学生有章可循,也可以保证学生按进度表完成项目。对于具体做法,作者在附录中提了初步的建议。另外,书中**

标注的部分是作者对教学的建议,供教师与学生参考。

"机械电子工程导论"这门课程只有 1 学分,学时少,内容多,在进行具体的教学安排时可以重点解决 3 个问题:第一,综述——阐明开设本课程的目的和本课程在本专业学习中的作用;第二,解惑——回答新生所关心的 5 个问题(即前言第一段所提的 5 个问题);第三,培养能力——培养学生掌握机器人概念设计的初步能力。具体建议如下(也可参考"关于'机械电子工程导论'课程教学安排的建议",网址:www.buptpress.com):

第一,综述,主要是前言的内容。

第二,解惑,主要是第 1~4 章和第 7 章的内容。第 1 章§1.1 和第 2 章主要回答第一个问题,即机械电子工程是什么样的专业。第 1 章§1.2 回答第二个问题,即机械电子工程在国民经济中的重要性。第 2~4 章主要回答第三个问题,即学生在校期间学什么。第 1 章§1.3 回答第四个问题,即学生毕业以后干什么。第 3 章 3.3.1 节和第 7 章主要回答第五个问题,即学生在校期间怎样学习。

第三,培养能力,主要是第 3 章§3.1、§3.2 和第 5 章的内容,通过课堂讨论与实践让学生掌握机器人概念设计的初步能力,为按"卓越工程师计划"进行教学做准备。

另外,第 4 章§4.2 的内容留给学生自学,作为今后选课的依据,同时供教师选择教学内容时参考。第 6 章也留给学生自学,以扩大知识面,增加对本专业的兴趣。附录可作为教师安排教学计划时的参考。

本书在策划阶段就得到自动化学院和机械工程教研中心的鼓励与支持,可以说是集体智慧的结晶。李金泉副教授和作者一起编写了本书的大纲,对"机电一体化系统(产品)创新设计思路图"进行了具体修改,并提供了"光电产品自动化装配生产线"的全部设计资料。杨政博士和付欣硕士提供了"收集机器人"的全部设计资料。桂照斌硕士搜集了第 2 章末的机电一体化产品的资料。魏世民教授和李端玲教授提供了附录中的许多实训项目。余瑾高级工程师和庄育锋教授也做了许多具体工作。在上述老师和同学的帮助下,本书得以顺利完成,在此,对他们表示衷心的感谢。同时还要感谢廖启征教授、邓中亮教授和李金泉副教授,他们在百忙之中抽出时间对本书作了全面审阅,并提出了许多宝贵意见。

由于作者水平所限,加上时间仓促,本书难免有不当之处,欢迎读者指正。

李景湧

2014.8

目 录

第1章 绪论 ... 1
1.1 机械电子工程是什么样的专业 ... 1
1.1.1 教育部对机械电子工程专业的规定与要求 ... 1
1.1.2 对机械电子工程专业教学要求的分析与理解 ... 4
1.2 机械电子工程在国民经济中的地位 ... 7
1.2.1 机械始终是推动人类社会进步与发展的动力 ... 7
1.2.2 机电行业始终是国民经济的主要支柱 ... 7
1.3 机械电子工程专业毕业生的就业方向 ... 9
1.3.1 专业技术方向 ... 9
1.3.2 技术管理方向 ... 11
1.3.3 对毕业生就业的一些建议 ... 12

第2章 机电一体化系统简介 ... 14
2.1 机电一体化系统实例 ... 14
2.1.1 实例1——机器人 ... 14
2.1.2 实例2——五轴龙门数控机床 ... 17
2.1.3 实例3——物流自动分拣存储系统 ... 20
2.1.4 实例4——复印机 ... 22
2.2 机电一体化系统的构成 ... 22
2.2.1 对实例的分析与总结 ... 23
2.2.2 机电一体化系统的体系架构、功能模块及其逻辑关系 ... 24
2.3 系统简介 ... 26
2.3.1 系统的实例 ... 26
2.3.2 系统的构成与基本性能 ... 28
2.3.3 系统的定义 ... 33
2.3.4 系统的分析 ... 34
2.4 机电一体化简介 ... 35
2.4.1 机电一体化的概念 ... 35
2.4.2 机电一体化的内涵 ... 36
2.5 机电一体化系统的发展概况 ... 37

2.5.1 机电一体化概念的演变 ……………………………………………… 37
2.5.2 机电一体化体系的更新 ……………………………………………… 39
2.5.3 机电一体化系统的设计、制造已有了综合系统 …………………… 40
2.5.4 机电一体化产品(系统)已向智能化转变 …………………………… 41

第3章 机械电子工程师应具备的知识体系 …………………………………… 42

3.1 机电一体化系统(产品)创新设计 ……………………………………………… 42
    3.1.1 机电一体化系统(产品)创新设计思路 ……………………………… 42
    3.1.2 对创新设计思路图的说明 …………………………………………… 42
3.2 开发设计机电一体化系统(产品)所应具有的能力 …………………………… 54
3.3 机电一体化系统(产品)创新设计所应具有的知识体系 ……………………… 55
    3.3.1 设计者应具有的基本素养和基本知识 ……………………………… 55
    3.3.2 机电一体化系统(产品)创新设计所需的知识体系 ………………… 57
    3.3.3 机电一体化系统(产品)创新设计知识体系所涉及的核心知识 …… 57

第4章 机械电子工程专业的课程体系与核心课程 …………………………… 66

4.1 机械电子工程专业课程体系 …………………………………………………… 66
4.2 核心课程及其知识要点 ………………………………………………………… 68
    4.2.1 机械电子工程导论 …………………………………………………… 68
    4.2.2 数学模块 ……………………………………………………………… 69
    4.2.3 物理模块 ……………………………………………………………… 83
    4.2.4 工业设计导论 ………………………………………………………… 88
    4.2.5 工程图学与CAD ……………………………………………………… 89
    4.2.6 工程力学模块 ………………………………………………………… 90
    4.2.7 机械设计模块 ………………………………………………………… 98
    4.2.8 机械制造模块 ………………………………………………………… 104
    4.2.9 电工电路模块 ………………………………………………………… 109
    4.2.10 检测控制模块 ……………………………………………………… 115
    4.2.11 计算机类模块 ……………………………………………………… 128
    4.2.12 专业课模块 ………………………………………………………… 136
    4.2.13 辅助专业课模块 …………………………………………………… 142
    4.2.14 人文类模块 ………………………………………………………… 144
    4.2.15 实践类模块 ………………………………………………………… 160
    4.2.16 选修类模块——人工智能类课程 ………………………………… 163

第5章 方案设计实例 …………………………………………………………… 182

5.1 收集机器人的方案设计 ………………………………………………………… 182
    5.1.1 客户需求 ……………………………………………………………… 182
    5.1.2 总体功能需求分析 …………………………………………………… 183

5.1.3　总体功能分解 ··· 183
　　5.1.4　确定广义执行子系统的功能模块及方案论证 ···························· 184
　　5.1.5　确定检测控制子系统的功能模块及方案论证 ···························· 188
　　5.1.6　给出最后方案 ··· 192
5.2　某光电产品自动化装配生产线的方案设计 ······································ 192
　　5.2.1　客户需求 ·· 192
　　5.2.2　总体功能需求分析 ·· 193
　　5.2.3　总体功能分解 ··· 195
　　5.2.4　光电产品自动化装配生产线初步方案 ····································· 200

第6章　机械电子工程专业发展方向展望 ·· 203

6.1　机电一体化的发展趋势 ·· 203
　　6.1.1　设计理念的更新 ··· 203
　　6.1.2　机电一体化技术的发展 ··· 206
　　6.1.3　人才教育的改革 ··· 208
6.2　我国近期机电一体化方面的重点工作 ··· 209

第7章　关于如何学习的几点思考 ·· 216

7.1　在大学里学什么 ·· 216
7.2　在大学里怎么学 ·· 216
　　7.2.1　如何逐步提高自己的道德修养 ··· 217
　　7.2.2　如何逐步提高自己解决实际工程问题的能力 ····························· 217

参考文献 ··· 224

附录　关于实践课安排的建议 ·· 226

第1章 绪 论

欢迎同学们学习机械电子工程专业!

同学们刚刚跨进大学的校门,渴望尽快地了解大学的一切,尤其渴望了解自己所学的专业,一系列问题萦绕在同学们的头脑中。从本章开始,将就同学们所关心的问题,即本专业的性质、特点与地位,在校期间学什么,毕业以后能干什么,在校期间怎样学,怎样培养自己的能力等,做出回答,以便同学们尽快地进入角色。

1.1 机械电子工程是什么样的专业

新生一入学就急于知道自己所学的是一个什么样的专业,本节就来回答这一问题。先概括介绍教育部关于本专业的一些规定,再进行详细介绍。

1.1.1 教育部对机械电子工程专业的规定与要求

1. 机械电子工程专业介绍

关于机械电子工程专业,教育部颁发的《普通高等学校本科专业目录和专业介绍》中已作了详细、准确的描述,现转录如下。

> **080204 机械电子工程**
>
> **培养目标**:本专业培养具备机械、电子、控制等学科的基本理论和基础知识,能在机电行业及相关领域从事机电一体化产品和系统的设计制造、研究开发、工程应用、运行管理等方面工作的高素质复合型工程技术人才。
>
> **培养要求**:本专业学生主要学习机械工程、电子技术、控制理论与技术等方面的基本理论和基础知识,接受机械电子工程师的基本训练,培养机电一体化产品和系统的设计、制造、服务,以及性能测试与仿真、运行控制与管理等方面的基本能力。
>
> **毕业生应获得以下几个方面的知识和能力**:
>
> ① 掌握本专业所需的相关数学和机械电子学等基本理论和基础知识,了解本专业领域的发展现状和趋势;
>
> ② 掌握文献检索、资料查询及运用现代信息技术的基本方法,具有综合运用所学理论、知识和技术设计机电一体化系统、部件和过程的能力;
>
> ③ 掌握科学的思维方法,具有制订实验方案、完成实验、处理和分析数据的能力;

④ 具有对机电工程问题进行系统表达、建立模型、分析求解、论证优化和过程管理的初步能力；

⑤ 具有较强的创新意识和进行机电一体化产品与系统开发与设计、技术改造与创新的初步能力；

⑥ 具有较好的人文科学素养、较强的社会责任感和良好的工程职业道德，熟悉与本专业相关的法律法规，能正确认识本专业对客观世界和社会的影响；

⑦ 具有一定的组织管理能力、较强的表达能力和人际交往能力以及在团队中发挥作用的能力；

⑧ 具有一定的国际视野和跨文化交流、竞争与合作的初步能力，具有终身教育的意识和继续学习的能力。

主干学科：机械工程、控制科学与工程。

核心知识领域：工程图学、工程力学、电路原理、工程电子技术、控制工程基础、传感与检测技术、机械设计基础、机械制造技术基础、微型计算机原理与应用、机电系统设计、机电传动与控制等。

主要实践性教学环节：认识实习、金工实习、生产实习、机电系统综合实践、课程设计、科研创新与社会实践、毕业设计（论文）等。

主要专业实验：工程力学实验、电路与电子技术系列实验、机电系统测控实验、机械基础实验、微型计算机原理与应用系列实验、机电控制基础实验、传动与控制技术系列实验、电子机械综合实践等。

修业年限：四年。

2. 机械类专业知识体系和核心课程体系建议（节录）

为了建立健全教育质量保障体系，教育部高等教育司依据《普通高等学校本科专业目录(2012)》组织编制了《普通高等学校本科专业教学质量国家标准》(2018年发布)，其后的附录为《机械类专业知识体系和核心课程体系建议》，现节录如下。

附录 机械类专业知识体系和核心课程体系建议

1) 专业类知识体系

(1) 知识体系

① 通识类知识

a. 人文社会科学类

除国家规定的教学内容外，由各高校根据办学定位和人才培养目标确定。

b. 数学和自然科学类

主要包括数学和物理学，并合理考虑化学和生命科学等知识领域。

数学主要包括微积分、线性代数、微分方程、概率与数理统计、计算方法等相关知识领域。物理学主要包括力学、热学、电磁学、光学、近代物理学等相关知识领域。

数学、物理学的教学内容应不少于教育部相关课程教学指导委员会要求的内容。各高校可根据自身人才培养定位提高数学和物理学（含实验）的教学要求，以加强学生的数学、物理学基础。

② 学科基础知识

学科基础知识被视为专业类基础知识，教学内容应覆盖以下知识领域的核心内容：工程图学、力学（材料力学、理论力学等）、热流体（流体力学、热力学或传热学）、电工电子学、材料科学基础等。

③ 专业知识

不同专业的课程必须覆盖相应的核心知识领域，培养学生将所学知识应用于复杂工程问题的能力。

机械电子工程专业核心知识领域包括：机械设计基础、机械制造基础、控制理论与技术、传感与检测技术、机电系统设计与控制等。

(2) 主要实践性教学环节

各高校应具有满足教学需要的完备的实践教学体系，主要包括工程训练、实验课程、课程设计、生产实习、科技创新活动、毕业设计（论文）等。

① 工程训练

学生通过系统的工程技术学习和工艺技术训练，增强工程意识、质量意识、安全意识、环保意识和动手能力，包括机械制造过程认知实习、机械制造基础训练、先进制造技术训练、机电综合技术训练等。

② 实验课程

实验类型包括认知性实验、验证性实验、综合性实验和设计性实验等，培养学生实验设计、实施和测试分析的能力。

③ 课程设计

专业主干课程应设置独立的课程设计，培养学生的设计能力和解决问题的能力。

④ 生产实习

观察和学习各种加工方法；学习各种加工设备、工艺装备、物流系统或流程型工艺装备的工作原理、功能、特点和适用范围；了解典型零件、部件和设备的加工和装配工艺路线；了解产品设计、制造过程；了解先进的生产理念和组织管理方式；培养工程实践能力、发现和解决问题的能力。

⑤ 科技创新活动

组织学生参与科学研究和科技创新活动，培养学生的创新创业意识、工程实践能力、表达能力和团队精神。

⑥ 毕业设计（论文）

培养学生综合运用所学知识分析和解决复杂工程问题的能力，提高专业素质，培养创新能力。

选题应符合各专业的培养目标和培养要求，具有明确的工程应用背景，工程研究类和工程设计类选题应有恰当的比例，一人一题。

应由具有丰富经验的教师或企业工程技术人员指导，支持学生到企业进行毕业设计（论文）。

应制定与毕业设计（论文）要求相适应的标准和检查保障机制，对选题、内容、学生指导、答辩等提出明确要求，保证课题的工作量和难度，并为学生提供有效指导。

2) 专业类核心课程建议

(1) 课程体系构建原则

由学校根据自身定位、培养目标和办学特色自主设置课程体系。课程设置应能支持培养目标及毕业要求的达成。

人文社会科学类教育应能够使学生在从事工程设计时考虑经济、环境、法律、伦理等各种制约因素。

数学和自然科学类教育应能够使学生掌握理论和实验的方法，为学生将相应的基本概念运用到复杂工程问题的表述、建立数学模型，并能进行分析推理奠定基础。

学科基础类课程、专业类课程与实践环节应能体现以数学和自然科学为基础，培养学生发现并解决本专业领域复杂工程问题的能力。

人文和社会科学类课程至少占总学分的15%，数学和自然科学类课程至少占总学分的15%，实践性环节至少占总学分或总学时的20%，学科基础知识和专业知识课程至少占总学分的30%。

课程体系的设置应有企业或行业专家参与。

(2) 核心课程体系

核心课程体系是实现专业人才培养目标的关键。各高校应根据人才培养目标，将核心知识领域的内容组合成核心课程，并适当增加体现本校特色的教学内容。将这些核心课程根据学科内在逻辑和学生知识、素质、能力形成规律进行编排，构建专业核心课程体系。核心课程的名称、学分、学时和教学要求以及课程顺序等由各高校自主确定，本标准不做统一规定。

3. 人才培养多样化建议

各高校应依据自身办学定位和人才培养目标，以适应社会对多样化人才培养的需要和满足学生继续深造与就业的不同需求为导向，建立多样化的人才培养模式以及与之相适应的课程体系、教学内容和教学方法，设计优势特色课程，结合学科发展和职业需要，提高选修课比例，由学生根据个人兴趣和发展进行选修。

4. 有关名词释义和数据计算方法

内容略。

1.1.2 对机械电子工程专业教学要求的分析与理解

根据上面的介绍，对机械电子工程专业，可以明确以下几点。

1. 本专业学习的工程对象

本专业学习的工程对象是机电一体化产品和系统，如航天工程中的火箭、人造卫星、空间站、飞船、雷达，交通运输业中的飞机、汽车、高速列车、地铁列车，制造业中的数控机床、加工中心、自动生产线（喷漆、焊接、组装生产线），轻工业中的自动纺纱机、自动织布机、自动缝纫机、自动绣花机、饮料自动灌装生产线、印刷自动生产线、包装自动生产线，物流业中的物品自动分拣机、自动导引车、立体仓库，钢铁工业中的连轧、连铸自动生产线，各种类型的机器人。

2. 本专业所涉及的主要学科

本专业所涉及的主要学科是机械工程、电子技术、控制理论与技术、计算机技术、人工智能。

3. 本专业人才培养的基本要求

国家的未来在于青年,培养德智体全面发展的人才是大学的根本职责。

(1) 德育方面

学生当以实现中华民族伟大复兴为己任,有正确的政治方向和社会主义核心价值观,"顶天立地胸怀伟业,奋勇前进不负人民",做一个党和人民期望的栋梁之材,做一个共产主义事业的接班人。

(2) 智育方面

学生应当掌握机械、电子、控制、计算机、人工智能等学科的基本理论和基础知识,并接受机械电子工程师的基本训练,从而具有从事机电一体化产品和系统的设计制造、研究开发、工程应用、运行管理诸方面的工作能力。

(3) 体育方面

健康第一。健康的身体是一个人能发挥出最大潜能的基础。"健康"应当包括两个方面:一个是心理健康,另一个是体魄健壮。学生必须能自觉地在困难或逆境中磨炼意志,使自己具有良好的心理素质;同时,还必须能坚持不懈地进行体育锻炼,使自己具有健壮的体魄。

4. 本专业的学生应具有的基本能力

为了适应毕业后的实际工作,学生应具有以下几个方面的能力。

(1) 获取知识的能力

这里主要指获取专业的4类基本知识(基本理论、基本技术、基本技能和工程知识)的能力。具体做法如下。

① 通过课堂教学和课后练习、做实验与看参考书掌握已有机电一体化产品(系统)或其中的模块所涉及的物理模型及其数学模型,并弄清建立这些物理模型所应用的物理原理和建立数学模型所用的数学知识。

② 通过综合实验、课程设计、生产实习、毕业设计等实践活动,掌握本专业的基本技术和工程知识;同时,学会使用专业工具、仪表、机电设备和计算机。

③ 通过创新实践活动或参加科研项目,掌握文献检索、资料查询、科创沙龙等学习方法,培养自学能力和创新思维方法。

(2) 应用知识的能力

这里主要指学生应具有利用所学的基本理论和基础知识解决机电工程问题的能力。具体内容如下。

① 系统分析能力:掌握系统工程的分析方法,具有对机电工程问题进行系统表达、建立物理/数学模型、分析求解、论证优化和全过程管理的初步能力。

② 设计制造能力:具有较强的创新意识,掌握创新设计的方法和步骤,具有对机电一体化产品和系统进行方案论证与优化、对其零部件进行技术设计计算的基本能力,并能对已有产品或系统进行技术改造。

③ 科学实验能力:掌握科学的思维方法,具有制订实验方案、完成实验、处理和分析数据的能力。

④ 性能测试能力:能利用所学的实验和检测技术,选择合适的现代工程工具和信息技术工具对机电一体化产品或系统进行性能检测,并进行质量评估。

⑤ 运行管理能力：了解相关的工程知识，具有对机电一体化产品和系统进行正常保养、维护和检修的初步能力。

(3) 研究创新能力

这里主要指学生应具有创新意识、创新精神和发明新产品的能力。具体内容如下。

① 创新能力源于理解问题的能力（理论基础）、评价问题的能力（背景知识）、分析问题的能力（思维方法）、解决问题的能力（科学实践）的综合。这是由人的素养决定的，而科学素养又是通过勤奋学习、不断实践培养出来的。因此在学习过程中，不仅要博览群书，还要勤于实践，理论结合实践，使知识在头脑中鲜活起来、灵动起来，形成许多奇思妙想。

② 要用创新学习方法进行学习。在学习中不仅要掌握已有知识，还要不断地探索求新，善于发现自己还未知的知识。在听课或读书时要有心得体会，注意发现新问题；在做作业时，能够一题多解、新解、巧解；在做实验时能设计出新方案或修改原来的实验方法，并注意发现新现象，或对某些现象作出新的解释；在设计训练时，能做出新方案、新造型；能应用新技术、新结构、新工艺、新材料设计出新产品。

③ 要达到上述目的，学生必须多参加创新实践活动或科研项目，并在活动中有意识地培养自己的创新精神和创新能力。

(4) 组织管理能力

这里主要指通过大学阶段的学习与实践，学生应具有项目管理和技术管理的初步能力。

(5) 政治识别能力

这里主要指学生应具有识别政治信息的能力。当今世界风云变幻，大学生必须善于区分是非、正误、真伪、善恶、美丑、利弊，坚持正确的政治原则，坚定社会主义信念，抵制并反对对党和国家不利的言行，做一个有志气、有骨气、有底气的中国人。

(6) 社交能力

这里主要指学生要具有较强的表达能力和人际交往能力。

① 表达能力体现在语言和文字两个方面。不管是说话还是写文章，都要思路清晰、概念清楚、有理有据、用词准确、文笔流畅。

② 人际交往能力体现为待人真诚、热情、谦虚和包容，能够与各种性格的人共事。

(7) 终身学习的能力

社会在进步，科学在发展，新事物会不断涌现，因此我们的知识要不断地更新，这就需要我们终身学习。极强的自学能力将是学生毕业后成就事业的法宝。

5. 学生应具有的人文素质

通过大学阶段的学习，学生应具有较好的人文科学素养。

① 有正确的价值观：学生应具有正确的价值观和较强的社会责任感。

② 有良好的职业道德：学生应具有良好的职业道德，熟悉与本专业有关的法律法规，使自己的工作造福于人类，而不要妨碍或破坏人类的美好生活。

③ 有和谐的团队精神：学生应具有团结协作精神，能在团队中发挥自己的作用。

④ 有锐意的开拓精神：学生应具有敢为人先的开拓精神。勤于学习、善于思考，对于已有知识能有独到的见解，对于新事物有浓厚的兴趣，勇于攀登科技高峰。

6. 本专业学生应掌握的专业知识

《普通高等学校本科专业教学国家标准》规定，本专业学生应掌握下述知识。

① 通识类知识：人文社会科学类，包括哲学、经济学、思想品德、法律、党史、政治思想理论、文学、艺术等学科；数学和自然科学类，包括数学、物理学等学科。

② 专业基础知识：包括工程图学、工程力学、热流体、电工电子、工程材料等学科。

③ 专业知识：包括机械设计、机械制造、检测技术、控制工程、机电系统设计与控制等学科。

7. 学生将来的就业方向

学生毕业后将在机电行业和相关领域从事机电一体化产品和系统的设计、制造、研发、运行管理等方面的工作。具体内容将在1.3节中叙述。

本节介绍了教育部颁发的《普通高等学校本科专业目录和专业介绍》与《机械类专业知识体系和核心课程体系》，其中关于机械电子工程专业的内容是本专业构建教学体系、安排教学计划的依据，也是对学生进行考核的标准，学生应当按照上述要求来衡量自己，通过四年的大学生活，将自己培养成符合国家要求的高素质复合型工程技术人才。

1.2 机械电子工程在国民经济中的地位

机械电子工程是研究、开发、设计、制造机电一体化产品和系统的专业，而机电一体化产品和系统是机械与电子、测控、计算机、智能等技术相融合的产物。通俗地讲，机电一体化产品和系统就是由计算机控制的自动化、智能化的机器或生产线，其实质仍是机械。下面，我们从机械（机械电子工程）在人类社会发展进程中的推动作用和各国政府对该产业的重视程度来体会一下机械电子工程在国民经济中的地位。

1.2.1 机械始终是推动人类社会进步与发展的动力

人类与动物的区别主要是人会使用工具，后来又发展为制造并使用简单机械（如杠杆、滑轮、斜面等），当时使用的动力是自然力（如人力、畜力、风力、水力等）。随着科学技术的发展，人们冶炼出铜、铁、钢等材料，发明了蒸汽机、内燃机和电动机，掀起了一次又一次的工业革命，设计、制造了各式各样的机器，它们减轻或代替了人的体力和脑力劳动，在解放人类的同时也提高了劳动生产率，提高了产品质量。可以说，是"工具（机械）"推动了人类社会的发展，是人类使用机械生产了产品、创造了财富，这使人类得以世世代代繁衍生息。可见，机械在人类历史发展的进程中一直起着推动作用。

现如今，机械已不再是单纯的钢铁器物，而是由机构和电子器件构成的，由计算机控制的自动化、智能化的机器，它们仍然是人们生产产品、创造财富、赖以生存的"工具"。因此，机械电子工程仍然是现代国民经济的支柱，机电一体化技术和产品的发展仍然是国民经济发展的推动力。可见，机械电子工程在国民经济中的地位是举足轻重的。

1.2.2 机电行业始终是国民经济的主要支柱

机电行业（制造业）在国民经济中始终是主要支柱，从制造业生产总值占国内生产总值的比重和先进制造业工业增加值占全部工业增加值的比重很容易得出上述结论。例如,据国家统计年鉴公布,制造业生产总值一直几乎占国内生产总值的1/3(2010年占32%,2011年占32%,2012年占31%,2013年占30%),可见制造业在国民经济中的重要地位。又如,在2014年,全年全部工业增加值比上年增长7%,其中高技术制造业增加值增长12.3%,占规模以上工业增加值的比重为10.6%;装备制造业增加值增长10.5%,占规模以上工业增加值的比重为30.4%,可见先进制造业对国民经济增长的拉动作用。其他工业化国家也有相似的结果。因此,在当前激烈的国际政治、军事、经济竞争中,机电行业始终具有举足轻重的作用,而机电一体化技术和产品一直受到各工业国家的高度重视,并得到了资金支持和政策优惠。

日本政府于1971年颁布了《特定电子工业和特定机械工业振兴临时措施法》,要求日本的企业界要特别注意促进为机械配备电子计算机和其他电子设备,从而实现控制的自动化和机械产品的良好功能,进而使日本的机械产品快速地向机电结合的方向发展。此后,日本又将智能传感器,计算机芯片制造技术,具有视觉、触觉和人机对话功能的人工智能机器人(工业机器人、服务机器人),柔性制造系统等列为高技术领域的重大课题,这使日本在机电一体化领域走在了世界前列,尤其是机器人技术一直处在世界领先地位。

20世纪80年代末,美国发现"机电一体化"是日本对美国的威胁,基于这种认识,当时的美国总统里根亲自主持制定了美国的新技术发展策略,对推动美国机电一体化技术的发展起到了重要作用,使美国在大型电站设备、航空、航天和制造设备方面在世界上独占鳌头,尤其是航天和计算机集成制造系统一直处于世界领先地位。

我国政府对机电一体化也特别重视。20世纪80年代初,国家科委就组织了"机电一体化预测与综合分析""我国机电一体化发展途径与对策"等软课题研究。从1990年开始,国家在《科学技术发展规划》中一直把发展机电一体化技术、开发机电一体化产品和系统列为重大项目。

在"八五""九五"规划中,国家把"以电子技术改造传统产业"列为20世纪后十年发展国民经济的重要战略技术措施。

在"十五"规划中,国家将"先进制造技术与自动化技术"确定为重大专项,并将其在"863"计划中具体化为制造业信息化工程、深海载人潜水器、微机电系统(MEMS)、数据库管理系统及其应用4个子项。

到了2006年,国家对科学技术的发展更为重视,制定了《国家中长期科学和技术发展规划纲要(2006—2020年)》。该纲要对制造业、机电一体化技术和产品从"发展目标""重点领域及其优先主题""前沿技术"等几个方面提出了明确的任务。

在"十一五"规划总体目标中,国家对"数控机床与基础制造装备"提出了如下要求:"重点研究2~3种大型、高精度数控母机,开发航空、航天、船舶、汽车、能源设备等行业需要的关键高精密数控机床与基础装备;突破一批数控机床基础技术和关键共性技术,建立数控装备研发平台和人才培养基地,促进中、高档数控机床发展。"

在"十二五"规划"加快实施国家重大专项"(科研主项)栏目中,国家对"高档数控机床与基础制造装备"提出了如下要求："重点攻克数控系统、功能部件的核心关键技术,增强我国高档数控机床和基础制造装备的自主创新能力,实现主机与数控系统、功能部件协同发展,重型、超重型装备与精细装备统筹部署,打造完整的产业链。国产高档数控系统国内市场占有率达8%~10%。研制40种重大、精密、成套装备,数控机床主机可靠性提高60%以上,基本满足航空、航天、船舶、汽车、发电设备制造4个领域的重大需求。"

2015年我国政府提出了《中国制造2025》和"互联网＋"行动计划,明确指出了制造业向信息物理融合系统发展的方向,并制定了产品创名牌,参与国际竞争,使中国制造走向世界的政策。(具体内容见第6章6.2节。)

正因为国家及时地制定了发展制造业的大政方针,经过20多年的不懈努力,我国已逐步由制造大国向制造强国迈进。我国自主生产的数控机床、加工中心、工业机器人、自动化仪表,以及由各类机电一体化产品集成的自动化生产线已应用到国民经济的各个行业;高铁(高速列车)、核电、航天器等一批产品已成为世界名牌。这些不仅提高了我国的技术水平和产品质量,而且大大提高了我国在世界上的竞争力。如今,我国生产的通信设备与系统、高速列车、核电、汽车和一些机电产品已出口到许多国家,促进了当地的经济建设。

正如《机械类教学质量国家标准》概述中所述,"机械工业是国家工业体系的核心产业,在发展国民经济中处于主导地位。没有先进的机械工业,就没有发达的农业和工业,更不可能实现国防现代化。机械工业担负着向国民经济各部门提供技术装备的任务,国民经济各部门的生产技术水平与经济效益在很大程度上取决于机械工业所能提供装备的技术性能、质量和可靠性。因此,机械工业的技术水平与规模是衡量一个国家工业化程度和国民经济综合实力的重要标志。"如今的机械几乎全是机电一体化系统,因此,机械电子工程专业更是受到国家的高度重视。

国家制定的一系列科学技术发展规划为我们指出了前进的方向,对从事机械电子工程专业的人来说,应当抓住机会,学好并掌握机械电子工程专业各学科的知识,为我国机电一体化事业贡献一份力量,使我国的机电一体化产品和系统在国际市场上占有一席之地。

1.3 机械电子工程专业毕业生的就业方向

在《普通高等学校本科专业目录和专业介绍》中,机械电子工程专业的"培养目标"栏目指出:"本专业培养……在机电行业及相关领域从事机电一体化产品和系统的设计制造、研究开发、工程应用、运行管理等方面工作的高素质复合型工程技术人才。"由此可见,毕业生结合所学专业的就业方向有两个:一个是专业技术方向;另一个是技术管理方向。

1.3.1 专业技术方向

专业技术方向有以下几个方面的工作:设计制造、研究开发、工程应用、系统维护。

1. 设计制造

设计制造在这里是针对机电一体化产品和系统而言的,是机械电子工程专业人员的主要就业方向。

设计分为3类,即变异性设计、适应性设计和创新性设计。

① 变异性设计:在设计方案和功能结构不变的条件下,仅改变现有产品的规格尺寸,使之适应输入量有所变化的要求。

② 适应性设计:在保持总的方案原理基本不变的条件下,对现有产品进行局部更改,或用微电子技术代替原有的机械结构,或为了用微处理器进行控制对机械结构进行局部适应性改动,以提高产品的性能和质量。

③ 创新性设计:是没有参照样板的设计,即具有自主知识产权的原创设计。它分为产品策划、概念设计、详细设计、样机试制和改进设计5个阶段(详见第3章)。概念设计阶段的主要工作是选择不同的功能原理,构成不同的设计方案,最后选择其一。这个阶段是最具创新性的阶段,可以充分展示设计者的聪明才智和独创性。详细设计阶段的主要工作是将所选定的方案变为可施工的图纸,并进行评价、修正,最后画出全部施工图。样机试制阶段的主要工作是将设计图纸变为样机,小批量生产,并在市场上进行试销。改进设计阶段的主要工作是将用户对产品(小批量生产的)的反馈意见进行综合分析并对产品和系统进行完善设计。

设计人员可以参加设计过程的某个阶段或全过程。刚毕业的大学生(视产品和系统的复杂程度)可以参加三类设计的部分或全部工作。

至于制造,实践性很强,是将设计图纸变为实物的过程。前言中已述及,教学内容偏重设计,因此,本专业在教学中只介绍了在设计中必需的制造知识。如果大学生毕业后专门从事制造方面的工作,那么一定要到工厂去向工程技术人员和工人师傅学习,多实践,以尽快胜任制造工作。

2. 研究开发

研究开发一般是指对机电一体化产品和系统的功能原理的研究和对高新技术的探索。研究开发的对象可能是机电一体化产品和系统中的一个部件或一个零件,也可能是整个产品或系统。该项工作对机械电子工程专业的从业人员来说是一项具有创新性、挑战性的工作。刚毕业的大学生可以参与某些具体的工作。

3. 工程应用

工程应用是指将机电一体化产品和系统用于工程实际,以解决生产物质产品的问题。其具体工作是构建一个工厂或车间的生产工艺流程、选择有关设备、对建筑设计提出专业要求等。该项工作对机械电子工程专业的从业人员来说是一项要求很高的工作。这类人员必须有丰富的生产知识和经验,有组织生产的能力。刚毕业的大学生所做的工作多为协助性的工作。

4. 系统维护

系统维护是指对机电一体化产品和系统的正常保养(定期、定时擦拭、注油)、检修

(小修、中修、大修)工作,以保证其安全、长期、正常运行。有许多刚毕业的大学生从事此类工作,这是他们结合实际再学习的好机会,会为他们今后从事设计工作、制造工作、管理工作打下良好的基础。

1.3.2 技术管理方向

技术管理方向有以下几个方面的工作:企业(工厂)管理、车间管理、项目管理、产品营销与技术支持。

1. 企业(工厂)管理

企业(工厂)的技术管理是指对整个企业(工厂)的生产、技术的管理。其职责有:接受生产任务、组织调度生产、维护设备、按期更新设备、技术革新(生产工艺革新和设备技术改造)、制订技术人员培训计划等。这类人员必须有丰富的生产知识和经验,有很强的组织能力和很高的科技水平,一般为企业(工厂)的总工程师、技术总监或总调度长。刚毕业的大学生可以在总工办做辅助性的工作。

2. 车间管理

车间管理是指对一个车间的生产、技术进行管理。岗位多为车间的主管工程师(或调度人员),其职责与"企业(工厂)管理"相似,只不过只管一个车间。对这类人员的要求与对"企业(工厂)管理"人员的要求相似,刚毕业的大学生可以做些辅助性的工作。

3. 项目管理

项目管理不像企业管理和车间管理那么规范,具体工作内容要视项目大小而定。大项目如"探月工程",小项目如"迷宫机器人",都有项目管理,但它们的难易程度大不相同。一般项目管理首先要立项,项目被批准后进入正常运行阶段,项目完成后要验收,验收通过后项目结束。这个过程的全部管理工作都要由项目负责人负责。对于大项目,项目的实际负责人可能不止一个,这时一般要组成一个专家组,推举一个组长,专家组在组长的领导下进行项目的管理工作。对于小项目,负责人可能只有一个人,项目管理工作就由负责人自己做。通常大项目有许多单位参加(企业、科研单位、高校、工厂),这就要求项目负责人不仅要具有很广的知识面、很高的科技水平,还要具有很强的组织协调能力。项目负责人一般都是由资深专家担任。刚毕业的大学生可以参与大项目管理的某些具体工作,也可以做某些小项目的负责人。

4. 产品营销与技术支持

机电一体化产品都是自动化、智能化程度很高的产品,比一般的机电产品复杂得多,因此,需要既懂技术又有沟通能力的人员去销售。在销售过程中,营销人员必须精心地策划演示项目的过程,娴熟地操作使用产品,及时地处理演示过程中出现的技术问题。这样才能尽快地把产品推销出去。

另外,产品销售出去以后,售后服务必须跟上。一方面要解决用户使用过程中出现的问题;另一方面要主动征求用户对产品的意见,以便进行改进。

刚毕业的大学生经过一段时间的培训后完全可以胜任这项工作。

1.3.3 对毕业生就业的一些建议

大学生在四年的学习中,不仅仅要学知识,更重要的是要学本领,培养自己分析、解决实际工程问题的能力。更确切地说,就是培养自己毕业后就业的竞争力。

纵观当今的人才市场,形势是严峻的,要就业的人越来越多,学历要求越来越高,究竟谁能就业就看他的实力和机会。实力就是求职者的能力,机会就是看他如何去求职。

首先对毕业生的实力进行分析。刚毕业大学生的优势在于掌握的知识新,劣势在于缺乏实践经验。为了增强实力,其必须保持自己的优势,弥补自己的劣势。其方法就是抓紧一切时间刻苦学习。"学习"不仅仅指课堂学习,更重要的是实践,即把所学的理论与技术应用于实际工程。"刻苦"是指少玩多学,时间是个常数,玩的时间多了,学的时间自然就少了,没有学习时间的积累,就没有知识的积累。怎样保持自己的优势?保持优势的方法就是让自己掌握最先进的理论与技术,即除课堂学习外,还要利用课余时间到图书馆、阅览室去看最新的学术杂志或上网查阅最新的科技资料;涉猎面要广一些,不限于本专业,博学多才有利于不同学科知识的融合,进而产生新的知识。怎样弥补自己的劣势?弥补劣势的方法就是增强自己的实践能力,即除了要在校内的实践(实验、实习、课程设计、毕业设计等)中培养自己的实践能力外,还要去企业(工厂)实习,可以利用寒暑期找单位实习。

然后再分析一下就业机会。机会是自己寻找的,抱有终身学习、多次就业思想的人就业机会就多,走自主创业之路的人就业机会也多。首先说终身学习、多次就业的想法。刚毕业就找到自己满意的工作当然好,但这往往比较难,因此可以先找一个专业相近的工作,边学边干,在工作中注意培养自己解决实际问题的能力(即解决工程问题的一般思路和方法),然后再找机会寻找理想的工作岗位。同学们应当知道如下现实:大多数人都不是在做本专业的工作,只要自己喜欢的工作就是好工作;人的一生也不可能只做一种工作,只要自己有继续学习的能力,就能胜任各种工作;为了生存有时人们不得不先做自己不喜欢的工作,然后再找机会去做自己喜欢的工作。因此,只要把就业这件事想通了,做什么工作都一样,就业机会是很多的。再说一下自主创业。自主创业一般能实现自己的理想,但需要有实力和魄力。实力是创业的基础。实力体现在技术上,有先进技术(最好是好项目或好产品)才可能有人投资,有资金支持才可能创业;实力还体现在人格魅力上,有号召力、组织协调能力和管理能力的人才可能组成团队而成就事业。魄力是创业的动力。自主创业肯定是困难重重,没有魄力就不敢做这件事,没有魄力就不能克服一个又一个的困难。

现在已进入信息时代,传统制造业正在急速转型升级,高度自动化和智能化的车间、工厂如雨后春笋般地在各地蓬勃发展,它们对传统的工程技术人员的需求越来越少,而对懂智能控制的工程技术人员(包括设计、维护、操作等各类人员)的需求越来越多。因此,本书设置了一组人工智能类选修课,目的是让同学们初步掌握一些人工智能的原理与技术,以适应今后工作的需要。

掌握人工智能的原理与技术并不难。同学们虽然不是计算机专业的学生,但却会应用计算机解决问题。与上述道理一样,同学们只要懂得了人工智能的基本概念和基本原理,就能应用人工智能的软硬件去解决问题(如智能设备的操作、维护、设计和创新等)。

每次工业革命都会淘汰一大批传统工作人员,只有与时俱进,跟上产业发展形势的人才能生存,并推动革命浪潮前进。在面对就业困难的形势时,希望同学们不要恐慌,只要勤奋学习,努力拼搏,以新技术武装自己,自己就能成为就业战场上的一个勇士和胜利者。

综上所述,通过四年大学的生活,同学们不仅要培养竞争实力和魄力,还要锤炼意志和人格。祝愿同学们经过大学的锤炼,都能成为翱翔长空的雄鹰、搏击波涛的海燕,去迎接社会的挑战。

第 2 章　机电一体化系统简介

通过对第 1 章的学习,同学们已经知道本专业的学生在校期间的学习对象是机电一体化系统,而毕业以后作为机电工程师其工作对象仍然是机电一体化系统,那么什么是机电一体化系统呢? 本章就回答这一问题,并简要介绍机电一体化系统的相关知识。在此,顺便说一下,本书中凡提到"机电一体化系统"时均涵盖"机电一体化产品",下文不再二者并提。

由于新生对本专业还不熟悉,本章首先向同学们介绍几个机电一体化系统的实例;其次由实例引出机电一体化系统的构成;再次对"机电一体化系统"的"系统"和"机电一体化"两个概念进行深入的阐述,以使学生对机电一体化系统有深刻的认识;最后介绍机电一体化系统的发展简史。

2.1　机电一体化系统实例

由 1.1.2 节可知,机电一体化系统种类繁多,其广泛应用于航天工程、交通运输、采矿冶金、纺织印染、造纸印刷、食品加工、物流储配、家用电器、医疗器械等各个行业。为了使刚入学的新生对机电一体化系统有感性的认识并对本专业产生兴趣,在这里特选了常用的或在实验室能够看到的机器人、数控机床、物流自动分拣存储系统、复印机作为实例。

2.1.1　实例 1——机器人

图 2-1 所示为参加全国大学生机器人大赛的一个收集机器人,图 2-1(a)是该机器人的实物照片,图 2-1(b)是该机器人的结构示意图。下面介绍该机器人。

1. 制作背景

大赛规定:每组用 3 个机器人,在最短的时间内将货架上的物品放到储物筐内,用时最短者为冠军。对 3 个机器人的要求是:第一个机器人由坐在其上的人员操控沿指定路线行走,完成规定的任务(注册、搬运或托起第三个机器人、搬运储物筐);第二个机器人是自动寻迹搬运机器人,要自动行走,其行走途中有上下坡道,其任务是搬运储物筐或搬运第三个机器人;第三个机器人的主要任务是从货架上取下物品放到储物筐内,故称为收集机器人。(请看机器人比赛视频,网址:www.buptpress.com。)

收集机器人的设计制作将在第 5 章中作为机电一体化系统的实例给予详细的介绍,这里不再赘述。作为机器人的实例,本节只对收集机器人的构造进行重点介绍。

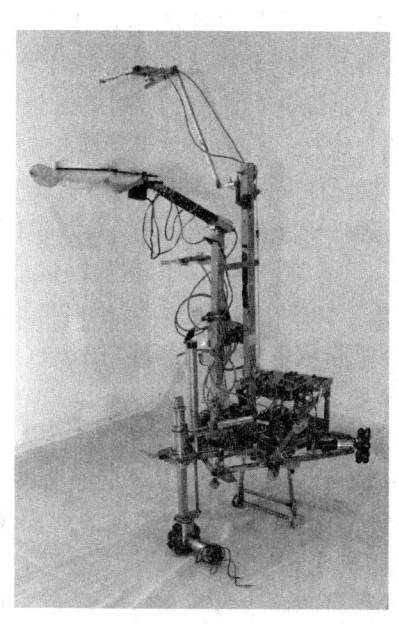 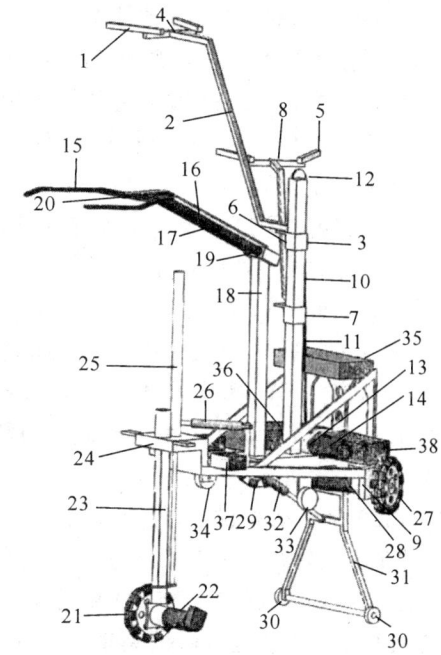

(a) 收集机器人的实物照片　　　　　　(b) 收集机器人的结构示意图

1,5,15—手爪；2,6,16,17,18—手臂；3,7—滑动套；4,8,20—感知传感器；
9—寻位传感器；10—导柱；11—钢丝绳；12,13—绳轮；14,22,28—电动机；19,25,26,32—气缸；
21,27,29—驱动轮；23—滑动杆；24—导套；30,33,34—滚动轮；
31—折叠腿；35—控制器；36—驱动控制器；37—定位传感器；38—边沿检测传感器

图 2-1　收集机器人

2. 对收集机器人的功能要求

收集机器人要完成以下功能：首先要上一个台阶(高 20 cm)到货架平台上，然后取下货架上的物品放到储物筐内。货架分 3 层，放置了规格不同的两种物品(松糕)。机器人取物动作如下：首先移动定位，走到取物地点，然后用机械手从货架上抓取物品，走到储物筐旁，将物品放入筐内，重复以上动作，直到将所有物品取完为止。(机器人尺寸及具体设计见 5.1 节。)

3. 收集机器人的结构及其运动原理

下面按照图 2-1 介绍收集机器人的结构及其运动原理，以便同学们对机电一体化系统有些感性的认识。

从图 2-1 可见，收集机器人由 3 个机械手和 1 个小车组成。小车下面有 3 个由电动机拖动的驱动轮和 4 个滚动轮，驱动轮可使机器人移动或旋转，滚动轮是辅助机器人上台阶用的；小车上面安装了 3 个机械手，另外还装有控制器、驱动控制器和压缩空气瓶；小车下面装有传感器(用于机器人定位与寻迹)；机械手上安装了传感器(用于寻物与取物)。

该机器人的结构及其机械的运动具体说明如下。

(1) 机械手运动机构

1、2、3 构成第一个机械手，1 是手爪，2 是手臂，3 是滑套，三者连为一体，该机械手的滑套 3 被钢丝绳 11(3 与 11 固联)带动，可沿导柱 10 上下移动。4 是寻物传感器，用于感知被抓物品,指令手爪抓取。5、6、7构成第二个机械手,5是手爪,6是手臂,7是滑套,三者连为一体,该机械手的滑套7也可被钢丝绳11(7与11是固联的)带动沿导柱10上下移动。8是感知传感器,作用与4相同。9是寻位传感器,用于寻找被抓取物品的位置或储物筐的位置。10是导柱,被固定在小车上。11是钢丝绳,12、13是绳轮(11、12、13构成绳轮传动机构)。14是电动机,绳轮13装在电动机14的轴上,当通电时,电动机14带动绳轮13转动,绳轮13再带动钢丝绳11运动,11再带着滑套3与7沿导柱10上下滑动,从而使第一个、第二个机械手沿导柱10上下移动。15、16、17、18构成第三个机械手,15是手爪,16、17构成可伸缩手臂,16是外套,17是其内的伸缩杆,由气缸19推动17在16内作伸缩运动,手爪15固定在伸缩杆17上,18是手臂竖杆,固定在小车上。20是感知传感器,作用与4相同。手爪1、5、15构造一样,都是由两个手指构成,在两个手指根部有气缸相连〔图 2-1(b)中未画〕,当气缸动作时,驱动两个手指开或合,释放或抓取物品。

(2) 小车运动机构

21、27、29是驱动车轮(都是全向轮),27、29是前轮,21是后轮;22、28是电动机;21被装在22的轴上;27被装在28的轴上,29的电动机没有画出。驱动轮21、27、29都安装在小车上,安装时使21、27、29 3个轮的触地点在同一个圆周上(各相隔120°),其中,两个前轮27、29的轴的方向与前进方向的夹角均为60°(两个轮轴线间夹角为120°),这样机器人在地面上旋转起来就很灵活。

(3) 小车后轮(21)运动机构

23是一个滑动杆(可上下滑动,也可绕自身的轴转),驱动轮21和电动机22被固定在23的下端;24是导套,被固定在车架上;25是气缸,它能驱动滑动杆23在导套24内上下移动;26也是气缸,它一端固定在小车上(杆18),另一端连在滑动杆23上,当26动作时,能驱动滑动杆23绕自身轴线转动。可见驱动轮21有3种运动形式,即绕自身轮轴的转动(由电动机22驱动)、由滑动杆23带动沿导套24的上升与下降移动(由气缸25驱动)、绕滑动杆23的轴线的转动(由气缸26驱动)。

(4) 折叠腿运动机构

30是滚动轮(两个);31是折叠腿,下端安装两个滚动轮30,上端用铰链固定在车架上;32是气缸,左端连在车架上,右端连在折叠腿31上,它驱动折叠腿31收起(收到小车底下,呈水平状态)或放下〔图 2-1(a)所示状态〕。

(5) 其他构件

33、34也是滚动轮,它们直接安装在车架底下。4个滚动轮的轮面都平行于前进方向。35是控制器,它是一块电路板,上面安装了微处理器和所需的元器件。微处理器有两个用途,一个是对传感器采集的信号进行处理,另一个是预置控制机器人运动的某些程序。36是驱动控制器,里边装有继电器和气压阀,以便控制电机或气缸运动。37是定位传感器(由激光测距传感器构成),它和传感器9一起指挥机器人走到指定位置。38是边沿检测传感器,用于探测前进方向的台阶。

4. 收集机器人动作的实现

(1) 平面(地面)上的运动

收集机器人前进、后退和在水平面上转动由3个驱动轮21、27、29完成。其运动状态完全由后驱动轮21的状态来控制,当21的轮面平行于前进方向时(记为0°),若通电则机器人前后移动；当 21 的轮面垂直于前进方向时（记为 90°），若通电则机器人原地旋转。机器人沿任一曲线运动是由程序调整 3 个轮的不同转速完成的。

（2）爬台阶

收集机器人的初始位置就是图 2-1(b)所示状态，当后驱动轮 21 驱动机器人前进时，若传感器 38 检测到前面有台阶，则马上将信号传给控制器 35，经微处理器处理后，传给驱动控制器 36，令气缸 32 动作，收起折叠腿 31，继而气缸 25 动作，驱动滑动杆 23 上升，收起后驱动轮 21。这样就爬过一个台阶并继续前进。

（3）抓取搬运物品

抓取搬运物品分两次完成，第一次抓取搬运货架上第一层、第二层的松糕，第二次抓取搬运货架上第三层的松糕。

机器人爬上台阶以后，进行第一次抓取搬运，分 4 步完成。第一步，由寻位传感器 9 和定位传感器 37（通过驱动控制器 36 控制）指挥机器人走到货架旁的指定位置（即被抓取松糕的旁边）；第二步，在感知传感器 4 与 8 的指挥下，第一个与第二个机械手上的手爪气缸同时驱动两个手爪的手指动作，将货架上第一层、第二层的松糕同时抓起；第三步，电动机 14 驱动钢丝绳 11 将滑套 3 与 7 上提，使两个机械手上移，将所取第一层、第二层的松糕举高至超过定位销的高度；第四步，机器人在程序的控制下，在传感器 9 与 37 的引导下走到储物筐边，由边缘检测传感器 38 控制定位并将第一个、第二个机械手的手爪松开，使两个松糕落到储物筐内。第一次抓取搬运完成。

第二次抓取搬运分 5 步完成。第一步，在程序的控制下，按照寻位传感器 9 和定位传感器 37 的引导，机器人回到货架旁；第二步，由人操作的第一个机器人把收集机器人托起（为了抓取第三层货架上的松糕）；第三步，第三个机械手由气缸 19 驱动将伸缩杆 17 和手爪 15 伸出；第四步，由人操作第一个机器人移动，使收集机器人的第三个手臂的手爪 15 接近第三层货架上的松糕，由感知传感器 20 指挥手爪 15 抓取。第五步，与第一次抓取搬运的第四步相同，将松糕送到储物筐中，这里不再赘述。至此，抓取搬运物品结束。

（4）运动的控制

小车和机械手的运动是由控制器 35 按运动逻辑（已编好存在控制器中）发指令给驱动控制器 36，使驱动控制器中相应的继电器闭合，从而使相应的驱动装置（汽缸或电动机）动作从而完成的。这里的控制分两种情况。一种是对气压缸的控制，这时只需给气压缸控制阀（在驱动控制器 36 内）一个开关信号。另一种是对小车电动机的控制。小车是根据控制器 35 给它的指令寻迹而动的，它底下 3 个轮子轴上的电动机要按照控制指令随时调节转动方向和转动速度（这样的运动系统叫作随动系统），这项工作是由安装在驱动控制器 36 中的"伺服驱动器"完成的。控制信号传递的路径是：传感器→控制器→驱动控制器（其中的伺服驱动器）→电动机。注意，这时电动机的输入信号（电流或电压）是由"伺服驱动器"的输出（电流或电压）直接供给的。

2.1.2 实例 2——五轴龙门数控机床

图 2-2 所示为五轴龙门数控机床，图 2-2(a)是该数控机床的实物照片，图 2-2(b)是该数控机床的结构示意图。下面对该数控机床作简要介绍。

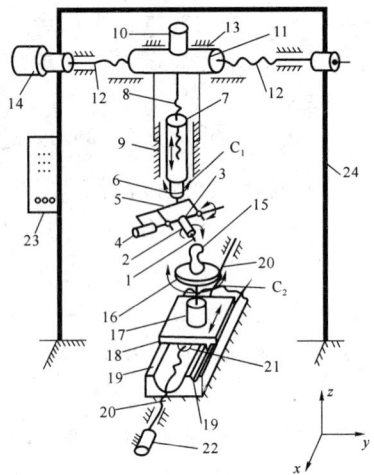

(a) 五轴龙门数控机床的实物照片　　　　(b) 五轴龙门数控机床的结构示意图

1—刀具；2—电动机及刀具卡头；3—水平转动架；4,6,10,14,17,22—电动机；
5—U形转动架；7—垂直滑块；8,12,20—滚珠丝杠；9—垂直导轨；11—水平滑块；13,19—导轨；
15—工件；16—转动工作台；18—水平滑动台；21—螺母；23—控制柜；24—机架

图 2-2　五轴龙门数控机床

1. 对五轴龙门数控机床的功能要求

要求该数控机床能加工金属材料的任意曲面的零件。

2. 五轴龙门数控机床的结构及其机构的运动

这里按图 2-2(b)对该数控机床的结构及其运动原理作概括介绍。该机床由 4 个部分组成：第一部分是与刀具运动相关的机构；第二部分是与工件运动相关的机构；第三部分是机架，它是承载上述两部分的母体；第四部分是控制箱。

下面重点说明该数控机床第一、第二部分的机构及其运动原理。在图 2-2(b)中，1～14 构成刀具运动的机构，16～22 构成工件运动的机构。

(1) 驱动刀具运动的机构

① 刀具自身的高速旋转运动：1 是刀具，2 是电动机及刀具卡头，卡头用于装卡刀具，由电动机驱动卡头(刀具)飞速旋转来加工工件。

② 刀具方位调整运动：电动机 2 固定在水平转动架 3 上。4 是电动机，4 与 3 的轴相连。5 是 U 形转动架(开口向下)，水平转动架 3 的轴装在 U 形转动架 5 下端的轴孔内，电动机 4 也固定在 U 形架 5 上，4 能驱动 3 绕其水平轴转动。6 是电动机，U 形架 5 固连在 6 的轴端，6 能驱动 U 形转动架 5 绕其铅垂轴(z)转动。

③ 刀具沿 z 轴上下移动：7 是垂直滑块(不一定是圆柱形)，电动机 6 与 7 的下端固连，该滑块可带着电动机 6 与 U 形架 5 (从而带着转动架 3、电动机 2、刀具 1)沿垂直导轨 9 上下移动。8 是滚珠丝杠，该丝杠与固连于滑块 7 内的螺母〔图 2-2(b)未画出〕构成运动副(螺母丝杠传动机构)，当丝杠 8 转动时，可通过螺母带动垂直滑块 7 上下移动。10 是电动机，其轴与丝杠 8 的上端相连，能驱动丝杠 8 转动。

④ 刀具沿 y 轴水平移动：11 是 y 方向的水平滑块(不一定是圆柱形)，电动机 10 和垂直导轨 9 都安装在水平滑块的侧面，当水平滑块 11 沿水平导轨 13(沿 y 方向)移动时，可带着

电动机 10、垂直导轨 9 和垂直滑块 7 同时沿 y 轴移动。12 是滚珠丝杠,12 与固连于水平滑块 11 内的螺母〔图 2-2(b) 未画出〕构成运动副(螺母丝杠传动机构),当丝杠 12 转动时,驱动螺母带着水平滑块 11 沿水平导轨 13 作水平(y 方向)移动。14 是电动机,其轴与丝杠 12 的一端相连,其外壳与机架 24 固连,当通电时,14 能带着丝杠 12 转动。

(2) 驱使工件运动的机构

① 工件绕 z 轴调整方位的运动:15 是工件,被装卡在转动工作台 16 上,16 的底面中心处与电动机 17 的轴端相连,当电动机 17 转动时,工作台 16 随着转动。

② 工件沿 x 轴水平移动:16、17 被安装在 18 上,18 是水平滑动台,被安装在导轨(两条)19 上,20 是滚珠丝杠,20 与螺母 21 构成运动副(螺母丝杠传动机构),螺母 21 被固连在水平滑动台 18 的底面上,当丝杠 20 转动时,将通过螺母 21 带着水平滑动台 18(亦即带着工件 15)在导轨 19 上移动(沿 x 方向)。丝杠 20 的一端与电动机 22 的轴相连,电动机 22 被安装在机床底座上(底座被固定在地基上),当电动机 22 转动时,丝杠 20 将跟着一起转动。

另外,23 是控制柜,柜内装有电路板、工控机,控制柜面板上装有操作按钮。电路板上装有可编程控制器(PLC)和控制电路,工控机内安装数控加工程序,以控制刀具和工件的运动。数控加工程序由工程技术人员编写,针对不同的零件编写不同的程序,加工哪个零件就把哪个零件的加工程序安装到工控机上。24 是机架,它被固定在地基上;导轨 13、丝杠 12 的轴承、电动机 14、导轨 19 和电动机 22 都固定在机架 24 上。另外,在该数控机床上还安装了许多传感器〔图 2-2(b) 未画出〕,以控制加工精度。在水平滑动台 18 与导轨 19(x 移动方向)、水平滑块 11 与导轨 13 之间(y 移动方向)、垂直滑块 7 与垂直导轨 9 之间(z 移动方向)都安装了光栅传感器,用以监测控制该 3 个方向移动长度值的精度。电动机 4、6 和 17 上都安装了码盘(控制转动角度的传感器)用以监测、控制绕 z 轴和水平轴转动角度值的精度。在刀具卡头处还装有力传感器,用以监测、控制加工用量和走刀速度。

3. 五轴龙门数控机床加工动作的实现

零件的加工是由刀具 1 与工件 15 的相对运动实现的。如图 2-2(b) 所示,在加工时,工件 15 有两个自由度的运动,即沿 x 轴的移动和绕 z 轴的转动;而刀具 1 有 4 个自由度的运动,即沿 y 轴和 z 轴的移动与绕 z 轴和水平转动架 3 的轴的转动。刀具由电动机 2 驱动高速转动用于切削加工。结合起来,该机床有沿 x、y、z 3 个轴的移动与绕 z 轴和水平轴的两个转动,所以叫作五轴机床。下面对该机床加工动作的实现作具体说明。

(1) 工件动作的实现

① 工件 15 绕 z 轴转动(调整加工方位)的实现:工件 15 绕 z 轴的转动由转动工作台 16 绕 z 轴的转动来实现。工件 15 装卡在转动工作台 16 上,16 底面中心处与电动机 17 的轴端固连,17 又固定在水平滑动台 18 上,18 不能转动,当电动机 17 转动时,就会驱动转动工作台 16 与工件 15 一起绕 z 轴转动。

② 工件沿 x 轴移动的实现:工件 15 沿 x 轴的移动由水平滑动台 18 沿导轨 19 的移动来实现。由①所述可知,工件 15 与转动工作台 16 一起绕 z 轴转动,然而转动工作台 16 与电动机 17 都安装在水平滑动台 18 上,当电动机 22 驱动丝杠 20 转动时,螺母 21 就带着水平滑动台 18 与工件 15 一起沿导轨 19(即 x 轴)移动。

(2) 刀具动作的实现

① 刀具方位的调整。

a. 刀具 1 绕水平轴转动的实现:刀具 1 绕水平轴的转动由水平转动架 3 的转动来实现。刀具 1 由卡头固定在电动机 2 的轴上,电动机 2 又固连于水平转动架 3 上,当电动机 4 转动时,刀具 1 就会随水平转动架 3 一起绕水平轴转动。

b. 刀具 1 绕 z 轴转动的实现:刀具 1 绕 z 轴的转动由 U 形转动架绕 z 轴的转动来实现。如上所述,刀具 1 可随水平转动架 3 一起绕水平轴转动,但水平转动架 3 的轴被安装在 U 形转动架 5 的轴孔中,U 形转动架 5 的上端与电动机 6 的轴连在一起,当电动机 6 转动时,可驱动 U 形转动架带着水平转动架 3 绕 z 轴转动,从而带着刀具 1 绕 z 轴转动。

② 刀具 1 沿 z 方向移动的实现:刀具 1 沿 z 方向的移动由垂直滑块 7 沿垂直导轨 9 的移动来实现。由图 2-2(b)可见,电动机 6 固连于垂直滑块 7 的下端,当电动机 10 转动时,丝杠 8 将驱动垂直滑块 7 内的螺母带着垂直滑块 7 及其下端的 U 形转动架 5、水平转动架 3、电动机 2、刀具 1 一起沿 z 方向的垂直导轨 9 移动。

③ 刀具 1 沿 y 方向移动的实现:刀具 1 沿 y 方向的移动由水平滑块 11 沿 y 方向的水平导轨 13 的移动来实现。前已述及,垂直导轨 9 和电动机 10 都被安装在水平滑块 11 的侧面,当电动机 14 转动时,丝杠 12 将驱动水平滑块 11 内的螺母带着水平滑块 11 及与其相连的电动机 10、垂直导轨 9、垂直滑块 7、电动机 6、U 形转动架 5、水平转动架 3、电动机 2、刀具 1 一起沿 y 方向的导轨 13 移动。

(3) 工件加工的步骤

第一步,选一个坐标系,在该坐标系内先给出欲加工零件表面控制点的坐标值,再给出形成零件表面每一个点坐标值的插值函数及其参数。第二步,确定加工路线,即确定刀尖(刀具与零件表面接触的点)行走的轨迹。第三步,将刀尖沿行走轨迹前进每一点的运动按照五轴(5 个自由度)分解为工件和刀具的 6 个运动分量,并给出每个分量的具体值。在分解时应注意不断地调整刀具的方位,尽量使刀具的轴线方向与零件表面接触点处的法线方向相重合。第四步,按照第三步给出的工件和刀具在每一点运动的 6 个分量值编写控制工件和刀具运动的控制程序。第五步,利用该程序进行计算机仿真。第六步,仿真成功,将第四步所编数控程序输入控制箱 23 的工控机内,并设置刀具切削用量和走刀速度,进行蜡模试加工。第七步,蜡模加工成功后,进行真实零件加工。

(4) 加工过程的控制

在加工过程中,刀尖与工件的接触点要始终沿着事先规划好的加工轨迹运动,这就需要将传感器传回的信号与规划好的加工轨迹相比较,随时调整各电动机的转动方向和转动速度,使加工误差为零。与实例 1 的小车运动一样,这项控制工作是由控制器和伺服驱动器(二者都安装在控制柜中)完成的。控制信号传递的路径是:传感器→控制器→伺服控制器→电动机。注意:五轴龙门数控机床在加工零件时是一个随动系统。

另外,在这里还要强调两点:第一,在加工过程中,控制工件与刀具运动的 5 个自由度一般会同时运动(即五轴联动),因此,该机床可以加工出任意曲面。第二,由于同学们刚入学,对数控机床不熟悉,这里只介绍一些基本概念,以便同学们对机电一体化系统有个大概的认识。关于数控加工的内容,将在 CAM 课程中详细讲解。

2.1.3 实例 3——物流自动分拣存储系统

图 2-3 所示为一个物流自动分拣存储演示系统,图 2-3(a)是该系统的实物照片,图 2-3(b)

是该系统的示意图。

(a) 物流自动分拣存储演示系统的实物照片

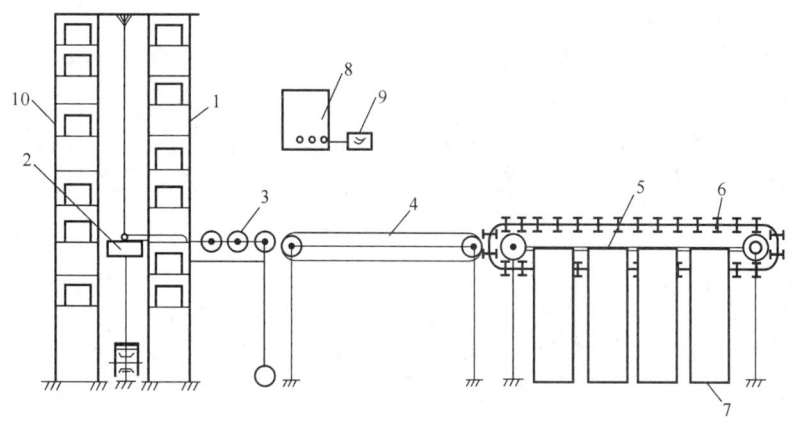

(b) 物流自动分拣存储演示系统的示意图

1—立体库(货架);2—存取机械手;3—滚柱输送机;4—皮带运输机;5—刮板式分拣机;
6—刮板;7—储物箱;8—控制柜;9—条码扫描器

图 2-3　物流自动分拣存储演示系统

下面对图 2-3 所示物流自动分拣存储演示系统作简要介绍。

1．对物流自动分拣存储系统的功能要求

物流自动分拣存储系统通常建在物流配送中心。其功能要求有两个：一是分门别类地将大宗物品自动快速地存放到立体库中；二是根据客户要求，按照提货单将不同种类的物品自动快速地从立体库中取出，并通过自动分拣机将发往同一地区客户的物品放在同一个储物箱内，以便快速配送。

2．物流自动分拣存储系统的构成

物流自动分拣存储系统一般由立体库 1、存取机械手 2、滚柱输送机 3、皮带运输机 4、刮板式分拣机 5、控制柜 8 和条码扫描器 9 组成。立体库 1 用于存储物品，它由一排排货架组成，货架高度视库房高度而定，其排数及每排长度视库房面积和存货量而定。存取机械手 2

安装到两排货架之间,它能自动地沿货架长与高的方向任意移动到存放物品的格口处,快速地存取物品。滚柱输送机3是很小的、方便移动的辅助设备。皮带运输机4用于传输物品,它被安放在货架与分拣机之间,它的长度视货架至分拣机的距离而定,而其台数则视货架排数和分拣机台数而定。分拣机(邮政用的是信函分拣机、包裹分拣机、平刷分拣机,机场用的是包箱分拣机等)按所分物品类型选用(此处为刮板式分拣机5)。分拣机的功能是将皮带运输机4送过来的物品,按同一种或按同一地点分拣到同一储物箱内。控制柜8里面装有电路板、控制电路和继电器,电路板上有微处理器,内存中预置了控制机械手和分拣机刮板动作的程序。条码扫描器9是与超市中的条码扫描器一样,用于识别物品的条码,决定将该物品推到哪一个储物箱内。

3. 物品存取与分拣流程

(1) 物品存储

将欲存物品放在滚柱输送机3上,用手持条码扫描器扫描物品的条码,机械手2就按预置程序将物品取走放到货架的相应格口,同时记下格口号(条码与格口号对应)。

(2) 物品取出与分拣

用条码扫描器9扫描出库单上欲出库物品的条码,机械手2则按预置程序将欲出库物品从货架1的相应格口取出并放到滚柱输送机3上,3将该物品传送给皮带运输机4,4再传给刮板式分拣机5,5中的气缸按预置程序驱动刮板6,将该物品推到相应的储物箱7中。此后,即可将储物箱装车运到客户手中。(请看物流自动分拣存储系统视频,网址:www.buptpress.com。)

2.1.4 实例4——复印机

图2-4是复印机的照片,因为大家都对它很熟悉,在这里就不多讲了。复印机属于信息类机电一体化产品。

图2-4 复印机照片

2.2 机电一体化系统的构成

本节首先对2.1节所介绍的实例进行分析,找出它们的共性与特性,然后总结抽象出机电一体化系统的体系架构、功能模块以及这些模块之间的逻辑关系,以便同学们从概念上对机电一体化系统的构成有一个具体、明确的认识。

2.2.1 对实例的分析与总结

1. 对收集机器人的分析

① 工作对象：松糕。

② 工作任务：移动松糕，改变位置，即将松糕由货架上取下来，搬运到储物筐内。

③ 动作分解：将移动松糕分解为"抓取"与"搬运"两个动作。

④ 动作执行者：松糕"抓取"的执行者是 3 个机械手〔图 2-1(b)〕，第一个机械手是 1、2、3，第二个机械手是 5、6、7，第三个机械手是 15、16、17、18。驱动它们的是电动机或气缸。松糕"搬运"的执行者是驱动轮〔图 2-1(b)中的 21、27、29〕、辅助轮〔图 2-1(b)中的 30、33、34〕和驱动它们的电动机或气缸。

在机电一体化系统中，将机械手、驱动轮等叫作"执行机构"，将电动机、气缸等叫作"驱动装置"。另外，将图 2-1(b)中"绳轮传动"（11、12、13 将电动机 14 的驱动力传递给第二个机械手 5、6、7）叫作"传动机构"。

⑤ 动作操控者：操控信息获取者是传感器〔图 2-1(b)，确定机器人（小车）位置信息的传感器 9 和 37，确定台阶信息的传感器 38，使手爪 1、5、15 能感知松糕并进行抓取的传感器 4、8、20〕。信息综合与处理并发布指令者是以微处理器为核心的控制器〔包含控制程序，图 2-1(b)中的 35〕。指令的执行者（即驱动装置的直接控制者）是驱动控制器〔图 2-1(b)中的 36〕。

在机电一体化系统中，将传感器及其检测电路称为"传感检测模块"；将以微处理器为核心的控制器称为"信息处理与控制模块"；因驱动控制器大多由继电器及其电路组成，通常将驱动控制器称为"电气模块"。

2. 对五轴龙门数控机床的分析

① 工作对象：工件（物品）。

② 工作任务：加工工件，改变形状，即刀具对工件进行加工，将毛坯或半成品变成符合图纸要求的合格零件。

③ 动作分解：将被加工点的空间运动分解为沿 x、y、z 3 个坐标轴方向的移动与绕 z 轴和 x 轴或 y 轴的两个转动。

④ 动作执行者：x 方向移动的执行者是水平滑动台 18、导轨 19、丝杠 20、螺母 21、电动机 22。y 方向移动的执行者是水平滑块 11、导轨 13、丝杠 12、11 内的螺母、电动机 14。z 方向移动的执行者是垂直滑块 7、垂直导轨 9、丝杠 8、7 内的螺母、电动机 10。绕 z 轴转动的执行者有两个：一，刀具绕 z 轴转动的执行者是 U 形架 5、电动机 6；二，工件绕 z 轴转动的执行者是工作台 16、电动机 17。绕水平轴转动的执行者是水平转动架 3、电动机 4。

在机电系统中，将水平滑动台 18、水平滑块 11、垂直滑块 7、U 形架 5、工作台 16、水平转动架 3 称为"执行机构"；将 3 个丝杠、螺母运动副称为"传动机构"；将 6 个电动机称为"驱动装置"。

⑤ 动作操控者：操控信息获取者是刀具行走轨迹程序和 6 个传感器。信息综合与处理并发布指令者是工控机（控制程序）。在加工过程中，工控机随时将实测到的刀尖轨迹与程序规划的轨迹相比较，控制刀具与工件精确移动。指令执行者是可编程控制器。

在机电一体化系统中，将上述 6 个传感器及相关电路称为"传感检测模块"。将工控机

（含程序）等信息综合与处理系统称为"信息处理与控制模块"。将 PLC 等指令执行者称为"电气模块"。

3. 不同实例的共性与特性

收集机器人和五轴龙门数控机床是比较典型的机电一体化系统。本节将根据对上述两个实例的分析结果，找出机电一体化系统的共性与特性。

（1）共性

由上述分析可见，它们都具有 5 个基本要素（共性）。

① 工作对象："物"。

② 工作任务：改变"物"的位置（实例 1）或形状（实例 2）。

③ 动作分解：将改变物的位置或形状的动作分解为几个简单的动作，如实例 1 将动作分解为"抓取"与"搬运"；实例 2 将动作分解为"三个移动"和"两个转动"。

④ 动作执行者：实现动作分解中各简单动作的"执行机构"及它们的"驱动机构"（有时还有"传动机构"），如实例 1 中的机械手、驱动轮是执行机构，电动机和气缸是驱动装置，绳轮传动是传动机构；实例 2 中的 3 个工作台滑块、转动架是执行机构，电动机是驱动装置，螺母、丝杠传动副是传动机构。

⑤ 动作操控者：根据预置程序或"物"与"执行者"反馈回来的信息控制执行者下一步动作的检测控制器，如实例 1 中的传感器、控制器、驱动控制器，实例 2 中的控制柜（工控机及预置数控加工程序、PLC 等）。

（2）特性

由上述分析同样可以看到它们各自都具有特性。正是由于它们的特性不同，因此二者是两个完全不同的系统。每个机电一体化系统各有特性，因此才有千差万别、数不胜数的机电一体化系统应用于各行各业中。在这里要着重指出的是，形成机电一体化系统不同特性的根本原因还是上述 5 个基本要素，是每个要素中不同的具体内容决定了每一个机电一体化系统的特性。例如，2.1 节中实例 1 与实例 2 的不同是由它们的"工作对象""工作任务""动作分解"不同而决定的；对"物"位置的移动（抓取与搬运）最好用机器人，而对"物"形状的改变（工件加工成零件）最好用机床。又如，收集机器人中第二个机械手（5、6、7）的上下"移动"选择的是电动机 14 驱动的绳轮传动（11、12、13）；而第三个机械手（15、16、17、18）手臂 17 的伸缩"移动"选择的是气缸直接驱动。这是由于前一个"移动"选用了电动原理；而后一个"移动"选用了气动原理。至于"动作操控者"选择什么样的传感器和控制器，也会因为实现动作的原理和技术的不同而不同。这些内容将会在后续开设的课程中详细介绍。

总之，在设计制造机电一体化系统时，必须考虑上述 5 个基本要素，这 5 个基本要素具体内容的不同将决定相应系统的不同方案，制造出不同的系统。本书先简述至此，具体设计步骤将在第 3 章中详细介绍。

2.2.2　机电一体化系统的体系架构、功能模块及其逻辑关系

由上节的分析可知，每个机电一体化系统都具有 5 个基本要素，我们能直接看到的是"工作对象""动作执行者""动作操控者"，而"工作任务"体现在系统的用途上，是设计的依据，"动作分解"是设计时的一种逻辑思维方法，体现在"动作执行者"的结构形式上。在此我们只将直接看到的 3 个要素表示出来，以体现机电一体化系统的体系架构、功能模块以及它

们之间的逻辑关系,如图 2-5 所示。

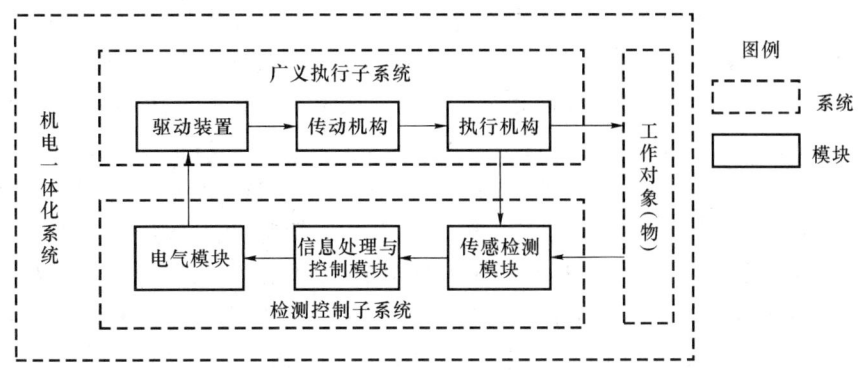

图 2-5 机电一体化系统构成图(体系架构、功能模块、逻辑关系)

下面对图 2-5 作简要说明。

1. 体系架构

从物理结构形式上看,机电一体化系统由"工作对象""广义执行子系统""检测控制子系统"组成。"工作对象"就是 2.2.1 节中所说的"物","广义执行子系统"就是 2.2.1 节中所说的"动作执行者","检测控制子系统"就是 2.2.1 节中所说的"动作操控者"。

2. 功能模块

"广义执行子系统"一般由"执行机构""传动机构""驱动装置"3 个模块组成。具体到收集机器人,"执行机构"是机械手和驱动轮;"传动机构"是绳轮传动机构;"驱动装置"是电动机和气缸。具体到五轴龙门数控机床,"执行机构"是转动工作台,水平滑动台,水平转动架,U 形转动架,水平、竖直滑块;"传动机构"是 3 个螺母丝杠传动机构;"驱动装置"是 6 个电动机。

"检测控制子系统"由"传感检测模块""信息处理与控制模块""电气模块"3 个模块组成。具体到收集机器人,"传感检测模块"是感知、寻位、边沿检测、定位等传感器及其相关电路;"信息处理与控制模块"是控制器;"电气模块"是驱动控制器。具体到五轴龙门数控机床,"传感检测模块"是 3 个光栅传感器和 3 个码盘及其相关电路。"信息处理与控制模块"是控制柜中的工控机和微处理器;"电气模块"是可编程控制器。

3. 功能模块间的逻辑关系

功能模块间的逻辑关系指的是各个模块的"功能"之间的关系。

由 2.2.1 节对实例 1 和实例 2 的分析可知,"执行机构"的功能是执行动作,以改变"物"的位置或形状。在改变物的位置或形状的过程中"执行机构"必然要运动,完成指定的动作(2.2.1 节"动作分解"中指定的动作)。这就要解决两个问题:一个是要给"执行机构"驱动力(或说能量);另一个是要有"操控者"。

"驱动装置"的功能就是给"执行机构"驱动力(能量),"检测控制子系统"就是"操控者"。至于"传动机构"的功能,顾名思义,就是传递运动、传递动力(能量);当"执行机构"与"驱动装置"的运动速度或运动方式(移动、转动)不匹配时,要加上"传动机构",当二者距离较远时,也要加"传动机构",当然能不加"传动机构"时一定不要加,避免消耗能量和材料。

"检测控制子系统"的功能是代替人对"动作执行者"进行操作控制。试想人操作普通的机器时,首先必须了解被操作的机器、工作对象(物)和周围的环境状况,然后经过"大脑"分析判断,才施加操作指令。人们了解上述3种状况是通过"感觉器官"(视觉、听觉、嗅觉、味觉和触觉)完成的,这是对机器工作的相关信息的获取过程。获取上述3种信息以后,必须经过大脑的分析与判断,才能根据需要对机器发出下一步动作的指令;用大脑分析判断是对机器工作的相关信息的综合分析与处理过程。大脑发出操作指令以后,通知手或脚去搬动电门或阀门,使机器进行下一步工作。在机电一体化系统中,"传感检测模块"代替了人的"感觉器官",其功能是获取信息;"信息处理与控制模块"代替了人的"大脑",其功能是对获取的信息进行分析与处理,并发出操作控制指令。"电气模块"代替人的手和脚,其功能是自动地搬动电门或阀门使机构动作。

综上所述,可以看到各功能模块之间的逻辑关系如图2-5中箭头方向所示。"广义执行子系统"的功能是由"驱动装置"从外界获取能量并将其转换为机械能,并经"传动机构"传递给"执行机构",最后"执行机构"输出能量(力)对"工作对象"做功,达到"移动"或"变形"工作对象的目的。在上述过程中,"检测控制子系统"必须由"传感检测模块"从"执行机构"和"工作对象"处获取二者状态的信息,并将其传给"信息处理与控制模块",经过综合处理后变为控制信息,再传给"电气模块",最后由"电气模块"控制"驱动装置"动、停或调速。

2.3 系统简介

通过对2.1节和2.2节的学习,同学们对机电一体化系统已有一些感性的认识,2.3节和2.4节将对机电一体化系统进行深入的分析,以使同学们对机电一体化系统有一些理性的认识。2.3节简单介绍"系统"的概念,2.4节介绍"机电一体化"的概念,以使同学们对"系统""机电一体化"有一个理性、完整的认识。

"系统"的概念非常重要。一是因为任何一个工程问题(项目)都是一个"工程系统",我们必须用"系统工程"的思想对其进行分析。希望同学们在入学之初,通过对本门课的学习,就能建立起"系统工程"的思想,以使今后能用"系统工程"的思想去解决实际的工程问题。二是因为"机电一体化"是将机电一体化系统作为一个"工程系统"去分析的,设计制造一个机电一体化系统,必须用"系统工程"的思想。三是因为今后在学习本专业的各类知识时,也必须用"系统工程"的思想去统领。

本节首先介绍"系统"的实例,由实例找出"系统"的构成和基本特性,然后给出"系统"的定义,最后简单介绍"系统"的分析。

2.3.1 系统的实例

在2.2节我们已从结构形式上对机电一体化系统的构成进行了分析,在本节我们从"系统"的角度对机电一体化系统的实例作进一步的分析,以引出"系统"的一般概念。

在此,仍以收集机器人和五轴龙门数控机床为例。

1. 收集机器人

① 工作对象:松糕。

② 工作任务(功能要求):行走到货架处,用手臂和手爪将松糕从货架上取下来,放到一个储物筐内("物"移位)。

③ 优化目标:搬运的全过程所用时间最短。

④ 执行者:驱动轮及驱动它的电动机;手臂、手爪及驱动它们的气缸、电动机,即广义执行子系统。

⑤ 操控者:传感器、控制器、驱动控制器及相关电子元件和传输线,即检测控制子系统。

⑥ 任务实现(动作实现):在寻位和定位传感器的引导下,电动机通电带动驱动轮使机器人走到货架旁,找到货架旁取松糕的位置;在感知传感器的指令下手爪闭合,抓取松糕;在程序的指挥下,由寻位和定位传感器引导机器人走到储物筐旁;由边缘检测传感器指令将手爪(松糕)与储物筐位置对准;由程序指令手爪松开将松糕放入筐内。

⑦ 依"完成任务"过程对系统构成要素的分析:在完成上述任务的过程中,对整个系统来说主要有 3 个要素在起作用。其一是"能量"的输入、传递与输出。例如,给驱动轮的电动机通电(能量输入),带着驱动轮转动(能量传递),使机器人行走(能量输出);气缸充气(能量输入),手爪抓住松糕(能量传递),松开手爪,释放松糕,其进入筐内(能量输出)。其二是"信息"的输入、传输、处理、输出。例如,传感器采集信息(信息输入)并将其先传递给控制器(信息传输、处理)再传递给驱动控制器(信息传输、输出),指令驱动装置动作。其三是"物"的输入、处理(变换)、输出。例如,手爪抓取松糕("物"输入),将其搬运至储物筐("物"处理:移位),手爪松开,松糕进入筐内("物"输出)。

⑧ 系统环境:对收集机器人来说,其工作环境一个是"路况",另一个是周围的温度与湿度。在路况方面有平路和台阶,这就要求机器人有边沿检测传感器来采集台阶信息,指挥机器人上台阶。在温度和湿度方面,由于是在常温、常湿的室内比赛,对机器人无特殊要求。

2. 五轴龙门数控机床

① 工作对象:被加工的零件毛坯或半成品。

② 工作任务(功能要求):按照图纸的要求,将零件的毛坯或半成品加工成符合质量要求的零件成品("物"改变形状)。

③ 优化目标:加工成本最低,生产效率最高。

④ 执行者:刀具运动的驱动装置(电动机)、传动机构(螺母、丝杠)和执行机构(水平和 U 形转动架,水平、竖直滑块与导轨);工件运动的驱动装置(电动机)、传动机构(螺母、丝杠)和执行机构(转动工作台、水平滑动台与导轨),即广义执行子系统。

⑤ 操控者:安装在机床上的光栅传感器、码盘、力传感器和安装在控制柜中的工控机、PLC,即检测控制子系统。

⑥ 任务实现(动作实现):电动机通电,在预置于工控机内的数控加工程序的指令下,刀具与工件同时按预定路线(规划轨迹)移动或转动;在运动过程中,传感器不断地反馈刀具与工件的实际运动状态,工控机中的控制程序控制刀具与工件不断地修正实际运动轨迹,使其按规划轨迹准确地完成零件加工。

⑦ 依"完成任务"过程对系统构成要素的分析:对五轴龙门数控机床的分析结论与收集

机器人一样,在其进行加工的过程中,对整个系统起主要作用的仍然是上述3个要素。第一,"能量"的输入、传递、输出。例如,给电动机(4个使刀具运动的)通电("能量"输入),驱动水平转动架、U形转动架转动,驱动垂直滑块、水平滑块移动("能量"传递)使刀具可做沿水平轴转动、沿z轴转动、沿z轴移动、沿y轴移动的复合运动,克服工件对刀具的切削阻力对工件进行加工("能量"输出)。第二,"信息"的输入、传输、处理、输出。例如,往工控机内安装零件的数控加工程序,将传感器采集到的刀具和工件的运动状态信息传递给工控机("信息"输入),经工控机处理("信息"处理)后,将其传递给PLC,PLC指令每个电动机按控制指令动作("信息"输出)。第三,"物"的输入、处理(变换)、输出。例如,工件被装卡在转动工作台上("物"输入),刀具对工件进行加工("物"变换,改变形状),卸下加工完的零件("物"输出)。

⑧ 系统环境:五轴龙门数控机床对环境的温度、湿度和洁净度有很高的要求,工作室要保持常温、常湿,基本无尘。若湿度太大,则易引起锈蚀;温度过高、过低,都会引起温度应变,影响加工精度。

2.3.2　系统的构成与基本性能

根据2.3.1节对两个实例的分析,先找出两个系统的共性,然后得出"系统"的构成和基本性能。

1. 系统的共性

(1) 结构表象上的共性

① 工作对象:一般是"物"。工作对象是建立系统的根本依据;建立系统是为了解决实际问题,没有对象就没有问题,也就不用建立系统。这是建立系统的第一要素,必须牢牢记住这一点。

② 工作任务:有时也称为对系统的功能要求。工作任务是由使用该系统工作的人提出的系统的用途(客户需求),设计者对客户需求进行分析,将其变为系统的功能需求,即功能要求。可见工作任务也是建立系统的根本依据;不知道系统的用途就无法建立系统,即无从确定系统中的"执行者"和"操控者"。它与工作对象一样,也是建立系统的第一要素。

③ 执行者:执行者是执行"工作任务"的"承载者"。对机电一体化系统而言,执行者就是广义执行子系统。如果没有执行者,谁去完成"工作任务"?所以,执行者是系统构成的结构要素之一。

④ 操控者:操控者是对"承载者"进行操作控制的人或装置。在机电一体化系统中,操控者就是检测控制子系统。没有操控者,执行者就不知道如何进行工作,所以操控者也是系统构成的结构要素之一。

⑤ 系统环境:任何系统都是为完成一定的"工作任务"而建立的,它们总要占据一定的空间,处于某一个时间段(或者说时期)。空间和时间都在影响它们。例如,系统周围的温度、湿度、环境污染情况(风、电、磁、噪声、振动、灰尘、腐蚀气体等)对系统的影响;随着时间的延续,系统寿命的缩短等。反过来,系统也影响着周围的环境,这样的例子太多了,现在地球上的污染这么严重,不就是各种各样的生产系统、生活系统造成的吗?此外,系统与环境之间还可能有能量交换、信息交换和物质交换。因此,我们在建立系统时一定要考虑"系统环境"与"系统"的相互影响。因而,"系统环境"是系统构成的环境要素。

(2) 动态概念上的共性

① 能量流：要使系统工作，对"工作对象"进行"处理"或"变换"，必须给系统能量，这些能量在系统内的"执行者"中传递或转换，最后输出给"工作对象"，对"工作对象"做功，改变工作对象的原有状态。例如，对于收集机器人，输入的电能或气压能（能量输入）都转变成机械能，传递到驱动轮或手臂、手爪（能量转换、传递）对松糕做功（能量输出），将松糕由货架上取下，搬运到储物筐内。在这个过程中，能量在"执行者"中不断地转换与传递，形成了一个能量流，这个能量流在流动过程中，始终遵循能量守恒定律。可见能量流是系统构成的动态要素之一。在此需强调的是能量流的承载者是"执行者"（广义执行子系统），是它从外界获取能量并进行转换与传递，最后输出给"工作对象"而做功。

② 信息流：当系统对"工作对象"进行"处理"或"变换"时，必须有操控者随时了解"执行者"和"工作对象"的运动状态，以不断地协调二者之间的关系，调整"执行者"的动作，使之按"工作任务"的要求去工作。例如，收集机器人在抓取、搬运松糕的过程中，不断地将定位传感器和寻位传感器采集到的位置信息（信息输入）传给控制器，其处理后（信息传输、处理）将控制指令传给驱动控制器（信息输出），控制驱动轮的动作，使机器人迅速找到松糕和储物筐的位置。在这一过程中，"执行者""工作对象""操控者"之间就形成了一个"信息流"。可见信息流也是系统构成的动态要素之一。在此需要强调的是"信息流"的承载者就是"操控者"（检测控制子系统），是它将传感器检测到的信息不断地进行传输与处理，最后输出给"执行者"。

③ 物质流：建立系统的目的就是按"工作任务"的要求对"工作对象"（物品）进行"处理"或"变换"（一般是物品"移动"或"变形"），因此，必须先把"工作对象"（物品）输入系统，经系统"处理""变换"以后，再交还给需要者。例如，收集机器人的"工作任务"是将松糕从货架上取下来（"物"输入），搬运并放到储物筐内（物移位、输出）。在这一过程中，松糕从货架到储物筐的过程中就形成了一个"物质流"，这个物质流在流动过程中始终遵循质量守恒定律。如前所述，建立系统就是为了"物质流动"（即移位、变形）。因此，"物质流"也是系统构成的动态要素之一。在此需要强调的是"物质流"的承载者是"工作对象"，正是由于"工作对象"的"流动"，系统才完成了"工作任务"。

(3) 优化目标

任何系统都有优化目标。例如，收集机器人的优化目标是"搬运的全过程所用时间最短"，五轴龙门数控机床的优化目标是"加工成本最低，加工质量和生产效率最高"。给系统设置优化目标的目的是使系统各要素组合在一起之后，综合性能最好。因此，优化目标是建立最优系统的综合指标，系统分析是进行系统优化的主要手段。

2. 系统的构成

根据上面的分析，可由系统的共性，得出系统的构成，如图 2-6 所示。

关于图 2-6 的说明如下：

① "系统工程"思想是人们解决实际工程问题的一种思维方法。在有"系统工程"思想之前，人们也一直在解决实际工程问题，但往往是就事论事，没有"系统综合"，没有"优化目标"，致使整体效果不一定最佳。而"系统工程"思想首先是将一个工程问题视为一个"工程系统"，然后对该系统进行动态分析，按"优化目标"进行整体优化，经过对系统固有特性的反复修正，得到效果最佳的系统方案。图 2-6 就是按"系统工程"思想对实际工程问题（或工程

系统)建立的一般性的物理模型,该模型揭示了系统的3个基本特征。第一个基本特征是系统一定有一个基本构成模式,这就是图2-6中边界内的"系统构成要素",它描述了系统本身的固有特性和运动状态,是系统分析的基础。第二个基本特征是系统分析一定要考虑环境对它的影响,这就是图2-6中边界外的"系统环境",系统与环境在边界处不断地进行物质、能量、信息的交换,系统才能运动起来。第三个基本特征是系统一定有"输入"和"输出",使系统运转起来进行正常的工作。同时,有了"输入""输出"就可以对系统进行动态分析。对系统进行动态分析是"系统工程"的核心思想,通过动态分析,不断地修正系统本身的固有特性,逐步地使系统整体效果最优。

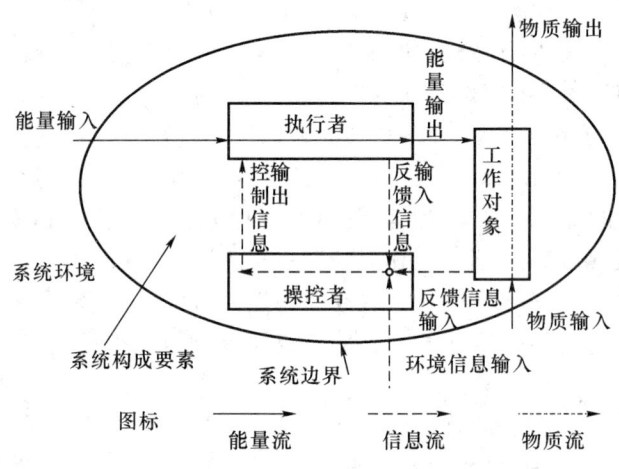

图 2-6 系统的构成

② "系统构成要素"("系统边界"内部分)由"结构要素"(工作对象、执行者、操控者)和"动态要素"(物质流、能量流、信息流)组成。3个结构要素描述了系统本身的固有特性;3个动态要素描述了系统的运动状态,3个结构要素是3个动态要素(3个流)的承载体。这6个要素既相对独立,又彼此相关,搞清楚它们各自的作用和相互联系,对原始系统的建立和已有系统的分析都是十分重要的。在系统中"物质流"是主流,"工作对象"是第一要素;这是因为建立系统的目的就是要使"工作对象"按"工作任务"的要求遵循一定的运动规律"流动"起来。而"物质流"恰恰是描述"工作对象"的"运动规律"的,它是建立"能量流""信息流",并确定二者承载体(执行者和操控者)的依据。"能量流"驱动"工作对象"运动,在做功的过程中,依"运动规律"不断地进行能量转换与传递,这决定了其载体(执行者)的结构形式与参数。"信息流"在"物质流"与"能量流"之间起协调作用,它依"运动规律"将"物质流"与"能量流"联系起来使整个系统成为一个有机的整体,同时它也决定了其载体(操控者)的结构形式与参数。

下面我们以收集机器人为例,将上面所说的6个要素具体化。

① 3个结构要素:

a. "工作对象"是松糕;

b. "执行者"是机械手和行走小车;

c. "操控者"是传感器、控制器和控制驱动器。

② 3个动态要素:

a. "物质流"是松糕的搬运路线(物的输入、处理、输出),它描述了松糕的"运动规律";

b. "能量流"是电能通过电动机驱动的手臂升降、驱动小车运动;或气压能通过气缸驱动手臂伸缩、手爪收放(能量的输入、传递、输出);

c. "信息流"是传感器不断采集松糕和机器人的运动信息,并将其传递给控制器,其分析处理后,再传递给驱动控制器,控制手臂或小车动作(信息的输入、处理、输出)。

③ "系统环境"("系统边界"外部分)是影响"系统"性能的外部条件。对于环境对系统的影响,举一个例子就很容易理解。例如:设计嫦娥三号和玉兔月球车时,不仅要考虑地球上常湿、常温、有空气、重力大等环境,还要考虑月球上高温、低温、无水、真空、重力变小的环境。这给设计增加了很大的难度,可见将系统置于环境中考虑的必要性与重要性。

④ 划定"系统边界"也是非常重要的。原因有二:其一,环境是通过"边界"对系统施加影响的〔如边界上的热场分布,电、磁场分布,对位移的限制,能量(力)的输入、输出,物质的输入、输出,信息的输入、输出等〕,在设计系统时,必须考虑这些因素。其二,边界条件的确定并不容易。在设计系统时,必须建立系统物理模型,物理模型必须有边界条件,各个学科给出的理论模型的边界条件一般都是很理想的,且类型很少。给出实际问题的边界条件并不是一件容易的事,往往需要丰富的实践经验。然而,建立正确的物理模型和边界条件恰恰是系统分析的基础。因此,同学们应当认识到"系统边界"的重要性,在今后的学习过程中,要特别注意在各个学科中对系统的边界是如何处理的。

3. 系统的基本性能

(1) 动态性

任何一个系统都是运动着的,可以说运动是系统的第一属性。物质流、能量流、信息流反映了系统的运动状态,而运动状态又与系统的3个结构要素息息相关。建立系统的目的就是利用系统工程的思想对系统的运动状态进行科学的分析,以便对系统的6个要素进行合理的配置,使其运动状态达到最优。后面的章节还会对系统分析作专门介绍。

(2) 相关性

在介绍"系统构成要素"时已经讲过,系统的6个基本要素"既相对独立,又彼此相关"。"相对独立"才能将系统分解成几个相对独立的子系统或模块,便于设计和制造;"彼此相关"才能将上述各个子系统或模块综合成一个整体去完成系统的"工作任务"。这里讲的"相关性"就强调了系统"彼此相关"的一面。

由收集机器人的实例很容易理解这6个要素的"相关性"。在设计收集机器人时,要根据它的"工作对象"(松糕)的几何尺寸和位置,决定"执行者"(机器人)的手指、手臂、小车的几何尺寸,这样才能保证松糕能被机械手抓住。根据"物质流"(松糕的运动规律)决定机器人的手指、手臂、小车(执行者)的具体机构形式,以便更好地完成"抓取""搬运"动作。为了使机器人(执行者)能抓起、搬动松糕(工作对象),必须根据松糕(工作对象)、机械手、小车(执行者)本身的惯性力和自重给机器人(执行者)选择功率(能量)足够的电动机和气缸,其进行能量转换与传递(能量流)驱动手指、手臂、小车动作。在机器人(执行者)抓取搬运(物质流)的过程中,为了使手指、手臂、小车(执行者)和松糕(工作对象)能协调动作,检测控制子系统(操控者)必须随时发出控制信息;而控制信息是由传感器采集经控制器处理后发送给驱动控制器的"信息流"。在设计检测控制子系统(操控者)时,必须根据它所传输和处理的信号(信息流)来决定子系统的结构与参数。

由上面的实例可见,构成系统的6个要素是息息相关的。这6个要素中,3个结构要素(工作对象、执行者、操控者)是实体要素,它们决定了系统的固有特性;而3个动态要素(物质流、能量流、信息流)是流要素,相关性体现在流要素中,是流要素决定了3个结构要素之间和要素内各模块之间的连接接口,将这6个要素综合成一个统一的整体。在后续课程中将对其作详细说明。

(3) 整体性

一个系统的好与坏最终体现在它的整体效能上。上面已阐明了系统的"相关性",在这里所讲的"整体性"就是要求我们处理好"相关性",使系统中的6个要素能科学地进行匹配,使整体效能达到最佳。

下面仍以收集机器人为例说明匹配和整体性的含义。如果松糕(工作对象)很重,而我们制作的机器人(执行者)很轻巧,选择的电动机、气缸的功率也很小,则机器人(执行者)可能抓不动、搬不动松糕(工作对象);相反,如果松糕(工作对象)很轻,而我们制作的机器人(执行者)很笨重,选择的电动机、气缸的功率也很大,则机器人(执行者)肯定能抓起并搬动松糕(工作对象),但很不经济。上述两种情况都是"工作对象"与"执行者"的匹配不好。制作的机器人的尺寸、重量,所选电动机、气缸的功率刚好适合抓取、搬运的松糕的尺寸和重量,这就说明"工作对象"与"执行者"相匹配。若机器人所选用的机构(执行者)在动作过程中(能量流)能使松糕(工作对象)的抓取、搬运动作(物质流)时间最短,则说明"工作对象""执行者""物质流""能量流"都匹配,否则不匹配。如果所选传感器、控制器和驱动控制器(操控者)能很准确地将采集到的信号进行处理并迅速地传递给电动机和气缸,使机器人(执行者)与松糕(工作对象)很协调地动作,则说明"工作对象""执行者""操控者""物质流""能量流""信息流"6个要素都匹配,系统整体性很好。

(4) 目的性

目的性是从系统用途方面说的。任何一个系统都有用途,即我们前面讲的"工作任务",也可以是使用者对系统的功能需求。在2.2节已讲过,"工作对象"和"工作任务"是设计系统的依据,它们决定了系统的要素、结构形式和系统环境。因此,在设计一个工程系统时,一定要先充分理解用户对系统的需求,在此基础上再根据科学原理与技术,将客户需求变为系统的功能需求,最后按下面所讲的层次进行功能模块分解。

(5) 层次性

层次性是从系统功能分解方面说的。将系统按功能进行分解是一种设计思维方法,其具体思路是,先将整个系统按功能需求分解成若干个子系统或功能模块,再对子系统或功能模块进行设计。例如,图2-5就是将机电一体化系统按功能模块进行分解的结果,现将其按层次图重画,如图2-7所示。如何将一个系统按功能分解成层,将在第3章讲述。

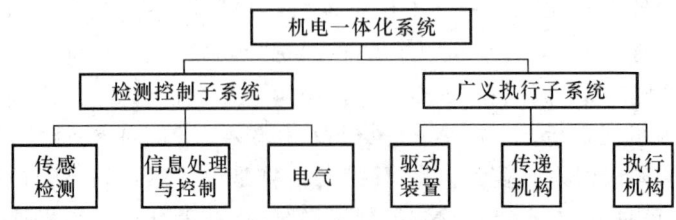

图2-7 机电一体化系统结构层次图

(6) 目标性

目标性是从评价系统的效能指标方面说的。一个系统的优与劣通常由下述指标来衡量。

① 技术评价指标：生产效率和质量都高。这体现在系统本身的先进性、安全性、可靠性和易维护性几个方面。

② 经济评价指标：成本低，利润高。这体现为系统本身的设计、制造、运行成本低而销售、运营利润高。

③ 社会评价指标：效益高，影响好。这体现为系统给人类创造的价值高而对人类的生产、生活影响小。

例如，系统要符合国家科技发展政策和规划，能创造可观的经济效益，有利于改善环境（污染、噪声等），有利于资源的充分利用和新能源的利用。

在进行系统优化时，社会指标一般是必须遵守的原则，优化目标通常取技术指标（生产效率和质量都高）和经济指标（成本低、利润高）。然而这两个指标往往是矛盾的。这就需要设计者找到二者之间的平衡点，掌握好生产效率与质量都"高"与成本"低"的度，取一个合适的水平。这也说明了注意系统的"整体性"、取整体优化的必要性。

(7) 环境适应性

环境适应性是从系统抗干扰能力方面说的。由图 2-6 可见，系统在边界处总是与环境有物质、能量和信息的交换，因此环境就总是对系统的输入、输出有影响。在设计系统时，一般只考虑正常的环境变化，如一年四季温度、湿度的变化，但有时也有一些意外的干扰，如地震、风灾、水灾、火灾等。因此，系统也必须对环境的突变有很好的适应性。在设计系统时，不仅要考虑常态下系统的响应，还要考虑在恶劣环境下系统的瞬态响应，尽量使这些响应（输出值）不超过允许值，以使系统在比较恶劣的环境下也能正常工作。系统能适应环境的变化、保持和恢复其原有功能的能力，就是它的环境适应性。

2.3.3 系统的定义

我们在 2.2 节对系统有了感性认识，在 2.3.2 节对系统有了一些理性认识，那么究竟如何给系统下一个定义呢？

1. 现有的定义

在《韦氏大辞典》中，"系统"一词被解释为："有组织的或被组织化的整体；结合着的整体所形成的各种概念和原理的综合；由有规则的相互作用、相互依存的形式组成的诸要素集合；等等。"

在日本的 JIS 标准中，"系统"被定义为"许多组成要素保持有机的秩序，向同一目的行动的集合体"。一般系统的创始人 L. V. 贝塔郎菲(L. V. Bertalanffy)把"系统"定义为"相互作用的诸要素的综合体"。美国著名学者 R. L. 阿柯夫(R. L. Ackoff)认为：系统是由两个或两个以上相互联系的任何种类的要素所构成的集合。

综上所述，上述几个定义多是从系统构成角度给出的，基本没有反映出对系统的动态分析。而从 2.2 节中的分析可知，"系统工程"思想的核心是对系统进行动态分析，使其固有特性与其输入、输出相匹配，运行效果最优。

2. 本书的定义

(1) 对系统的 3 点认识

① 系统有 3 个基本特征：

a. 系统构成要素；

b. 系统环境；

c. 系统"输入"和"输出"。

② 系统有 6 个要素：

a. 3 个结构要素，即工作对象、执行者、操控者；

b. 3 个动态要素，即物质流、能量流、信息流。

③ 系统有 7 个性能：

a. 动态性；

b. 相关性；

c. 整体性；

d. 目的性；

e. 层次性；

f. 目标性；

g. 环境适应性。

(2) 系统的定义

系统是以相互关联的要素为一个共同目的、按一定架构集合在一起的一个动态的有机整体；各要素在系统内按一定规则彼此作用、相互依存而形成系统的固有特性，系统中的要素或其结构的变化都可影响或改变系统的这一特性；系统与其周围环境之间不断地进行物质、能量和信息的交换，有明确的输入和输出，并在一定的优化目标下运行。

在这里顺便说一下，"系统"不只有"工程系统"，还有"管理系统""金融系统""社会系统"等。凡是称为"系统"的，都必须具有系统的特性。

2.3.4 系统的分析

我们讲"系统"的概念和"系统工程"的思想，只是为了用"系统工程"的思想去解决实际工程问题，去指导工程设计。因此，在本书中所讲的"系统分析"只针对"工程系统"而言，且重点介绍针对系统动态特性的系统分析的思路，而不去全面地介绍系统分析设计的一整套方法。

系统分析的目的（任务）是对一个状况明确的"工程问题"通过"系统分析"给出一个优化的"系统方案"。其步骤如下。

1. 系统研究

首先要十分明确"工程问题"的客户需求，然后根据自身的条件（资金、技术、设备、人员）参考国内外有关资料确定系统的"工作对象"、"工作任务（功能需求）"和"优化目标"。

2. 系统设计

根据第一步得到的"工作对象"和"工作任务（功能需求）"建立"系统模型"（如图 2-6 所示的模式），即确定系统的 6 个要素（工作对象、物质流、执行者、能量流、操控者、信息流）、系统环境和输入、输出。

3. 建立系统模型

① 确定"工作对象"和"物质流":首先根据客户需求确定"工作对象"和"物质流",然后根据"物质流"确定"工作对象"的运动规律,并对运动规律进行分解,将其变为简单动作(如机器人的移动和转动)的组合(注意:分解方案不止一个)。

② 确定"执行者"和"能量流":先针对①中确定的每一个方案的动作组合的"能量流"选择相应的"执行者"(如机电一体化系统中的"广义执行子系统"),并将其分解为功能模块(如驱动装置、传动机构、执行机构),再根据"能量流"(不同的动作分解有不同的能量流)将与其对应的那些模块连接起来,构成一个"执行者"(可能有许多种方案)。

③ 确定"操控者"和"信息流":首先按照"工作对象"和"执行者"间动作相互配合(即"物质流"与"能量流"的配合)的需要,确定"信息流"(注意:不同的动作组合方案有不同的信息流);然后根据每一个信息流(即传递的信号)的需要确定相应的"操控者"(如机电一体化系统中的"检测控制子系统"),并将其分解为功能模块(如传感器检测、信息处理与控制、电气等模块);最后依据每一个"信息流"将对应的功能模块组成一个"操控者"(可能有许多种方案)。

④ 建立物理模型构成系统方案:首先针对"执行者"和"操控者"的每一个方案建立功能模块的物理模型,给出相应的参数(如机电一体化系统中各模块的几何尺寸和物理参数),并根据系统环境给出模块的边界条件;然后给出整个系统的物理模型和边界条件,构成一个"系统物理模型"方案;最后组成一个"系统方案集"。

4. 系统评价确定最终方案

根据第一步确定的"优化目标",针对第三步得到的"系统方案集"中的每一个系统方案进行仿真运算(即动态特性分析计算),优化后选出"最优"的一个作为系统的最终方案。

2.4 机电一体化简介

在本节将介绍有关"机电一体化"的一些概念,内容安排如下:首先介绍机电一体化的概念,然后介绍机电一体化的内涵。

2.4.1 机电一体化的概念

机电一体化(mechatronics)的英文是由英文机械学(mechanics)的前半部分和电子学(electronics)的后半部分组合在一起而创造出来的。这个名词第一次出现在1971年日本的《机械设计》杂志副刊上,后来随着机电一体化的发展而被广泛使用,目前已得到世界各国的普遍认可,成为一个正式的英文名词。现在世界上许多大学也都用"Mechatronics Engineering"来表示机电一体化专业。

起初,机电一体化是指机械技术与电子技术相结合的产物。后来随着时间的推移和科学技术的进步,机电一体化的概念一直在不断地发展和完善。1971年以后,关于机电一体化的概念,日本和美国的学者分别给出几种不同的提法,综合起来,可表述如下:机电一体化是指在设计和制造机电系统的过程中,以感知、控制信息为纽带,将机械和电子装置有机地融合在一起,构成智能化机电系统的理念、技术和产品。

2.4.2 机电一体化的内涵

由前面的介绍可知,机电一体化是一个发展着的概念(下一节将详细介绍),到目前为止仍没有一个标准的定义。对于我们来说,没有必要拘泥于它的定义,重点在于深刻地认识机电一体化的理念。下面谈几点认识。

1. 设计思想

机电一体化的设计思想是:技术融合、并行设计、动态分析、系统优化。

① 技术融合是许多文章都提到的:融合不是简单的组合或叠加,这一点前面已反复强调过,这里不再重复。融合的技术包括机械原理与技术、电子电工原理与技术、传感器与检测技术、控制理论与技术、通信原理与技术、计算机技术(包括软硬件与网络)等。

② 并行设计是针对串行设计而言的。一般情况下,多学科系统采用一种按学科顺序设计的方法。例如,以前机电系统的设计通常分3步完成:首先设计机械,然后设计电源和微电子系统,最后设计控制系统并将整个系统加以实现,这就是串行设计方法。串行设计的最大缺点是,前面的设计结果对后面的设计形成制约,致使整个系统的性能不能进行优化。并行设计就是对机电一体化系统的广义执行子系统和检测控制子系统同时进行设计。在设计过程中互通二者的设计信息,反复协调、修正设计参数,以使系统性能达到最优。

③ 动态分析、系统优化是指用"系统工程"的思想进行机电系统的设计。如何按系统工程的思想对机电系统进行优化设计,在2.3节已经讲过了,这里不再重复。

2. 技术方向

机电一体化的技术方向是:模块化、自动化、智能化、柔性化。

① 模块化是指先将机电一体化系统分解为几个标准的模块(如驱动、传动、执行、传感、智能、控制等),再按标准生产出一系列的产品,当设计制造新的系统时,只要将选好的模块进行集成即可。模块的大小(包含的功能多少)可根据实际情况而定,以机动、灵活、适于集成为原则。

② 自动化与智能化是指机器能像人一样自主地工作,对于这一点人们都已熟悉,这里不再解释。

③ 柔性化是指采用改变软件的方法去改变系统的功能。例如,加工一个比较复杂的机械零件通常要用到车、铣、刨、磨等各类机床,若采用五轴数控机床,则只要改变数控加工程序,各种各样的零件都能加工出来。那么,五轴数控机床就具有很好的柔性。

3. 包含内容

机电一体化包含两方面的内容,即机电一体化技术和机电一体化产品。

① 机电一体化技术的核心是多学科技术的相互融合,它不仅分门别类地研究机电一体化系统所涉及的不同学科(机械、电子、电工、传感、检测、控制、计算机、通信、信息、人工智能等)的理论与技术,还研究如何更好地将各学科已有的理论与技术融入系统中,或研究更适用于机电一体化的新技术。机电一体化技术是为生产机电一体化产品服务的。

② 机电一体化产品是机电一体化技术的体现。机电一体化产品的设计、制造和使用体

现了机电一体化的思想；机电一体化产品水平的提高体现了机电一体化技术的发展与水平的提高。从当前制造出的许多机电一体化产品（人造卫星、空间站、月球车、高速列车、深海潜水工作站、各种仿人机器人、数控机床、计算机集成制造系统等），我们已能悟出机电一体化的含义。

2.5 机电一体化系统的发展概况

机电一体化的发展始终遵循着科技发展的一般规律：人们对不断提高劳动生产率的愿望以及彻底从体力劳动和脑力劳动中解放出来的理想一直推动着机电一体化技术的发展；而机电一体化技术的飞速进步反过来促进了机电一体化新产品的产生。就像嫦娥奔月一样，人们的理想就变为了现实。

机电一体化的发展大致可以分为 3 个阶段。

20 世纪 60 年代以前为第一阶段，可称其为"萌芽阶段"。在这一时期，人们自觉或不自觉地利用电子技术的初步成果来完善和提高机械产品的性能。特别是在第二次世界大战期间，战争的需要刺激了机械产品与电子技术的结合，出现了许多性能相当优良的军事用途的机电产品。在第二次世界大战后这些技术转为民用，对战后经济的恢复和科技的进步起到了积极作用。

20 世纪 70—90 年代为第二阶段，可称其为"蓬勃发展"阶段。在这一时期，世界上许多发达国家和一些发展中国家都涌进了机电一体化发展的大潮，纷纷制定政策，促进本国机电一体化的发展，人们自觉地、主动地利用计算机技术、通信技术和控制技术的成果，创造出了许多新的机电一体化产品，在满足人们日益增长的需求的同时，也提高了本国机电产品在国际上的竞争力。

20 世纪 90 年代后期至今为第三阶段，可称其为"智能化"阶段。从那时起，人工智能技术、神经网络技术、模糊控制技术已逐步走向实用化阶段，大量的智能化产品不断涌现，甚至出现了"混沌控制"产品。可以说，21 世纪人们将可以从繁重的体力劳动和脑力劳动中逐步解放出来。

下面简要地从概念的演变、体系的更新、技术的综合和产品的智能化 4 个方面介绍机电一体化系统的发展状况。

2.5.1 机电一体化概念的演变

在介绍机电一体化的概念时已说过，机电一体化的概念一直在不断地发展和完善，下面对概念的演变介绍如下。

1. 机电一体化概念的演变模型

《工业 4.0》中的图 6.5 给出了一个"机电一体概念的演变[KÜH10]"图，该图充分展示了机电一体化概念的演变历程，现转录如下（图 2-8）。

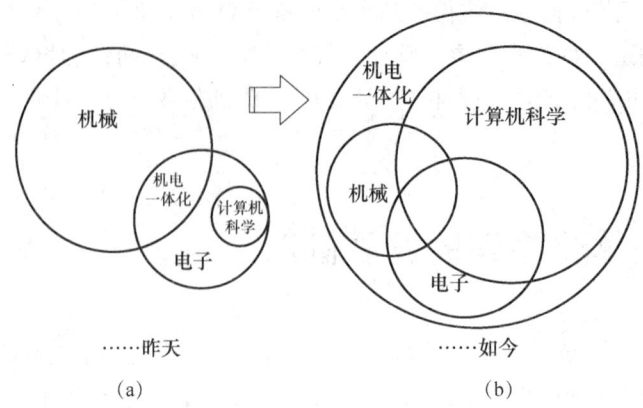

图 2-8 机电一体化概念的演变[KÜH10]

2. 对演变模型的说明

(1) 对图 2-8(a)的说明

图 2-8(a)描述了初期的"机电一体化"概念。图 2-8(a)中的"机械"代表的是传统的机械系统,该系统一般由执行机构、传动机构和驱动装置组成。图 2-8(a)中的"电子"代表的是传统的电工电子系统,该系统由电工元件、电子元器件和单片机组成。图 2-8(a)中的"计算机科学"主要指计算机软硬件。图 2-8(a)中还有一个"机械"与"电子"的交集,标注的是"机电一体化",它代表了初期的"机电一体化系统"。同时,在图 2-8(a)中可以看到"机械"占的比重最大,"电子"其次,"机电一体化"再次,而"计算机"科学最小,且包括在"电子"中';还可以看到"机电一体化"只是"机械"与"电子"的融合。这说明在初期的机电一体化系统中"机械"是主角,"电子"是配角,而"计算机科学"更次之。

(2) 对图 2-8(b)的说明

图 2-8(b)描述了现在的"机电一体化"概念。由图 2-8(b)可见,"机电一体化"包含了全部的"机械""电子""计算机科学",在它们所占的比重中,"机械"最小,"电子"较大,"计算机科学"最大,它所占的比重几乎比"机械"和"电子"的总和还要大;同时还可看到,"机械"、"电子"和"计算机"三者都有交集,且"机械"与"电子"的交集和"机械"与"计算机科学"的交集差不多大,而"电子"与"计算机科学"的交集最大。图 2-8(b)揭示了现在机电一体化概念模型的两方面含义:其一,"机械"、"电子"和"计算机科学"已全部融入"机电一体化"中;其二,"机电一体化"的主角已变为"计算机科学",它在机电一体化中占绝对优势;"机械"、"电子"与"计算机科学"已高度融合,许多机械元件和电子元件都被计算机的软、硬件代替,尤其是人工智能技术在"计算机科学"中将占据很大比重。

(3) 机电一体化概念的演变历程

在传统机械时代,设计制造一个机械系统是由机械工程师完成的。当遇到复杂运动系统时才请电气工程师帮忙设计制作一个驱动控制器,这些控制器一般由开关、继电器、限位器、变阻器等电工元件组成。随着电子技术的发展,有了传感器、半导体元器件、单片机、PLC 和控制技术,驱动控制器有了巨大的改进,它演变成"检测控制子系统"。这时的机械系统就变成了"初期的机电一体化系统"(如图 2-5 所示)。再后来,随着计算机科学(包括软、硬件)的飞速发展,机电一体化系统中机械、电子和计算机高度融合,使机械与电子的元件越来越少(它们由计算机软硬件代替),而计算机的软硬件越来越多。例如,在"检测控制子系统"中,用"数字滤波器"代替由电子元器件做的滤波器。又如,在"广义执行子系统"中,用"现场总线"(即工业互联网)代替机械传动系统使执行机构同步运动(实际上,用计算机软硬件代替"机械"和"电子"的情况还很多)。再加上人工智能技术已用到机电一体化系统中,它需要大量的软件和大数据平台(后面介绍)。因此,"机电一体化"就演变为图2-8(b)所示的概念模型,今后可以将图2-8(b)叫作"智能机电一体化概念模型"。

2.5.2 机电一体化体系的更新

随着机电一体化概念的不断深化,它的体系构成也在不断地更新,初期的机电一体化体系构成如图2-5所示,它是对应图2-8(a)的,那么对应图2-8(b)的智能机电一体化系统的构成是什么样子呢? 从体系上看,图2-8(b)的体系构成相比于图2-5主要是多了人工智能的核心部分。下面我们将图2-5与"智能科学技术的基本模型"相比较,找出它们的异同,然后给出"智能机电一体化系统"的体系构成。

1. 智能科学技术的基本模型

该模型如《智能科学技术导论》1.4节中的图1.2所示,现转录如下(图2-9)。

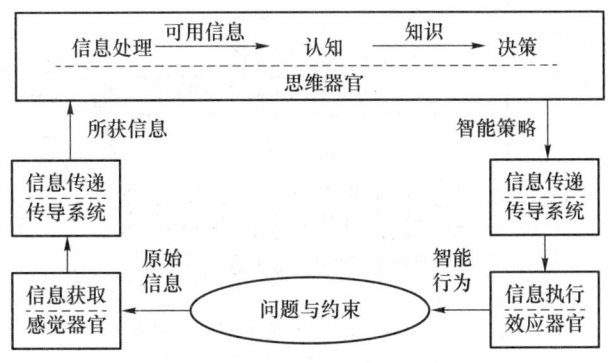

图2-9 智能科学技术的基本模型

2. 图2-9与图2-5的异同

(1) 相同点

① 图2-9中的"问题与约束"相当于图2-5中的"工作对象"和"工作环境"。在机电一体化系统中,"工作对象"就是要解决的"问题"。

② 图2-9中的"信息获取/感觉器官"相当于图2-5中的"传感检测模块"。在机电一体化系统中,传感器代替了感觉器官来获取信息。

③ 图2-9中的"信息执行/效应器官"相当于图2-5中的"广义执行子系统"和"电气模块"。在机电一体化系统中,"电气模块"的功能相当于用人的手或脚(效应器官)去操作"广义执行子系统"。这个过程就是图2-9中的"信息执行"。

④ 图2-9中"信息处理、认知、决策/思维器官"中的"信息处理"与图2-5"信息处理与控制模块"中的"信息处理"功能是相同的,它们都是将系统采集到的信号通过"信息处理"变为可用信息,只不过智能系统中处理的信息量更大,内容更广泛,类型更多。

(2) 不同点

图 2-9"思维器官"中的"认知""决策"与图 2-5 中的"控制模块"虽然都有控制的功能,但控制的内涵却有本质上的区别。图 2-5 中"控制模块"中的控制逻辑(即程序)是设计人员依据"广义执行子系统"和"工作对象"的运行规律,事先编好并存储到控制器中的。该程序在没有人修改的条件下,永远不会改变。也就是说,不管输入与外界条件有什么变化,"广义执行子系统"和"工作对象"永远按照程序中已有的逻辑去运动,绝不会有任何改变。而图 2-9 中"思维器官"中的"认知""决策"模块则不同。它们的作用与人脑一样,能够根据人们"认知"掌握的已有知识(理论知识与实践知识)通过学习,对输入的信息(包括工作对象的自身特性、运动信息和环境信息)进行分析、判断,按具体情况随机"决策""执行信息"给"效应器官",使系统能自主地完成"工作任务"。即像人一样,它能随机应变地处理问题。这就是智能技术的核心。

(3) 智能机电一体化系统的构成

根据上面的分析比较可知,智能机电一体化系统的体系架构如图 2-10 所示。

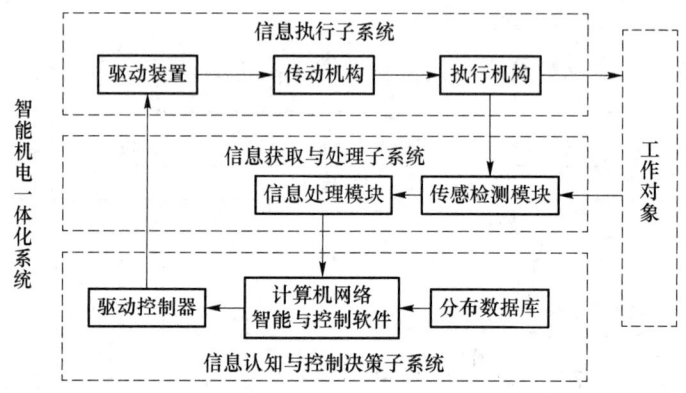

图 2-10 智能机电一体化系统的体系架构

由图 2-10 可见,它比图 2-5 多了一个"信息认知与控制决策子系统",这个子系统是智能技术的核心部分,是判断智能与非智能的关键所在。这是因为智能与非智能的唯一不同就是系统本身是否会"认知",是否会"自主决策"。

2.5.3 机电一体化系统的设计、制造已有了综合系统

20 世纪 80 年代,美国、日本等国开始实施计算机集成制造(CIM)战略,在企业(工厂)里建立了计算机集成制造系统(CIMS)。CIMS 是以企业为对象,以市场需求和资源为输入,以投放市场的产品为输出,以整体动态优化(即高效率、高质量、高柔性和高效益的统一)为目标,在系统科学的指导下,以计算机和网络通信技术为手段,在作业过程简化、标准化和自动化的基础上,把企业的经营、生产和工程技术诸环节集成为一体的开放式闭环系统。

CIMS 可分为四大功能体系。

① 工程体系:由 CAD、CAPP、CAM 集成,其功能是实现产品设计、工艺一体化、加工自动化。

② 制造体系:包括 CNC、柔性制造系统(FMS)、制造活动中的物流与信息流。该体系

与数控加工信息和物料流动信息相协调,保证制造过程在 CIMS 中发挥更高的效益。

③ 管理体系:在制造业计算机辅助信息管理系统(MRP-Ⅱ)的基础上开发的面向 CIMS 集成的管理系统。MRP-Ⅱ 为制造业提供了科学的经营管理思想和处理逻辑。它将整个企业的制造资源(物料、设备、人力、资金等信息)进行全面的规划和控制,把企业的产、供、销、人、财、物各种生产经营活动联结成有机整体,形成了一个一体化的企业信息管理系统。它的指导思想是并行工程,早在产品的设计阶段就将产品在制造过程中可能出现的问题统一进行妥善处理,以免造成不必要的损失。

④ 质量体系:包括质量信息的采集、管理、反馈和控制,实现集成化的质量保证体系。

CIMS 系统从开始使用到现在一直在完善。

2.5.4 机电一体化产品(系统)已向智能化转变

当前已出现了自动驾驶汽车、自动驾驶火车、智能家电、智能家居、智能车间和智能工厂,可见机电一体化系统已经由初期的简单的系统向智能化转型。

由机电一体化发展的概况可见,尽管人们已经制造出许多高精尖的机电一体化产品(或系统),但离人类的梦想——"彻底地从繁重的体力劳动和脑力劳动中解放出来"还相差甚远。我们应当坚持不懈地推动机电一体化技术的发展和产品的更新,为实现人类梦想做出贡献。这是本专业大学生的责任,也是光荣而艰巨的使命。你们将大有作为!

第3章 机械电子工程师应具备的知识体系

尽管现在已进入智能时代,但教育部对机械电子工程专业培养目标的要求还没有将有关智能技术的内容增加到机械电子工程专业的学科中。所以下面几章的叙述将按以下思路进行。第3章和第4章仍按原来的机电一体化体系架构的需求来介绍,不予修改。考虑到智能控制毕竟已提上了应用日程,同学们应当对与智能技术核心模块相关的课程有所了解,因此在第4章增加一节(4.2.16节),以选修课的形式介绍与"信息认知与控制决策"有关的课程内容,以便指导同学们选课或自学。

通过对第1章、第2章的学习,同学们已基本明白了什么是机电一体化系统。从本章开始,给同学们介绍机电一体化系统的知识体系(第3章)和机械电子工程专业的课程体系(第4章),以回答本专业的大学生在校期间学什么的问题。

为了建立机电一体化系统的知识体系,我们首先分析机械电子工程师在设计和制造机电一体化系统时应当具备哪些能力;然后以培养学生的这些能力为目标,确定学生应当掌握或了解哪些基本理论、基本技术、基本技能和工程知识;最后将所选择的知识进行系统优化,构成机电一体化系统的知识体系。

3.1 机电一体化系统(产品)创新设计

教育部所制定的机械电子工程专业的培养目标规定:"本专业培养……从事机电一体化产品和系统的设计制造、研究开发、工程应用、运行管理等方面工作的高素质复合型工程技术人才"。那么机电一体化产品和系统究竟是如何设计的呢?下面我们先给出一个设计思路图,再对设计思路的各个部分给予说明。

3.1.1 机电一体化系统(产品)创新设计思路

根据科学原理、科学技术、工程经验和系统分析的方法,机电一体化系统(产品)创新设计思路如图 3-1 所示。

3.1.2 对创新设计思路图的说明

机电一体化系统(产品)创新设计过程可分为5个阶段:产品策划、概念设计、详细设计、样机试制和改进设计。在产品策划阶段,给出一个新产品的"设想",在概念设计阶段,把上述"设

第 3 章 机械电子工程师应具备的知识体系

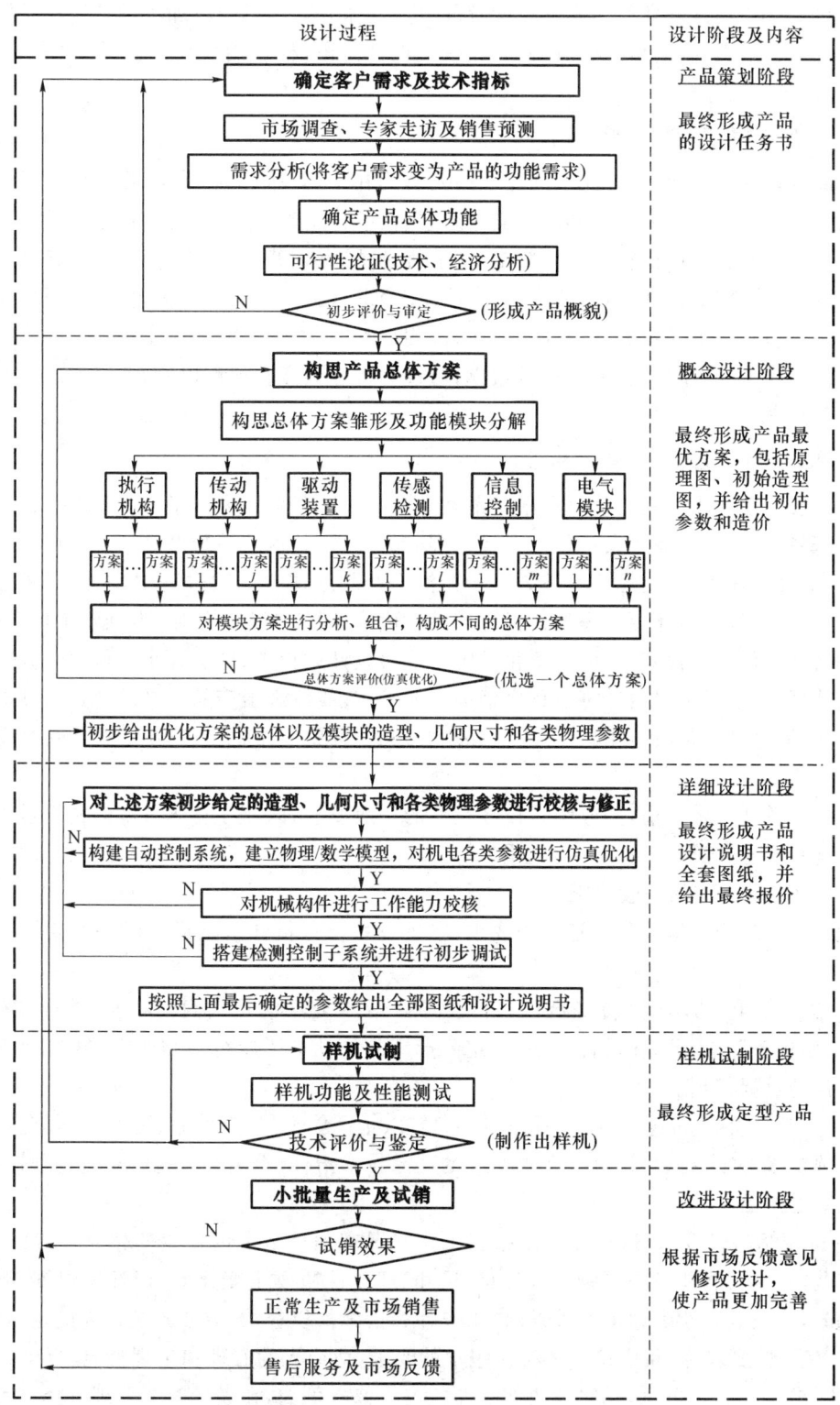

图 3-1 机电一体化系统(产品)创新设计思路图

想"构思成一个"具体方案",在详细设计阶段,将"具体方案"设计成"加工图纸",在样机试制阶段,按"加工图纸"制造出产品"样机",在改进设计阶段,根据用户反馈意见对"原图纸"进行修改,投入正式生产。

1. 产品策划(见图 3-1 第一阶段)

产品策划的过程如下:首先不同专业的人员凑在一起,根据生产、生活、科研、军事等社会活动的需要,采用"侃大山"的方式,交流思想,在各种思想火花的碰撞后,初步设想一个产品;然后对该产品进行市场调查、专家走访、销售预测,并对现有技术水平、人员能力进行评估;最后提出某个(或某些)所需要的产品(或系统)。这是一个反复分析思考的阶段,要对该产品(或系统)有一个基本的概貌性的描述,说明该产品的工作对象、用途(工作任务或功能需求)、使用人员、工作环境、主要技术指标;通过可行性论证和评审以后,最终形成一个产品的设计任务书。

2. 概念设计(见图 3-1 第二阶段)

概念设计在产品创新设计过程中是最基础、最重要、最具有创新性、决定产品成败的阶段,因此要特别重视。概念设计是一个反复推敲的过程,其目的是帮助设计者尽快将头脑中的设想(即设计任务书)构思成具体方案。在构思产品总体方案的过程中,不仅要考虑如何实现产品的功能需求,还要考虑如何保证产品质优价廉,便于人们使用,有利于市场竞争。

在当今的信息时代,在机电一体化系统(产品)设计过程中,许多技术工作(如制图、理论分析与计算)都已经可以由计算机程序辅助完成了,最能体现出产品水平的就是新颖的总体方案,所以概念设计是决定系统(产品)优劣的关键,希望同学们能下功夫学会概念设计的本领。

在构思总体方案之前,先介绍对设计工作的一般要求,以便在总体方案的构思过程中充分考虑这些要求,确保开发设计出优质产品。

(1) 对设计工作的一般要求

设计完成的产品应满足下述几项要求,在进行系统分析和造型设计时一定要同时考虑这些要求。

① 功能要求:功能要求是首要的,所设计的产品一定要满足人们的需求,否则它就不能完成"工作任务"。因此,在设计之初,一定要把产品的功能需求分析得十分准确,因为这是产品设计的首要依据。

② 使用性能要求:这项要求一般指产品精度、生产能力、生产效率、可靠性、安全性等指标。这项要求一定要满足设计任务书给出的产品技术指标,否则产品就没有达到预期指标,属于失败的产品。

③ 工况适应性要求:这项要求是指当工作状况在预计范围内发生变化时,产品适应的程度和范围。例如,要考虑当物料的形状、尺寸、理化性质发生变化时,当环境温度、湿度发生变化时,当负载大小和速度有波动时,采取什么措施加以补偿,以使系统始终能正常运转。

④ 宜人性要求:产品应符合人机工程学的要求,适应人的心理和生理特点,保证操作简便、舒适、准确、安全、可靠,同时还要便于监控与维修。例如,在设计时要合理选择显示装置和操纵装置,并进行合理布局,适应人的生理特点。又如,安装报警装置和防止偶发事故的装置等,以保证人身的绝对安全。

⑤ 外观要求：这项要求是指产品的形体结构布局合理，造型美观大方，材料质感与外表颜色协调宜人。

⑥ 环境适应性要求：这项要求分两个方面。一方面，要考虑环境对产品正常工作的影响；另一方面，要考虑所设计的产品在工作时对周围环境产生的污染，如温度、湿度、粉尘、有害气体、电磁干扰、振动噪声等。

⑦ 工艺性要求：这项要求分为两个方面。一方面，为保证产品质量，对产品的零件加工和系统组装都应当提出合理的工艺性要求；另一方面，要考虑所提出的工艺要求确有相应的加工设备可以实现。

⑧ 法律法规与标准化要求：这项要求分4个方面。一是设计人员在设计产品时要遵守国家的法律法规和道德规范；二是所设计的产品符合国际和国内标准；三是在产品中尽量采用标准件；四是产品尽量模块化。

⑨ 经济性要求：这项要求分两个方面。一是开发设计该产品的成本要低，正常生产该产品的费用也要低；二是使该产品正常运转的维持费用要低。

⑩ 包装与运输要求：所有产品都要包装搬运才能交给用户，因此在设计时就要考虑向用户交货时产品应如何包装，怎么装卸、运输和安装。

⑪ 供货计划要求：这项要求包括研发时间、交货时间与地点、供货方式等。

(2) 构思总体方案

构思总体方案的目的是将头脑中的设想变为一个具体方案。怎么去构思呢？过程如下：首先明确设计任务；其次根据"工作对象"和"工作任务"建立一个图2-5所示的机电一体化系统的一般模型，按照该模型的架构将产品总体功能分解为功能模块，得到一个由各类功能模块构成的方案框架；再次对每个模块进行方案设计（一般一个模块可能有几个方案），并对每个模块取其中一个方案集合起来构成一个待选总体方案，这样就构成了一个总体方案的待选方案集（参看图3-1"产品总体方案构思"）；最后根据"优化目标"，对待选方案集中的每个方案进行分析、比较、评价，选取其中"最优"的一个，作为产品的最终总体方案。当然，这个"最优"是从产品使用的效果和效益上说的，不一定是数学意义上的最优。下面介绍这个过程如何实现。

① 明确设计任务：充分研究、分析、设计任务书的内容，确定系统（产品）的"工作对象"、"工作任务"（工作需求）和"优化目标"。以收集机器人为例（见2.1.1节，下同），"工作对象"即松糕；"工作任务"（功能需求）即将松糕从货架上取下，搬运到储物筐内，"优化目标"即工作全过程（取下、搬运）所用时间最短。

② 构思总体方案雏形：首先根据"工作对象"（物）的特点和"工作任务"（物的移动或变形）的要求，将"客户需求"（即工作任务）转变为系统的"功能需求"（物如何移动或如何变形），然后依功能需求找出"物"的运动规律，以及为了实现上述运动规律执行机构所要完成的"动作"；最后根据这些动作选择合适的"执行机构"和"驱动装置"，构成一个"广义执行子系统"（必要时要加入"传动机构"）。同时，要根据物和执行机构动作的逻辑关系确定传感器的位置和类型；确定控制程序；确定被控对象的点位，构成检测控制子系统。这就构成了图2-5所示的框图"总体方案雏形"。

③ 功能模块的分解：这里指将上述系统方案雏形中的广义执行子系统和检测控制子系统都分解为功能模块。模块分解的思路在2.3.4节"建立系统模型"中已讲过，下面就以收

集机器人为例说明"功能模块分解"的步骤。

第一步,确定广义执行子系统中的各个模块:首先由"工作任务"(即产品功能需求)确定"工作对象"的"运动规律"(如将松糕从货架上取下并搬运到储物筐内),并将该"运动规律"进行分解,变为若干个"简单动作"(如将松糕的运动分解为"抓取"与"搬运"两个动作);然后选择合适的"机构"去完成那些"简单动作"(如选择"机械手"完成"抓取"动作,选择"小车"完成"搬运"动作),这些"机构"(机械手与小车)都属于"执行机构"模块。要使"执行机构"运动,就必须给它驱动力(能量),这就需要给"执行机构"选择合适的"驱动装置"(例如,"机械手"选的是"气缸","小车"选的是"电动机"),这些"装置"都属于"驱动装置"模块。若有必要还要在"驱动装置"与"执行机构"之间加上"传动机构"(例如,第一个、第二个机械手臂的上下移动由电动机驱动,在机械手与电动机之间加了绳轮传动机构)。至此,广义执行子系统中的功能模块就都确定了。

第二步,确定检测控制子系统中的各个模块:首先搞清楚"执行机构的动作"与"工作对象的运动规律"之间相互协调的"动作逻辑"(例如,收集机器人到货架处取松糕的"动作逻辑":机器人先走到货架旁,接着找到松糕的位置,最后感知到松糕将其抓起)。然后再按上述"动作逻辑"控制执行机构或工作对象的运动(例如,先控制小车走到松糕旁,再控制机械手找到松糕并将它抓起),完成产品的功能。为了使上述"动作逻辑"准确无误地执行,必须随时掌握执行机构的动作状态和工作对象的运动状态,这就需要在广义执行子系统的合适位置上布置传感器(例如,为了使机器人走到货架旁,在小车底架上布置了寻位传感器和定位传感器;为了感知松糕,在两个手指之间的根部布置了感知传感器),并对检测到的信号做初步处理,这就构成了"传感检测"模块。为了将"传感检测"模块输出的信息按"动作逻辑"输出,控制执行机构的动作,接下来应当将"动作逻辑"编成程序置入微处理器中,采用合适的控制算法对"传感检测"模块传来的信息进行处理,形成对执行机构动作的指令。上述微处理器及内置的程序与算法就构成了"信息处理与控制"模块。最后将控制指令传给开关、气压阀或液压阀,使"驱动装置"带动执行机构动作。由开关、气压阀或液压阀和相关电路构成的就是"电气模块"。至此,检测控制子系统中的功能模块就都确定了。

④ 构思功能模块:这里是指将上述方案雏形中的各功能模块具体化。构思的依据是模块的功能要求(即"工作任务"),例如,搬运松糕,由于松糕的位置有高有矮,有前有后,且要求速度快,所以抓取机构选用了3个机械手;对于搬运,它要求来回移动,且寻位灵活,所以移动机构选用了三轮小车。故执行机构有 $n=4$ 个模块。另外,对于机械手来说,抓取动作的驱动方式有不同方案,如手臂的伸缩、手爪的开合可采用电动、气动或液压原理,故每个机械手的方案就有 $i=3$ 个。

⑤ 优选一个总体方案:在初步构思了各功能模块以后,这一步介绍如何组成待选方案集,以及怎样确定"最优方案"。思路如下:将构思过的6个模块(每个模块还有 i 个方案)的不同方案进行"排列组合"就可以得到许多总体方案,它们构成一个"总体方案集"。最后分析比较"总体方案集"中的每一个方案,进行综合评价,选出一个方案作为"最优"方案,并给出该方案的原理图和初始造型图。

⑥ 初步给出"优化"方案的总体以及模块的造型、几何尺寸和各类物理参数:这一步是对上一步给出的"最优"方案进行结构形式设计,要求给出造型、尺寸和相关物理参数。具体做法是:依据设计手册和设计者的经验,先进行总体结构设计,再进行模块结构设计。

a. 总体结构设计：总体结构设计的要求是总体造型美观大方，各功能模块在整体中的布局要协调顺畅。其步骤如下：首先，按生产工艺流程对各功能模块进行整体布局，给出各功能模块的位置和尺寸。在上述布局的过程中，不仅要考虑各功能模块的造型、颜色、材料和尺寸，还要考虑各模块间不同功能的协调，尽量将功能相关的模块布置在一起，以使整体结构小巧、紧凑，系统运行顺畅，同时省材、节能。然后，按人机工程学的要求对上述布局进行局部调整，以利于人员操作。最后，给出整体造型和颜色，作出初步方案的草图。

b. 模块结构设计：将上一步得到的"最优"方案所包含的模块按其功能分为图 2-5 所示的 6 类，这 6 类模块的设计方法是不同的，我们分别说明它们的一般"结构设计"方法。

- 机构类模块：该类模块包括执行机构和传动机构。它的结构设计方法是，先根据"最优"方案给出的原理图选定相应的机构，并将这些机构拆解成零件，再给出每个零件的尺寸和材料。需注意的是，给出零件的尺寸以后应再将这些零件组成机构，检查该机构的总体尺寸是否与总体方案中给出的尺寸相符。

- 驱动类模块：驱动装置（如电动机、气缸、液压缸、气马达、液压马达）都是系列定型产品，只需选用，不需要我们设计。选用时注意两点：一是外形尺寸尽量符合总体方案所给尺寸的要求；二是所选的输出功率和力（力矩）要符合广义执行子系统的能量（力）需求。可以先按总体方案给出的尺寸选几个不同输出功率的驱动装置备用，待校验计算以后再决定选用哪个（对于驱动装置的物理参数，可查看产品说明书）。

- 电气类模块：电气类模块中包括各类开关、继电器、变阻器、继电保护器、电线、气压阀、液压阀等，它们也都是定型系列产品，其选择方法同驱动装置。可以根据相近尺寸的电气元件去设计控制箱，并布置电线（对于各类元件的机电参数，可查看产品说明书）。

- 信息处理与控制类模块：该类模块由以微处理器（单片机、ARM、DSP）为核心的电路板配以接口元器件或接口电路组成。微处理器与接口元器件都是定型系列产品，主要根据功能需求来选取，且兼顾尺寸。一般先尽量使控制电路板的尺寸满足总体方案的要求，再根据电路板的尺寸设计控制箱或控制柜（对于微处理器和元器件的物理参数，可查看相关手册）。

- 传感检测类模块：传感检测模块由传感器、前置放大器、测量电路、模数转换器和调制解调器等组成，也有将上述器件或电路做在一起的传感检测模块。不论哪种，其都是定型系列产品，主要根据功能需求选用，且兼顾尺寸（对于模块中的传感器至调制解调器的一系列元件的物理参数，可查看产品说明书）。

最后还要指出的是，概念设计阶段得到的"最优"方案是一个"定性"的方案，完全是凭借设计者所掌握的基本原理和所具备的工作经验得到的。要想知道这个方案是否可行，还需要进行下一步的工作——详细设计。

3. 详细设计（见图 3-1 第三阶段）

详细设计的目的是将概念设计阶段给出的"最优"方案工程实用化，对上面给出的"最优"方案中的各类参数反复进行校核、修改，在定量设计以后，形成一个产品设计说明书和一套加工图纸。这是一项责任重大的工作，它决定了产品的质量，如产品的经济性、可靠性、安全性、可操作性、可维护性和环境适应性等。设计者一定要遵守职业道德，十分认真地投入这项工作。

(1) 详细设计的指导思想——系统优化、并行设计

在提出机电一体化概念以前,产品设计是这样开始的:不讲究概念设计的过程,而且一般的设计顺序是,首先由机械工程师设计出机械系统,然后配备电气与控制系统,这样就会把不必要的约束引入控制系统设计中,尤其是机械系统带来的约束(因为机械系统往往是被控对象)。随着科学技术的发展,机电一体化的概念不断深化,机电一体化技术迅猛发展,机电一体化产品已经是高度自动化、智能化的"自动控制系统",机电两部分早已融为一体,且以计算机科学为支撑的智能检测控制子系统占绝对优势,机械系统只是作为"被控对象"存在,因此机电一体化产品的设计不仅要按照系统工程的思想来进行,还要采用并行设计和生命周期设计的理念。

(2) 详细设计的两项校核工作

对初估参数的校核包括两项工作:其一,要对方案中的每一个自动控制系统进行动态分析,保证系统中的各类参数都满足要求,以使所有执行机构的运动都具有良好的稳定性、跟随性和准确性;其二,要对方案中的所有机构进行工作能力校核,以使系统能够安全、可靠地工作。

(3) 对自动控制系统的校核

① 机电一体化系统中的自动控制系统。

机电一体化系统中有许多执行控制动作的机构,机构的每个动作都要由自动控制系统来控制,因此一个机电一体化系统可能有若干个自动控制系统(一个动作对应一个自动控制系统)。在寻找机电一体化系统中的自动控制系统时,应当特别注意以下两点。其一,广义执行子系统也是传送信号的子系统,驱动装置把能量(经过传动机构)传递给执行机构的同时,也把驱动装置的运动信号(位移、转角、线速度、角速度、线加速度、角加速度等信号)传递给执行机构(引起执行机构的位移、转角、线速度、角速度、线加速度、角加速度等发生变化),只不过在前面对系统进行分析时只强调了传递能量的一面;其二,检测控制子系统也传递能量,因为该子系统传递的信息是由其载体电流信号带过去的,没有电能就没有电流,其实,正是电流的能量将电流信号所携带的信息传递过去,只不过在机电一体化系统分析时,强调了信息流的一面,在进行自动控制系统分析时,就是分析这个电信号。

这样看来,由广义执行子系统中的某些模块与检测控制子系统所构成的自动控制系统就是一个完整的信号传递与处理系统。在该系统中,由能量流(运动信号流)和信息流(电信号流)组成了一个传递控制信号的"闭合流线",即该系统中携带信息的信号在广义执行子系统中表现为机械运动信号(线位移、角位移、线速度、角速度、线加速度、角加速度等)的传递,在检测控制子系统中表现为电信号(电压、电流、脉冲编码等)的传递;而广义执行子系统向检测控制子系统传递信号的接口就是传感器,是它将运动信号变成了电信号;检测控制子系统向广义执行子系统传递信号的接口就是电气模块,是电气模块发出的电信号控制着驱动装置输入能量的大小和驱动装置的运动状态(位移、转角、线速度、角速度、线加速度、角加速度等)的变化,从而使执行机构按预定的运动逻辑执行动作。综上所述,自动控制系统模型的结构形式与信号流如图3-2所示。其中的输入与输出由具体工程问题而定。

在此应注意,在自动控制系统模型(图3-2)中,机械系统(广义执行子系统)是"被控对象",而"传感检测"与"信息处理与控制"模块是控制器。

② 如何寻找自动控制系统。

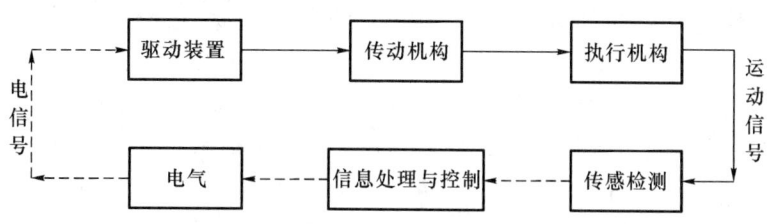

图 3-2　自动控制系统模型的结构形式与信号流

如上所述,构成自动控制系统的关键是"闭合流线"。因此,我们可以按以下思路进行。

a. 先找出机电一体化系统中的全部"闭合流线"(图 3-2),再将每条"闭合流线"经过的机类模块和电类模块按图 3-2 所示连接起来,就构成了机电一体化系统中的全部"自动控制的系统模型"。每个模型中各模块的几何或物理参数就是该自动控制系统的固有参数,这些参数就是我们要校核、优化的对象。

b. 寻找"闭合流线"的方法:首先要从"工作对象"的每一个动作(运动)入手,由工作对象的一个动作找到驱动该动作的执行机构及供给其能量的能量流线;然后找出控制该能量流的信息流线;最后将上述两条流线首尾相接,就得到一条传递控制信息(号)的"闭合流线"。

c. 寻找能量流线的方法:首先抓住使工作对象运动(物质流)的能量(或力)的输出模块(执行机构),然后找给予其该能量的输入模块(驱动装置),如果有的话再找将输出模块和输入模块连起来的传动模块(传动机构),将三者连起来,就构成一条能量流线。以第 1 章的搬运机器人为例,手爪上的手指与气缸直接相连,气缸的能量(力)直接传递给手指,构成一条能量流线,该流线的指向是气缸→手指→松糕。又如,第二个机械手的手臂 6 可以沿导柱 10 上下滑动,该动作是由绳轮传动机构(11、12、13)带动滑套 7 运动完成的,而带动绳轮转动的是电动机 14,那么由电动机经绳轮传动机构到滑套(手臂)就形成了手臂运动的另一条能量流线,该流线的指向是电动机 14→绳轮机构(11、12、13)→滑套 7(手臂 6)。可见,能量流线的寻找方法是根据工作对象的动作从执行机构开始至驱动装置,有几个执行机构则有几条能量流线。

d. 寻找信息流线的方法:首先找到检测控制子系统的输出端(输出模块,输出量一般是给驱动装置的电压),然后找到该输出信息的输入端(输入模块,输入量一般是传感器采集的信号,如执行机构和工作对象的位移、速度和环境信息),最后找到将二者连接起来的驱动控制器模块和信息处理与控制模块,把它们连接起来,就构成一条信息流线。例如,第二个机械手手爪动作由连接两个手指的气缸驱动,气缸动作需要打开驱动控制器 36 中的气阀给气缸供气,要打开气阀则需要控制器 35 给气阀一个控制信号(电压),而这个信号的来源是传感器 4;只有当传感器 4 感知到松糕时,才能发出这一信号给控制器 35,经 35 处理后输出控制信号给驱动控制器 36,36 中的气阀打开通气,使气缸动作,驱动手指闭合。这一信息流线的流向是传感器 4→控制器 35→驱动控制器 36→气阀。可见,信息流线的寻找方法是从驱动装置需要的控制信号开始至相关的传感器,该传感器应该在驱动器驱动的执行机构上或在该执行机构的工作对象上,有几个驱动信号则有几条信息流线。

至此,按上述思路则可以将机电一体化系统中的自动控制系统全部找到。

③ 分析自动控制系统,修正各类参数——建模、仿真优化。

这一步是对上面所找到的每个自动控制系统进行仿真优化分析，对概念设计阶段所给的各类参数进行校核与修正。

a. 仿真优化的依据：既然自动控制系统是一个信号系统，就应按照信号传输的理论来分析它。首先分析所传递信号的特性，然后构建一个自动控制系统使之与所传输的信号相匹配。所谓匹配是指，由我们设计的广义执行子系统（模块）和检测控制子系统（模块）的物理参数〔前者为质量、阻尼与刚度（与零件尺寸和材料弹性有关），后者为电感、电阻和电容〕所决定的自动控制系统的固有特性在传输信号过程中可保证控制系统有良好的稳定性、能控性、能观性、瞬态特性（跟随性）和稳态特性（准确性）（对这些性能的分析在"信号与线性系统"和"控制工程"课程中讲解），使信号完美地传递过去而不失真。

由上面的分析可知，要想使方案中各自动控制系统的固有特性与所传递的信号相匹配，必须使整个系统的物理参数选择得合理，因此，在利用系统的数学模型作动态分析时，必须同时校核所给的机械系统（广义执行子系统）的参数（质量、阻尼、刚度）和电子系统（检测控制子系统）的参数（电感、电阻、电容）是否满足要求。注意，具体分析时，必须进行并行设计，使两个子系统的物理参数在控制理论的指导下相互协调，以便得到一个最优的控制系统。

b. 仿真优化的具体做法：这一步完全是在计算机辅助下进行的，通常有一个仿真计算机环境。具体过程如下：首先将②中所寻找的自动控制系统的物理模型加以细化，即首先根据产品的功能要求，明确输入、输出、被控对象、控制器、干扰和反馈等要素，然后在控制理论的指导下建立该物理模型的数学模型，这个过程就叫作"建模"，最后依据该数学模型，借助于仿真软件，对该系统进行分析、计算，验证在概念设计阶段所给的各类参数是否满足自动控制系统指标的要求，若不满足要求，则应反复修正，直到满足要求为止，这个过程叫作"仿真"。在此，需要指出以下几点。

- 对一个产品中所有的自动控制系统都要进行上述建模、仿真计算，例如，收集机器人就有不止一个自动控制系统。另外，在一些产品中，一个驱动装置可能分时段带动两个不同的执行机构，那么应当按两个能量流来处理，这时驱动装置的参数就应当兼顾两个能量流，从而兼顾两个自动控制系统。

- 在建模时，已将机类模块和电类模块融合在一个自动控制系统的数学模型中，这两类模块的几何、物理参数决定了该自动控制系统的系统特性，在修正系统参数时，既可调整机械类模块（机构或零件）的几何尺寸和物理参数，也可调整电子、电气元件的物理参数，哪一个好调就调哪一个，这样才体现出并行设计的优越性，避免机械系统对控制系统的约束。

- 在进行"自动控制系统"的动态分析时，实际上是将运动信号经过的"传动机构"和"执行机构"的机械参数（质量、惯性、阻尼等）都"折算"到"驱动装置"中来建立被控对象的传递函数。图 3-2 告诉设计者如何通过运动信号流选择参与"折算"的"传动机构"和"执行机构"（如何"折算"将在"机械原理"和"电力拖动与控制"课程中介绍）。

- 这一步计算是基于理想的数学模型的，纯粹是纸上谈兵，这类数学模型与实际产品之间经常会存在偏差。这个偏差称为不可模拟误差，它往往是把基本模型设计的结果应用于实际产品时导致失败的罪魁祸首。避免失败的办法是，在建立物理模型时考虑得更周到、更切合实际一些，这样才能使所得数学模型更反映实际状况。当然，这就要求建立物理模型者具有深厚的理论基础和丰富的实际工程经验。这正是同学们需要注意学习的知识。

(4) 工作能力校验

因为在概念设计阶段对产品的所有模块都已经给出了结构形式和初步的几何物理参数,在第(3)步自动控制系统分析环节对上述各类参数进行了修正,第(4)步的工作只有两项:一是将修正后的机类参数代入广义执行子系统的各模块(零件)中,选择驱动装置的输出功率、力(力矩)和输入功率,并给出其工作原理图,同时对各机构的合理性和各零件的强度、刚度进行校验,以最后确定这些参数,供制图用;二是根据已修改后的电类参数重新选择电子元器件,按结构设计环节的方案搭建一个实际的检测控制子系统。

① 对广义执行子系统中各模块工作能力的检验。

a. 选择驱动装置并给出工作原理图:在本环节要做两项工作:其一,根据能量流建立的物理模型求出驱动装置的输出功率、力(力矩)和输入功率;其二,依据所求的功率按照概念设计阶段给出的驱动方式(电动、气动、液动)选择驱动装置(电动机、电磁铁、气缸、气马达、液压缸)的具体型号,并给出该装置的工作〔启动、停车、正转(正移)、反转(反移)、调速〕原理图,选出原理图中所用的控制上述运动的元件(开关、继电器、气泵、气阀、油泵、油阀等),按相关定律(电力拖动有关定律、气压系统有关定律和液压系统有关定律)检验所选元件是否合理。

b. 机构运动状况校验:该项校验主要是根据"机械原理"校验所设计的执行机构和传动机构在结构形式上是否合理,运动是否有干涉,损耗能量是否少。

c. 零件工作能力校验:若机构运动校验已合格,则将机构拆成零件,利用牛顿定律对每个零件建立数学模型,求出其所受的外力,再根据"弹性力学和有限元解法"所讲的理论求出其所受应力与弹性变形,根据强度、刚度条件校验我们所设计的这个零件的形状、尺寸和所选用的材料是否满足工作要求。

d. 子系统工作能力校核:当所有零件都满足强度、刚度条件以后,还要对机械系统进行振动和稳定校验,以使广义执行子系统能正常运行。

在这里需要说一下,对于系统、机构和零件进行校验,虽然工作繁多,但有现成的软件可以帮助人们实现。这一步工作的目的是,利用这些软件对所设计的机构及其零件的参数进行反复的修改、完善,直至达到"最优"的要求,第(3)步和第(4)步的校核可能会反复进行几次。

② 搭建检测控制子系统并进行初步的调试。

在对广义执行子系统中的各模块进行工作能力校验的同时,还要进行这一工作。首先按第(3)步确定的参数选择符合要求的微处理器和电子元器件,然后按自动控制系统模型所确定的方案将它们搭建成检测控制电子系统,并将仿真时使用过的(控制)应用程序移植到该电子系统的微处理器中,编好接口驱动程序,输入模拟的输入信号对该系统进行调试,调试合格后待用。同时根据检测控制电子系统中微处理器和电子元器件的尺寸设计好控制箱或控制柜〔设计控制箱(柜)要同时考虑控制驱动装置的控制元件的安放〕。

(5) 方案评价

经过前四步的工作,可以说新产品的开发设计工作已基本完成,即将给出设计文件。在前面的四步中一系列的分析计算反复进行,工作非常繁杂,头脑处于高度紧张之中,而到了这一步必须冷静下来,按照设计任务书的要求,非常认真地将前四步的工作检查一遍。其一,检查本设计是否已经达到了设计任务书提出的技术要求;其二,检查按照本设计制造出产品以后,其经济性、可靠性、安全性如何;其三,评价本设计的技术先进性;其四,检查按本设计制造的产品的可维护性、环境适应性及对环境的影响;其五,不要忘记包装运输问题;其六,最好考虑到产品报废以后怎么办。都检查完毕且无误后,给出全部设计文件。

(6) 给出设计文件

设计文件有两套:一套为设计说明书,它是对设计方案的详细说明;另一套是全部的加工图纸。

① 设计说明书的主要内容:设计说明书是在产品开发设计完成后对产品的说明和对技术工作的总结,它有一定的格式,到毕业设计时再详细介绍它,这里仅介绍设计说明书所包括的主要内容。

a. 设计依据:产品用途(功能)、主要技术指标、使用环境、对使用者的要求。

b. 技术工作总结:方案的论证、自动控制系统的分析与参数的确定;广义执行子系统的设计计算(驱动装置及伺服元件的选择,机构设计、零件设计的主要公式、计算过程和结果);检测控制子系统的设计计算(传感器及其他电子元器件的选择,控制器的设计计算及其结果)、接口及有关电路的设计计算、驱动程序、控制算法及控制程序。

c. 包装与运输:这是从设计角度对包装与运输提出的要求,若不注意,产品在运输过程中可能就坏了。对包装提出的要求是注意产品需特别保护的部分和防潮、防震;对运输提出的要求是注意吊装位置、旋转方位。

② 设计图纸的要求:设计图纸体现了产品开发设计的全部成果,它是产品制造的依据,必须精心绘制。应当有以下几类图纸。

a. 总体造型图。总体造型图应包括从不同方向看的三维造型图,对细小部位应当有放大图。要注明颜色与材质〔包括控制箱(柜)的造型图〕。

b. 总装图。总装图包括主机和控制箱两部分,标明了产品中各模块或零件、电路板、配电盘在产品中的位置,以及它们之间的关联关系;同时,标明产品的总体尺寸,各模块或零件、配电盘、电路板的尺寸,以备拆零件或总装装配时应用。

c. 零件图。零件图包括机架、传动机构、执行机构、控制箱中每个零件的"零件加工图"。零件图以投影图的方式表示零件的形状,在图中应注明材料、尺寸、公差、精度、光洁度、表面处理等加工要求。

d. 电气原理图和电气安装图(当选择电动驱动原理时用)。

• 电气原理图:根据电路工作原理,用规定的图形符号和文字符号绘制的表示各个电器连接关系的线路图。

• 电路安装图:电气原理图的具体实现形式,它是用规定的图形符号,按照电气元件的实际位置和实际接线来绘制的,用于电气设备和电气元件的安装、配线或故障检修。在实际工作中,这两种图应结合起来使用。

e. 气控逻辑原理图和气控回路图(当选用气动驱动原理时用)。

• 气控逻辑原理图:用符号表示的气动驱动装置动作逻辑的原理图。

• 气控回路图:按照气控原理图,将气缸(气马达)和控制它的阀连成回路的图。根据它还可以绘制一个施工图。

f. 液压系统原理图和液压系统安装图(当选用液压驱动原理时用)。

• 液压系统原理图:反复对初步拟定的系统进行修改完善,选定了液压元件之后,所绘制的液压系统图。该原理图是根据液压驱动装置的运动逻辑绘制的。

- 液压系统安装图:液压系统的施工安装图,包括液压泵装置图、集成油路装配图和管路安装图。

g. 控制电路原理图和电路板图
- 控制电路原理图:包括传感检测模块电路原理图、控制器模块电路原理图。
- 电路板图:按照控制电路原理图绘制的电路板加工图。电路板可能有几层,要完美地将电路图布置在电路板上使导线互不干扰。同时,还要注意导线阻值、导线间电容和电感干扰、接地问题。

(7) 最终报价

该报价应包括设计费和产品试制费。

至此,详细设计阶段结束。

4. 样机试制(见图 3-1 第四阶段)

样机试制阶段是将开发设计的新产品予以实现的阶段。机械加工涉及的知识面很广,且需有丰富的实践经验,其包含的内容很多,将在有关机械制造的课程中详细介绍,在此只介绍 3 项工作:一是机械零件加工;二是产品组装;三是联调修正。下面分别加以说明。

(1) 机械零件加工

在此环节,要将所设计的新产品的全部零件都按图纸加工出来(标准件除外),以备总装之用。本环节工作程序如下:首先为每一个被加工的零件制定一个工艺规程,然后到加工车间找合适的机床(设备)和工人进行加工,最后对所加工的零件进行严格的检验,合格的转到总装车间备用。其中,工艺规程就是规定产品和零部件加工工艺过程和操作方法等的指导性技术文件。

(2) 产品组装

产品组装就是按照装配工艺和总装图将所有零件(包括主机和控制箱)装配在一起,使其成为一个能按设计任务书要求工作的机器。

(3) 联调修正

在详细设计阶段,我们已采用模拟信号输入对已组装好的检测控制子系统进行了初调,那时检测控制子系统是真实的,而广义执行子系统是模拟的。现在产品已总装好,可以进行调试了。调试工作应注意两个方面:一是看该新产品是否已满足设计任务书中规定的功能要求;二是看该新产品是否达到了设计任务书中规定的技术指标。

联调阶段是必不可少的,因为详细设计阶段建模仿真依赖的是理想的物理模型,而现在面对的是真实的产品,它与物理模型之间必然有差距,因此,必须通过本阶段的实测来修正系统(产品)参数,以使系统的固有特性更符合所传信号的要求,即系统与所传信号更加匹配。

经过联调修正,产品通过检测后,就能正式投产销售了。

5. 改进设计(见图 3-1 第五阶段)

该阶段又分为两个环节:一个是小批量生产及试销;另一个是正常生产及市场销售。小批量生产及试销的目的是倾听市场(用户)的反馈意见,以改进设计,提高产品竞争力。其实,正式生产以后建立产品质量反馈网对于创建名牌产品更重要,因为只有不断地变革、更新,产品才有生命力。

至此，可以说该产品的开发设计已完成了。

6. 重要提示

现在已进入由系统软件辅助工程师进行创新设计的时代。《工业 4.0》提出了构建一个"系统生命周期管理"(SysLM)大型软件,该软件包含了上面所讲的 5 个设计阶段(在第 6 章 6.1 节有简单介绍),其大部分都已完成,并已成功应用。今后,同学们可以选用该软件(或类似软件)进行创新设计,把自己从繁重的脑力劳动中解放出来。尽管如此,同学们还是要对上面所讲的 5 个设计阶段在头脑中形成清晰的认识,以便更好地应用软件完成设计工作,否则将在大型软件中无所适从。

3.2 开发设计机电一体化系统(产品)所应具有的能力

在 3.1 节我们介绍了机电一体化系统(产品)创新设计的思路,其目的有两个:第一,让同学们了解机电一体化产品开发设计到底是怎么回事;第二,引出要想进行机电一体化产品的开发设计,设计者应具有哪些能力。通过 3.1 节的介绍,第一个问题已经解决,在本节解决第二个问题。由我们对 3.1 节所介绍的开发设计思路的分析可知,设计者应具有如下能力。

1. 产品(系统)策划能力

会做社会调查(市场调查、专家走访、相关人群调查),会查资料,能根据社会需求,结合自己的生产、生活经验,提出开发某个新产品(系统)的建议,会写设计任务书,能将新产品的工作对象、工作任务(或者用途、用户需求)描述清楚。

2. 需求分析能力

能与用户商讨确定产品(系统)的用户需求,将用户需求变为产品(系统)的功能需求,明确产品应具有哪些功能及技术指标。

3. 产品构思能力

能将产品(系统)的功能需求分解为互相关联的功能模块,能根据科学原理和科学技术(机械、电子、电工、检测、控制、计算机、智能等)为功能模块找到功能载体(即实现模块功能的具体结构形式),并将同一模块根据不同原理找到的功能载体分别构成不同的产品(系统)方案,组成"待选方案集"。

4. 产品方案评价能力

会用评价标准从众多的"待选方案集"中选出"最优"的一个作为最终方案,并画出方案的初始原理图和造型图。

5. 产品结构设计能力

能根据方案的原理图和造型图给出各模块功能载体的具体结构形式和它们的几何、物理参数(初步的参数)。

6. 建模仿真能力

能利用系统分析原理,建立产品的自动控制系统的物理数学模型,会使用仿真软件对产品进行仿真设计,修正结构设计中所给的几何、物理参数,使设计方案得以优化。

7. 产品工作能力的校验能力

会选用驱动装置及其附属元件,会设计驱动电路、油路、气路,能依科学原理对系统中的各模块功能载体或其中的零件、元件建立物理/数学模型,并会利用已有的工程分析计算方法(程序软件)对上述模型进行验算,看功能载体的工作能力是否符合要求。

8. 机械制图能力

能利用软件绘制零件图、部件图、总装图、电路图、油路图、气路图、造型图等。

9. 软件编程能力

能编写各类微处理器的接口驱动程序,能编写检测、控制系统的应用程序或其他有关的应用程序(如智能软件)。

10. 产品加工的基本能力

知道机械零件如何加工和怎么进行质量检测,知道怎样选用电子元器件和芯片并焊装电路板,进行调试。

11. 产品(系统)组装能力

知道如何将驱动装置和机械零件组装成广义执行子系统,知道如何将传感器、电子元器件和测控电路板组装成检测控制子系统并最终构成一个产品。

12. 选择最优方案的能力

会通过理论计算和样机实测决定产品的"最优"方案。

13. 对产品(系统)进行评价审定的能力

知道产品(系统)的评价指标,并能对新产品进行评价与审定。

14. 撰写技术文件的能力

会撰写产品设计任务书,准确地描述产品的工作对象、工作任务(客户需求)和主要技术指标。

会撰写技术设计说明书,准确地描述设计理念、设计思路、方案构思、系统分析、工作能力校验等工作。

3.3 机电一体化系统(产品)创新设计所应具有的知识体系

在3.2节我们已经指出,欲进行机电一体化系统(产品)创新设计,设计者所应具有的能力。在本节我们将介绍欲培养这些能力,设计者必须具有的知识体系。

3.3.1 设计者应具有的基本素养和基本知识

无论培养什么样的人才,品德培养都是第一位的。因此,本专业的大学生在学习科学理论与技术的同时,要特别注重培养自己的人文素养和科学素养。这些素养是在学习科学理论与技术的过程中、在学习人文知识的过程中和在校园文化的熏陶中培养起来的。

1. 人文素养和人文方面的知识

设计产品的宗旨是造福人类。有的产品是为了代替人们的体力劳动,有的产品是为了提高生产效率,有的产品是为了改善人们的工作、居住环境,有的产品是为了探索大自然的奥秘,有的产品是为了提高人们的生活质量,总之,所有产品都是造福于民的。因此,在设计过程中要始终牢记以人为本。以人为本体现在4个方面,即实用性、可靠性、安全性和经济性。实用性体现在人们觉得这个产品好用,便于操作,是人们的好帮手,对人们有益。可靠性体现在产品质量好,性能稳定。安全性体现在产品在使用过程中不会伤害操作者及其周围的人,不会破坏周围的环境。经济性体现在产品在设计和使用过程中具有低成本。因此,计算产品成本要考虑包括设计、制造、使用、维护、报废的整个生命周期,使产品在整个生命周期内,时时刻刻对人有益而无害,不仅要保证人们生命财产的安全性,还要保证不破坏人们赖以生存的自然环境。这些是最大的经济性。

因此,做一个好的设计者,必须具有很高的人文素质和修养以及较广的人文知识面。

(1) 应具有优秀的品德

设计者应具有优秀的道德品质,为人正直、诚实;工作认真负责,踏实肯干,精益求精;有团队协作精神;学无止境,孜孜不倦;有为人类的生存和发展做贡献的胸怀和担当。

为人正直、诚实才能对人类充满爱,有历史责任感,永远不设计危害人民生命安全和破坏自然环境的产品,永远做对人类有益的事情。对工作认真负责、踏实肯干、精益求精才能一丝不苟地做设计,才能保证产品的实用性、可靠性、安全性和经济性。科学技术发展到今天已不是一个人包打天下的时代,要做好一个产品(系统),需要许多人合作,无论你是否认识到这一点,客观现实都是如此,没有团队精神将寸步难行;与其被动,不如主动,做一个有胸怀、能包容、易合作的人。现在是知识爆炸的时代,必须终身学习,不断地更新知识,以适应时代的发展;现在又是多学科知识融合的时代,尤其是机电一体化系统(产品)涉及数学、物理、化学、生物、机械、电子、电工、控制、计算机、通信、信息、智能、人文等各学科的基本理论与技术,只有不断学习才能广泛涉猎各学科的知识,使自己成为一个知识渊博的人;只有这样,才能在进行创新设计时,有很多奇思妙想从头脑中源源不断地迸发出来。

做科学原理、技术的研究与探索是很辛苦的事情,尤其是做探索性实验,有时还会有危险,没有为科学事业献身的精神,就吃不得苦、受不了罪、耐不住寂寞,也就很难成就科研事业。

(2) 应具有较广的人文知识面

产品造型要漂亮,颜色要喜人,操作要方便,这样产品才能不仅实用而且给人以美的享受。因此,设计者必须有深厚的文化底蕴,有一定的文学艺术修养,懂一些绘画、工业设计、人机工程等方面的知识,积累更多的生产生活经验。例如,能抽出一些时间到国家的大型实验室、工程中心、工厂、矿山、施工现场和科技展览会去参观或实习。

2. 科学素养和科技方面的知识

要做好产品(系统)设计,设计者不仅要具有良好的人文素养和人文知识,还要具有良好的科学素养和科技知识。

科学素养是指科研素质和学术修养。作家、画家、表演艺术家、歌唱家、作曲家等除有自己的天分之外,他们还都有本行业的素质和修养。天分是先天的,而素养是后天的,是自己成长过程中逐步培养的。做科技工作的道理与之相同,你喜欢数理化,就说明你有做科技工作的天分,要成就事业,就要靠你在成长过程中不断地培养和提高自己的科学素养。

科学素养体现在对科学技术非常感兴趣,有广泛涉猎新鲜事物的习惯,通过广泛阅读论文、学术期刊、新闻,听学术讲座等活动,不断地提高自己的科技水平,使自己具有渊博的知识;对高新技术具有敏感性,脑子里总有无数的为什么。这样,作为设计者在构思时就有广阔的思路,就可以有更多的借鉴。这种素养不仅仅是通过教学活动培养的,更重要的是通过大学的学术环境、氛围熏陶出来的,是大学生在大学阶段自觉或不自觉养成的。学校应当给大学生创造更好的学术环境,给学生更多的自由时间,让大学生主动去探讨、去辩论、去思索、去体验,在一系列的活动中培养自己的科学素养。

至于科技方面的知识,如前所述,涉及的范围非常广泛,我们将结合机电一体化系统创新设计所涉及的基本理论、基本技术、基本技能和工程知识4个方面去介绍。

3.3.2 机电一体化系统(产品)创新设计所需的知识体系

机电一体化系统涉及的知识面非常广泛,在此,我们只能按照培养大学生创新设计能力(见3.2节)的需要选择基本的内容建立一个知识体系。为了便于了解各学科的知识在体系中的相互关系,现作一个知识体系图,如图3-3所示。

图3-3所构建的知识体系仍然是按设计过程建立的,有如下两点要考虑:一是这个体系与3.1节、3.2节所讲的内容有很好的衔接;二是便于由专业(设计)的需要确定相关学科的核心内容。因为学时有限,而机电一体化系统所涉及的学科众多,只有结合专业精选课程内容,才能在有限的时间内把必须掌握的知识或必须了解的知识挑选出来,否则课程内容将不好安排。

3.3.3 机电一体化系统(产品)创新设计知识体系所涉及的核心知识

如何进行机电一体化系统(产品)的创新设计在3.1节"机电一体化系统(产品)创新设计思路"中已作了详细说明,机电工程师应当具有什么样的能力在3.2节中也已作了详细介绍,本节的目的是以图3-3为导引,找出大学生要具有机电工程师的能力所应当掌握或了解的核心知识。

了解了这些核心知识以后,我们有两个用途:一是根据所需的核心知识决定本专业应当开设哪些课程,每门课程应当讲述哪些核心内容;二是可以使本专业的大学生知道他们在大学期间应当掌握或了解哪些核心知识,如何选修课程。

至于如何确定图3-3中每个阶段的核心知识,在此有如下考虑。教学的顺序是由基础到专业知识,而产品(系统)设计是由专业到基础、各学科知识的综合应用。按图3-3寻找核心知识时,方案设计阶段几乎就涉及所有核心知识,这样就不易将所需的核心知识分解到每门课程中。因此,在确定核心知识时,按图3-3通盘考虑,按照从基础到专业的顺序,将第一次出现在某个阶段的核心知识列在该阶段,不再按图3-3从左至右的顺序列出。下面就按图3-3寻找每个阶段的核心知识。

1. 机电一体化系统(产品)总体方案设计

总体方案设计是大学四年级学生应当掌握的技能,它的基础知识是广义执行子系统和检测控制子系统的设计。总体方案设计的内容主要体现在机电一体化产品创新设计思路的第二个阶段——概念设计。

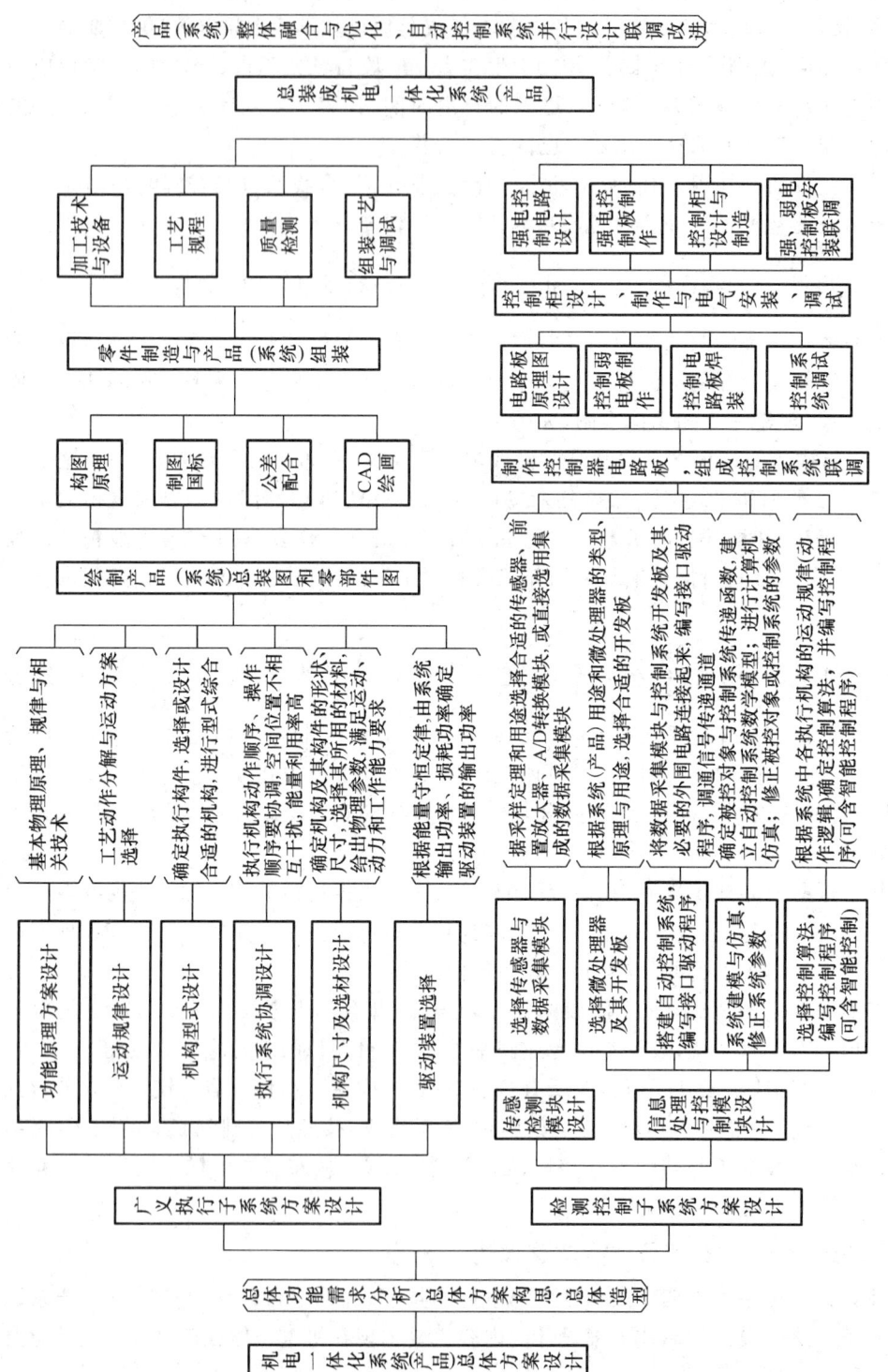

图 3-3 机电一体化系统（产品）创新设计知识体系图

概念设计阶段需要的核心知识包括两个方面：一是设计者一定要有系统工程、并行设计、优化设计的思想，会建立自动控制系统的物理/数学模型并能进行仿真设计；二是设计者会进行产品的总体功能需求分析、总体功能模块分解、总体方案构思、总体造型设计和总体方案评价，并给出总体方案原理图。

2. 广义执行子系统方案设计

在上面已讲到，广义执行子系统方案设计的核心知识是机电一体化系统（产品）总体方案设计的基础知识。那么，这部分核心知识有两个作用：一是为总体功能模块分解与总体方案构思提供理论和技术依据；二是为构成合理的广义执行子系统提供合适的原理与技术。由于广义执行子系统的任务就是按其"工作任务"的要求，通过执行机构的某些动作（平动、转动或二者的合成运动）完成对工作对象的移位或形变，因此该子系统设计的关键是执行机构设计与驱动装置选择，另外必要时加上传动机构设计。可见，其核心知识应包括图 3-3 所示 6 个方面的内容，即功能原理方案设计、运动规律设计、机构型式设计、执行系统协调设计、机构尺寸及选材设计和驱动装置选择。下面分别加以介绍。

(1) 功能原理方案设计

功能原理方案设计的任务是：根据所分解的"功能模块"的功能需求，寻找实现这些模块功能的某些物理效应及作用原理。例如，收集机器人的"抓取"动作采用的是气动原理，而其"搬运"动作采用的是电动原理。

本部分的核心知识是：与机电一体化系统（产品）运动相关的物理效应及其作用原理、定律，如力传递与作用原理（牛顿三定律）、能量传递原理（能量守恒、能量等效、动能原理）、摩擦原理（摩擦力、摩擦传动）、电磁驱动原理（电动机、电磁铁）、压电驱动原理（微位移压电驱动器）、液压驱动和传动原理（液压缸、液压马达、液压阀）、气压驱动与传动原理（气压缸、气压马达、气压阀）、机械传动原理、材料变形原理（弹簧驱动）等。

在这里要注意 3 点。

第一，在进行功能原理方案设计时，往往是将执行机构与驱动装置结合在一起考虑，不同的功能原理会有不同的执行机构和与其相适应的驱动装置（或有不同的驱动装置和与其相适应的执行机构）。

第二，利用功能原理进行方案构思的阶段是机电一体化系统（产品）方案设计中最能发挥创新性的阶段，设计者要充分解放思想，进行创造性思维，形成"头脑风暴"，应用各种科学原理（如物理的、化学的、生物的），尤其是最新的科学成就，引入新技术、新工艺、新材料，提出尽可能多的备选方案，供优化选择。

第三，功能原理方案设计是产品设计的灵魂，是设计者的看家本领之一，必须下大力气掌握它。

(2) 运动规律设计

运动规律设计的任务是：根据机电一体化系统（产品）的"工作任务"和实现动作的功能原理，把系统（产品）运行的工艺过程分解为合理的动作，并将这些动作按工艺流程组成一个合理的运动规律（逻辑）。在设计运动规律时，除了注意运动形式（移动、转动、复合运动）以外，还要考虑运动的变化；若速度变化过大（即加速度大），则惯性力的冲击就会引起机器振动，甚至损坏机器。

本部分的核心知识是：机构的运动分析，包括机构上某些标志点的位移、速度和加速度分析。在这里对机构运动的分析要注意两点。

第一,对于同一个工艺过程,可以根据不同的功能原理分解成各种不同的动作〔比如,机械零件加工的工艺过程可以分解为工件转动和刀具移动(如车床),也可以分解为刀具转动、工件移动(如铣床),还可以分解为刀具与工件都既转动又移动(如五轴数控机床)〕,因此,可以组成若干组运动规律。在总体方案构思时,就能组成多种备选方案,我们要选择最优的(最简单的)作为最终的运动规律方案。

第二,同一个功能(模块)要求可以采用不同的功能原理来实现(例如,收集机器人的手爪动作可以采用气动、液压或电动原理,需看采用哪个原理更好);而同一个功能原理又可以有不同的运动规律构成的不同运动方案(例如,对于直线运动,若采用电动驱动原理,长距离可以采用直线电动机,短距离可以采用电磁铁,还可以采用电动机带动的曲柄连杆机构或齿轮、齿条机构,也是看哪个方案更好)。可见,掌握的知识越多,设计出的方案也越多,最终方案就可能最优。

(3) 机构型式设计

机构型式设计的任务是:首先根据功能原理设计和运动规律设计所确定的执行构件(执行机构的输出构件)的数目和各执行构件的运动规律,通过从已有机构中选择、组合或创造新机构的方法,确定执行机构的型式(也可叫作机构的型式综合);然后对上面定型的机构进行自由度分析,根据机构具有唯一运动的条件和机构的组成原理将上述机构的组成确定下来。

本部分的核心知识是:现有机构的原理及构成、机构自由度分析、机构组成原理。

在此,需特别提示一下,功能原理方案设计、运动规律设计和机构型式设计这 3 个部分是互相关联的,在构思总体方案时,要同时考虑,在今后工作中切记这一点。

(4) 执行系统协调设计

执行系统协调设计的任务是:使整个系统中各个机构的运动在时间(时序)上和空间(运动轨迹)上都互相协调,且满足提高生产率和机械效率的要求。

时间上协调的要求:各机构的动作顺序(时序)应满足工艺过程的要求,执行系统能够周而复始地协调工作。

空间上协调的要求:各机构在空间布置上要保证各构件在运动过程中互不干扰,也不干扰周围环境。

提高生产率的要求:各执行机构空回行程的时间尽量短,可以采用快回机构。

提高能量利用率的要求:保证在整个系统内,能量流向和能量在各机构上的分配都合理,提高能量利用率和机械效率。

本部分的核心知识是:画机械系统运动循环图,计算机构的行程和关键点的轨迹,合理分配系统中的能量。

(5) 机构尺寸及选材设计

机构尺寸及选材设计的任务是:首先根据手册或经验给出各机构零件的形状、尺寸和材质;然后通过系统分析对所给的几何、物理参数进行优化,初步确定一次它们的数值;最后对机构的零件进行运动分析、动力分析和工作能力分析,由分析结果确定零件的形状、尺寸和材料。

运动分析:分析计算零件随机构运动时的位移、速度和加速度(包括移动与转动)。计算位移,以控制零件上某些关键点的轨迹;计算速度以控制机构的运动状态;计算加速度,以确定惯性力,避免动力冲击。

动力分析:分析力与能量(功率)在系统中传递的路径、大小及能量损耗,机构的振动及其稳定性,机械平衡等;确定每个零件的受力状况、所具有能量的状态,为确定零件的工作能力和选择驱动装置做准备。

工作能力分析:若我们知道了零件的受力状况和能量状态,则可以根据强度、刚度、振动、稳定条件最终确定零件的形状、尺寸和材料。若我们知道能量在广义执行子系统中的传递状况,则可以根据能量原理(能量守恒、能量等效、动能定理)确定驱动装置所应输出的功率和力(力矩)。若我们知道能量在系统的每个零件中的状态,则可以方便、合理地进行能量协调,使能量在系统中的分配更合理,提高能量的利用率。

本部分的核心知识是:对零件和机构进行运动、动力分析的原理与方法,对零件和系统进行工作能力分析的原理与方法。

(6) 驱动装置选择

驱动装置选择的任务是:选择驱动装置的类型、驱动装置的输出功率和力(力矩)。驱动装置的类型在功能原理方案设计阶段就已经确定了,在这里只需根据执行机构(传动机构)所需的功率[力(力矩)]和损耗功率之和(即驱动装置应输出的功率)选择驱动装置的型号。要解决此问题,大学生应当熟悉各种驱动装置的原理与特性,会根据执行机构的负载大小、行程、速度和所需功率大小选择合适的驱动装置。

本部分的核心知识是:各类驱动装置的原理与特性、能量传递原理和力传递原理,如何选择驱动装置。

(7) 绘制产品(系统)总装图和零部件图

该阶段的工作是设计结果的表达,将所设计的产品用图的形式表示出来。绘制产品(系统)总装图和零部件图的任务是:将前面通过构思、比较评价所确定的最终方案的产品的形状、尺寸、材料和加工要求,用总装图、部件图和零件图的方式表示出来,以备加工之用。

本部分的核心知识是:构图原理、制图标准与方法、公差配合的原理及其规定、材料的性质及选用、材料的热处理调质改性方法和 CAD 软件应用。

这里需要特别指出的是,由于对系统要进行分析与优化,所以第(3)~(6)步的内容可能要反复进行。

3. 广义执行子系统的制造

这是零件制造与产品(系统)组装的阶段,是设计结果的实现,是将所设计的图纸变为产品的过程。零件制造与产品(系统)组装的任务是:首先按照零件图和工艺规程选择符合要求的工人、设备和材料,将零件加工出来;然后对零件进行检验,检验合格后,对照部件图和总装图按照装配工艺规程将所有零件组装到一起,形成一个产品的主机;最后进行调试与产品检验,若检验合格,则主机制作成功。

本部分的核心知识是:看图纸的方法;各种常用的加工技术与设备(包括通用的和数控的),基本的机床与钳工的加工技术,铸锻焊技术;工艺规程编制;零件质量检测;组装工艺与系统调试规程;机器的动平衡检测;检测机械的振动参数检测,减振技术与方法。

这部分对设计者也很重要。原因有两个:第一,只有懂制造的人设计出的零件才能有很好的加工工艺性;第二,在创新设计时,设计者必须懂制造,这样才能知道所设计的新产品能否制造出来。

4. 检测控制子系统方案设计

与广义执行子系统方案设计一样,检测控制子系统方案设计的核心知识也是机电一体化系统(产品)总体方案设计的基础知识。其作用也有两个,即为总体功能模块分解与总体方案构思提供理论和技术依据、为构成合理的检测控制子系统提供合适的原理与技术。由于检测控制子系统的任务是控制广义执行子系统中的各执行机构按照工艺过程规定的运动规律(动作逻辑)动作,所以该子系统设计的关键是传感检测模块设计、信息处理与控制模块设计。因此,其核心知识包括图 3-3 所示 5 个方面的内容:选择传感器与数据采集模块;选择微处理器及其开发板;搭建自动控制系统,编写接口驱动程序;选择控制算法,编写控制程序;系统建模与仿真,修正系统参数。下面分别加以介绍。

(1) 选择传感器与数据采集模块

选择传感器与数据采集模块的任务是:首先根据机电一体化系统自动控制的需要决定要采集的信息(信号);然后由信号的性质与特点选择合适的传感器、前置放大器、测量电路、滤波器等,组成数据采集模块,或直接选择合适的数据采集模块(将上述各种单元集成在一起的芯片),构成传感检测模块,且保证信号传输不失真,以备组成自动控制系统之用。

本部分的核心知识是:传感器的类型、基本原理、用途和选用方法,采样定理,电路分析的基本原理、典型电路(放大器,测量电路,一阶、二阶电路,A/D 转换等)特性,信号处理技术与相关电路(滤波器、各种运算电路),信号与系统传输原理。

(2) 选择微处理器及其开发板

为了进行数据处理和控制广义执行子系统按规定的运动规律动作,必须使用微处理器(单片机 ARM、DSP 等),而要使这些微处理器运转起来,必须有操作系统和与外界联系的各种接口(如电源、输入、输出、时钟等),还要编写接口的驱动程序,这就需要有一个以微处理器为核心的开发板将上述元器件集中在一起,供开发微处理器的数据处理与控制功能之用。现在根据不同的微处理器和不同的用途已制作了各种各样的开发板,我们根据需要选用即可。

本部分的核心知识是:各种微处理器的原理、特性与使用方法,接口技术和与之相匹配的元器件的原理、特性与使用方法,常用开发板的特性及使用方法。

(3) 搭建自动控制系统,编写接口驱动程序

有了传感检测模块和微处理器开发板以后,就可以将它们连接起来构成检测控制子系统。对于一般的机电一体化系统来说,检测控制子系统不止一个(如收集机器人就有 11 个),应当按 3.1.2 节中详细设计阶段所讲的方法先将这些检测控制子系统建立起来,再编写接口的驱动程序,并将其写入微处理器。

本部分的核心知识是:建立检测控制子系统的原理与方法,检测控制子系统的连接方法,微机接口技术与驱动程序编写方法。

(4) 选择控制算法,编写控制程序

本阶段工作的任务是:根据被控对象(广义执行子系统)的特点选择合适的控制技术和控制算法控制广义执行子系统按其运动规律(工艺过程动作逻辑)动作,同时将上述控制算法编成程序并置入微处理器中,从而实现对广义执行子系统的控制。

本部分的核心知识是:计算机控制技术和控制算法,计算机语言与程序设计,编写应用

程序的能力。

(5) 系统建模与仿真,修正系统参数

广义执行子系统设计完成后,执行机构、传动机构和驱动装置的几何尺寸、质量(转动惯量)、弹性模量就都知道了,从而可以建立被控对象的传递函数;检测控制子系统搭建完成以后,系统中的电阻、电感、电容等参数就都知道了,从而也可以建立控制器的传递函数。然后根据 3.1.2 节详细设计所介绍的构建自动控制系统模型的方法,将上述属于同一"闭合流线"的被控对象的传递函数和控制器的传递函数组合到一起并确定输入与输出,就构建了一个自动控制系统的数学模型。这时我们就可以根据信号在系统中传输的原理,利用计算机仿真软件对自控系统进行动态分析与系统优化;看自动控制系统本身是否具有良好的稳定性;看整个系统是否与输入信号相匹配,是否具有良好的定点跟踪能力(稳态输出与输入相比较误差甚小)、超调抑制能力(瞬态响应的上冲量小)和快速响应能力(上升时间和调整时间都很短)。若达不到要求,就应当对被控对象和控制器的参数进行适当的修正,直到满足上述要求为止。

本部分的核心知识是:信号在系统中传输的理论、控制理论与技术、并行设计技术、仿真技术。

5. 检测控制子系统制作

(1) 制作控制器电路板,组成控制系统联调

本阶段的任务是:首先按所建自动控制系统的要求,将开发板中对本系统有用的电路(包括元器件)裁剪出来,做成一个弱电控制板(或叫作控制器);然后把已做好的(或选好的)传感检测模块与该弱电控制板相连,并接到模拟的被控制对象上(例如,与仿真所得参数相当的电动机、继电器、气压阀、气马达、液压阀、液马达等),构成一个实际的自动控制系统(这样的系统可能不止一个);最后给传感器输入模拟信号,对该系统进行调试,直到它输出的信号满足要求为止。具体做法如下。

① 电路板原理图设计:按照我们所建立的自动控制系统的要求,将开发板中对本系统有用的部分裁剪出来,画成控制板原理图。

本部分的核心知识是:电路板原理图的画法和电路图绘制软件的应用。

② 控制电路板制作:控制电路板一般都交给生产厂家制作,只要将上述原理图交给厂家就可以。电路板的制作流程是,先将原理图变成电路板用电路板图,应注意在每个电路板面内每条导线的宽度与长度(电阻)要合理,导线之间的缝隙(电容)要合适。对于非常复杂的电路图,可能要做成多层板,这时要注意每层之间的连接问题。整块电路板的地线一定要布置好,处理好接地问题,另外还要考虑磁场干扰的屏蔽问题。对于简单电路板,也可以自己做。买一块大小合适的原板,放到刻板机上按电路板图刻制即可。

本部分的核心知识是:电路板图设计技术及制作工艺。

③ 控制电路板焊装:本阶段的任务是按照电路板图将元器件焊接到已做好的控制电路板上。

本部分的核心知识是:焊接技术。

④ 控制系统调试:本阶段的任务是,首先将传感检测模块与所做的控制电路板连接起来,然后连上被控对象,最后将各控制路径全部调通,保证自动控制系统正常工作。具体做法是:首先焊装、调试好控制电路板,安装好各接口的驱动程序,逐个检测每个接口的通信状

况和内部通信通道,发现问题及时解决,直到好用为止。然后将控制电路板与事先做好的(或选好的)传感检测模块连接在一起,构成实用的控制器(不止一个),再连上被控对象,用同前面一样的(前面是开发板与传感检测模块相连)方法将系统调试好备用。如调试过程中发现系统特性有问题,还可以局部地调整一些元器件或电路,保证系统性能良好。下面将这里所做的控制电路板称为弱电控制板,以区别于强电控制板。

本部分的核心知识是:电路板的制作与调试,测控系统的搭建,检测控制系统的调试。

(2) 控制柜设计、制作与电气安装、调试

传感器一般安装在执行机构处,而控制板通常安装在控制柜中。本阶段的任务是:将设计好的强电与弱电控制板都安装到控制柜中,调试完备用。本阶段的具体工作如下。

① 强电控制电路设计:广义执行子系统的驱动装置常为电动机,电动机所需电压一般都比较高(110 V、220 V、380 V),所以称为强电。对电动机的控制动作有启动、制动、正转、反转、调速5类。实现电动机的这5类动作或动作之间的转换,需要强电控制电路。强电控制电路一般由主令电器(按钮、行程开关、万能转换开关、主令控制器等)、接触器、继电器(时间继电器、热继电器、温度继电器、速度继电器等)、配电器(刀开关、熔断器、低压断路器等)、输电线组成,其作用是控制电动机按一定的逻辑实现执行机构的预定动作。该逻辑就是执行机构的运动规律。强电控制电路设计的任务就是依据系统(产品)在生产过程中各执行机构的运动规律(动作逻辑),选择合适的低压电器(主令电器、接触器、继电器、配电电器),用电线连接起来构成一个控制电路,控制电动机的转动状态,使执行机构完成其工艺动作。该设计的结果是一张控制电路图。

本部分的核心知识是:电动机的原理特性与用途,低压电器的原理、特性与用途,电动机控制电路设计,电气原理图和电气安装图的绘制。

② 强电控制板制作:强电控制板制作的任务是按上述控制电路图(包括电气原理图和电气安装图),选用合适的电气元件,遵循一定的规则将这些电气元件安装在绝缘板上,并用电线连起来。

本部分的核心知识是:低压电器在控制板上的布置规则和制作控制板的工艺。

③ 控制柜设计与制造:强、弱电控制板都要装在一个柜子(或箱子)内,以便对它们加以保护。然而,这种柜(箱)子不是随便找一个即可,而是要经过设计的。本阶段的任务是设计控制柜(箱)并把它制造出来。设计控制柜要考虑以下几个问题:散热通风(电子元器件怕热)、电磁屏蔽与接地、柜体强度与刚度、防振减振、防潮、防尘、防腐蚀等;另外,还要考虑柜体的造型要美观,颜色要宜人,按钮布置要适合人员操作,要便于维修与检查。其制造方法与一般机械加工相似,只不过加工设备多为剪板机、压弯机、冲床和焊机,另外还可能用到模具。

本部分的核心知识是:电子设备结构的设计制造和有关模具的一些知识。

④ 强、弱电控制板安装、联调:本阶段的任务是将做好的强、弱电控制板安装到控制柜中,并将弱电控制板的输出端与强电控制板控制信号的输入端连接起来(通常是弱电控制板控制强电控制板中的电气动作)。安装时应注意两类板的位置要合理;导线布置要有序,一般是放在线槽里,避免导线之间的干扰;全部安装好以后,还要将传感检测模块连接上,并进行一次调试,看是否有接触不良或电磁干扰的问题。若存在问题,应及时解决。

本部分的核心知识是:控制板安装工艺与控制系统联调。

6. 总装成机电一体化系统(产品)

本阶段是实战阶段,将主机与控制柜(箱)放到一起,并把传感检测模块的输出端与控制柜中弱电控制板的输入端连接起来。本阶段的任务是样机试制(创新设计的第四个阶段)、通电联调。

我们前面的创新设计采用的是在系统工程思想指导下的并行设计方法;在进行系统(即自动控制系统)动态分析与系统优化时,采用的是以系统物理/数学模型为依据的计算机仿真方法;尽管仿真时所建立的物理/数学模型的参数已采用了实际(设计)的数据,但该模型中的参数(或模型本身)仍会与实际生产出来的主机和控制板的参数有一些差别,有时甚至性质都不一样(如模型是线性的,而实际系统是非线性的)。因此,总装成机电一体化实际系统(产品)以后,再进行联调实在是太重要了,一定要特别重视并认真对待这项工作。

调试时,首先看总装成的实际系统是否具有良好的动态稳定性,是否与输入信号相匹配;是否具有良好的定点跟踪能力、超调抑制能力和快速响应能力。若上述性能不好,需修正系统的几何、物理参数,情况严重的也可能要修改物理/数学模型,再重复前面的某些设计、计算步骤。若上述性能良好,则设计工作圆满结束。

本部分的核心知识是:系统工程、并行设计、知识融合、系统优化等各种思想与方法的总结与深入理解,对物理模型的深入认识与理解,对系统调试重要性的认识与理解。

7. 系统(产品)评价

在3.1节介绍的设计过程中,有好几处都提到"评价",评价是人们对设计和产品(系统)质量好坏的评判。评判的依据是社会标准和技术标准;标准又分国家标准、行业标准和企业标准,它们的权威性不一样,权威性最高的是国家标准。评价的方法也不同,有定性方法和定量方法。参加评价的人员一般是各方面的专家和有丰富经验的人。

本部分的核心知识是:国家标准(或行业、企业标准)、国家的相关法律法规、相关的基础理论、基本技术和丰富的工程实践经验。

8. 编写操作手册

当产品(系统)通过评价(或产品鉴定)以后,应编写一本操作手册。

其内容包括:

① 安全注意事项,尤其是对电源的要求。
② 产品结构图,包括各部件名称和附件名称及其功能简介。
③ 产品操作步骤,尽量写详细,使初学者按照操作步骤也会使用产品。
④ 常见故障及其排除方法。

第4章 机械电子工程专业的课程体系与核心课程

根据第3章讲过的设计制造机电一体化系统(产品)所需的知识体系和核心知识,机械电子工程专业应建立如下课程体系,并设置相应的核心课程。

4.1 机械电子工程专业课程体系

机械电子工程专业课程体系如图4-1所示。现将构建该课程体系的指导思想说明如下。

图4-1将课程体系视为一个"工程系统",以设计思路为导引,以第3章介绍的机电一体化系统创新设计知识体系及其所涉及的核心知识为依据,从专业到基础确定教学内容,使本专业的课程构成一个完整的体系,优化各门课程的内容。课程的设置及每门课程核心知识的选取思路如下。

(1) 设置以"机电一体化系统设计"、"计算机仿真技术"和"人机工程"为代表的"专业课"模块

其任务是教给学生如何按图3-1所示的步骤完成一个机电一体化系统的设计。教学重点是需求分析和总体方案构思(包括功能模块分解)。

(2) 设置为设计广义执行子系统服务的模块

在构思广义执行子系统时,不仅要熟知各类机构及构成它们的零件,还要知道如何将机构组成机器(产品),又如何将机器设计、制造出来,故设置了"机械设计"模块(包括"机械原理"、"机械设计"和"流体传动与控制",电力拖动相关课程归并到电类课模块中)。在详细设计时,要对设计好的机械系统进行运动分析、动力分析和工作能力校核,故设置了"工程力学"模块(包括"理论力学"和"弹性力学与有限元解法")。最后要出图,所以设置了"工程图学与CAD"。

在此需要注意的是,广义执行子系统是"自动控制系统"的一个子系统(图3-2),所以它既是能量传递(力传递、运动传递)系统,也是信息传递(传送动作信息)系统。在传统机械系统中,只关心能量传递的一面,并不看重信息传递的一面,因此,我们在选取或教授上述机械设计模块和工程力学模块所有课程的内容时,要做到既为能量系统服务,也为信息系统服务,使两个系统更好地融合起来,优化所选内容。

(3) 设置为设计检测控制子系统服务的模块

在构思检测控制子系统时,要根据执行机构的运动规律和动作逻辑确定传感器的位置和类型,确定控制程序和控制信息传递路线,故设置了"检测控制"模块(包括"信号分析与线性系统"、"检测技术与信号处理"、"控制工程"和"计算机控制技术")。在详细设计时,要将

第 4 章 机械电子工程专业的课程体系与核心课程

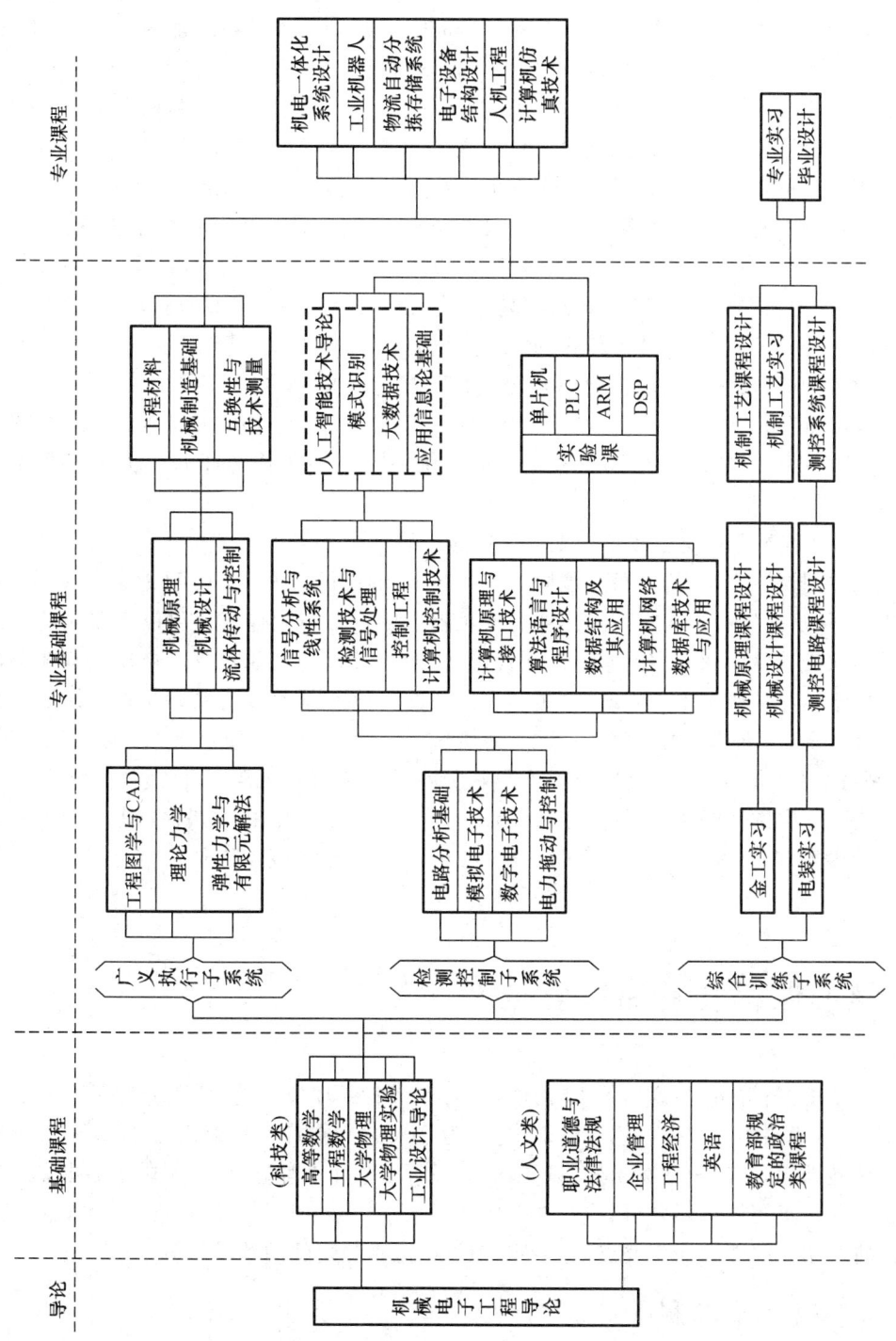

图 4-1 机械电子工程专业课程体系

上述方案落实成硬件电路,同时要考虑驱动装置的控制电气模块,故设置了"电工电路"模块(包括"电路分析基础"、"模拟电子技术"、"数字电子技术"和"电力拖动与控制")。同时,考虑到现代控制广泛采用现场总线(工业互联网)和微处理器,所以必须增加一个"计算机"模块(包括"计算机原理与接口技术"、"算法语言与程序设计"、"数据结构及其应用"、"计算机网络"和"数据库技术与应用")。另外,考虑到如今人工智能技术已逐步应用于机电一体化系统中,所以增设一个"人工智能"模块(包括"人工智能技术导论"、"模式识别"、"大数据技术"和"应用信息论基础")作为选修课,对学生进行人工智能的启蒙教育。

在分析检测控制子系统时,要特别注意以下两点。其一,该子系统中的电流既传递"能量",又传递"信号",而信号又承载着"信息"。所以在对同一个电路系统(即子系统)进行分析时,若计算传输的"能量"(功率),则应当建立"电工电路"的模型;若计算传输的"信号",则应当建立"信号系统"模型;若计算传递的"信息",则应当建立"信息"系统模型。其二,该子系统是两级控制的,第一级是从传感器至"电气模块",是"弱电电路";第二级是由"电气模块"至"驱动装置",是"强电电路"。基于上述两点,在选取或教授上述"检测控制"模块和"电工电路"模块所有课程的内容时,要注意内容的优化,使每门课的内容都不重复,且又能突出重点。

(4) 所有实践类课程也是按系统工程思想安排的

建议在本门课讲完以后,给每一位同学都留一个"制作机器人"的题目(创新实践),学生在老师指导下,从一年级第二学期到毕业完成机器人的设计与制作。建议以机器人的设计制作为导引去安排各门课的实验、实习、课程设计、毕业设计等实践环节。这样做有 3 个好处;其一,使学生尽早接触工程系统(这是学生最缺的),使所学的各门课的知识都始终围绕机电一体化系统,而不是支离破碎的;其二,使所选的教学内容(理论的与实践的)更具有针对性、更精练、更优化,由于机械电子工程专业所涉及的知识面非常广,因此这样做尤为重要;其三,增强学生的实践能力,犹如创新实践一样。鉴于上述想法,本课程重点介绍了一些概念设计的内容(第 6 章还举了例子),另外,在开学之初就给学生安排了"工业设计导论"课程。

4.2 核心课程及其知识要点

在 4.1 节的课程体系中列出了 47 门课程和 10 个实践环节,这些课程介绍了本专业最基本的知识,希望同学们掌握各门课的知识点,为将来的工作打下基础。当然,并不限制同学们学习其他课程,知识面越宽越好,只要你力所能及,学什么都好,而且不限于与本专业有关的知识。这一点第 6 章还要讲。

下面将介绍各门课的知识要点以及各知识点(各门课)之间的关系。

4.2.1 机械电子工程导论

这是一门第一学期开设的引导新生入门的课程,开设这门课的目的是回答新生入学后急需解决的几个问题,起到解惑的作用。这几个问题是:机械电子工程是什么样的专业?在校期间学什么?毕业以后能干什么?机械电子工程在国民经济中处于什么地位?就业形势如何？在校期间应当怎样学？

本门课的知识要点如下。

① 机械电子工程是什么样的专业？该专业在国民经济中的地位与就业形势。

② 什么是机电一体化系统？系统的概念、系统工程思想，并行设计、优化设计的概念，机电一体化的概念及其内涵。

③ 机电一体化产品（系统）创新设计的过程、步骤及每一阶段的主要工作内容。

④ 机电工程师所应具有的创新设计能力及其所应掌握的知识体系与核心知识。

⑤ 机械电子工程专业课程体系、核心课程及其知识要点。

⑥ 机器人概念设计的基本知识。

⑦ 机电一体化系统的发展方向。

⑧ 学习方法与课程选修。

⑨ 对教学计划安排的建议。

4.2.2 数学模块

数学是深入揭示自然现象和物理规律的基础，是对工程系统进行定量分析的工具。有了坚实的数学基础，就有了扎实的自学能力，也就有了较强的解决实际问题的能力，因此大学生一定要学好数学。

数学课的任务是介绍一些数学概念、基本运算方法和各种典型的数学模型及其解法。至于数学问题的由来和数学模型的建立，有些是数学本身的问题，有些则是物理、化学、生物等自然科学的任务。工程数学与自然科学有着密切的关系。

本模块开设"高等数学"和"工程数学"。高等数学是相对于初等数学而言的，是基础数学的延续，它作为基础理论课为学生提供数学基础知识；而工程数学是与工程问题联系紧密的数学，但由于学时的限制，只能结合专业的需要选择相关的内容，能满足本专业后续课程的需要即可。下面介绍所开课程的地位、作用和知识要点。

1. 高等数学

"高等数学"是高等工科院校最重要的基础课程之一。通过对该课程的学习，学生不仅能具备完整的数学知识，掌握一些典型的数学模型及其解法，为后续课程的学习打下基础，还能在数学的抽象性、逻辑性与严密性方面受到训练与熏陶，具有理解和运用逻辑关系、研究和领会抽象事物、认识和利用数学方法解决实际问题的初步能力，提高思辨能力、创新潜能和科学素养。本门课程的知识要点如下。

(1) 函数

理解如下概念：函数、复合函数、隐函数、反函数及其特性。熟记下列基本函数的特点及其图形：幂函数、指数函数、对数函数、三角函数、反三角函数。

(2) 极限

① 理解如下概念：极限，无穷小量，无穷大量，无穷小的阶，函数的连续性、间断性。

② 掌握如下算法：极限存在准则、求极限的方法、极限的四则运算法则。

③ 应用：会判断函数的连续性、间断点等，会用极限逼近思想解决科研问题。

(3) 微分学

① 理解如下概念：

a. (针对一元函数)导数、微分、极值(驻值)、拐点、凹凸性、曲率、曲率半径。

b. (针对多元函数)偏导数、偏微分、全微分、方向导数与梯度、极值。

② 掌握如下算法:一元函数(包括复合函数和隐函数)的求导方法(熟记常用基本函数的微分公式),二元或多元函数(包括复合函数、隐函数)求偏导数的方法,方向导数与梯度的计算,微分的四则运算法则、中值定理、泰勒定理。

③ 应用:

a. (针对一元函数)能定性分析函数的特性〔单调性、增减性、极值(驻值)、拐点、凹凸性〕,定性描绘函数的图形,会求曲线的曲率与曲率半径。

b. (针对多元函数)会求空间曲线的切线与法平面、曲面的切平面与法线,会求二元函数的极值,会用拉格朗日乘子法求条件极值。

c. 会利用导数的几何含义求变形曲线或曲面的小转角,会利用微分的几何含义求小位移,会用导数的物理含义求函数(物理量)的变化率(如速度等)。

(4) 积分学

① 理解如下概念:

a. (针对一元函数)原函数、不定积分(边界条件或初始条件)、定积分、反常积分收敛与发散。

b. (针对多元函数)二重积分、三重积分、曲线积分、曲面积分。

② 掌握如下算法:熟记常用函数积分的基本公式、换元法、分部积分法、换元变限法(定积分)、二重积分与三重积分的计算方法、重积分的换元法、曲线积分与曲面积分的计算方法、高斯积分法。

③ 应用:

a. (针对一元积分)计算平面图形的面积、平面曲线弧长、旋转体的体积。

b. (针对多元积分)计算曲面面积、空间曲线弧长、体积、物体重心。

(5) 微分方程

① 理解微分方程的概念:方程(齐次方程、非齐次方程)、边界条件(或初始条件)及它们的几何意义、物理意义。

② 掌握微分方程的解法:一阶线性微分方程(齐次、非齐次)的解法及解的物理意义,二阶线性常系数微分方程(齐次、非齐次)的解法及解的物理意义。

③ 应用:结合工程实际可给出一阶方程(RC 电路)、二阶方程(RLC 电路或质点阻尼振动),解释伯努利方程(水头损失)的物理意义。

(6) 级数

① 理解如下概念:级数、级数的收敛与发散、等差级数、等比级数、三角级数、幂级数、泰勒级数、三角函数的正交性。

② 掌握如下算法:级数收敛性的判断方法、级数的截断误差、级数求和公式、函数的级数展开公式(幂级数展开式、傅里叶展开、泰勒级数展开)。

③ 应用:函数的级数展开在解微分方程中的应用、泰勒级数展开在近似计算中的应用等。

2. 工程数学

工程数学是在解决实际工程问题或建立并求解工程系统的数学模型时用的数学。由于学时较少,我们只选了"线性代数""概率论和随机过程""复变函数""计算数学""变分法"几门课中与本专业有关的内容。

(1) 线性代数(最好能结合直流电路网络计算和桁架结构受力分析来讲)

线性代数方程组和特征值、特征向量是许多工程问题的数学模型。例如,在机械电子工程专业中,用计算机方法进行机器人运动分析、机械振动分析、机械强度和刚度分析的数学模型都是线性代数方程组,对大规模直流电路的分析也是如此;机械振动的频率就是线性代数方程组系数矩阵的特征值,其振型就是线性代数方程组系数矩阵的特征向量,因此本课程的知识要点如下。

① 与求解线性代数方程组有关的知识。

a. 行列式解法:行列式的概念、运算方法及其在求解线性代数方程组中的应用。

b. 矩阵解法:向量、矩阵的概念及其与向量的关系、矩阵运算方法及其在求解线性代数方程组中的应用。

c. 判断线性代数方程组有解、无解、无穷多组解的条件(即线性相关与无关);行列式判断法、矩阵判断法。

② 与坐标变换有关的知识。

a. 进行坐标变换的原因。

b. 旋转变换及其应用。

c. 正交变换及其应用。

③ 与特征值和特征向量有关的知识。

特征值和特征向量的概念、求解方法及其物理解释。

④ 简单介绍线性空间的概念与用途。

⑤ 在工程中的应用。

工程中的问题总可以抽象成"路"和"场"两类物理问题。而这两类问题都可以通过有限元法对它们的数学模型建立线性代数方程组。对于路和场的静态分析,直接求解线性代数方程组即可;对于路与场的动态分析,则要用到特征值和特征向量的知识。

以"路"为模型的工程问题有:建筑中的桁架、刚架、悬索、塔架等,电气工程中的电路、电网,机械工程中的液压、气压管路,公用设施中的自来水、供暖、天然气管网等。以"场"为模型的工程问题有:建筑中的板、壳,电气中的电磁场,热工中的温度场,流体中的流体场等。

(2) 概率论与随机过程(最好结合零件加工尺寸测量和信号测量与传输来讲)

概率论是分析随机变量的工具。在机械电子工程专业中,被加工零件的尺寸是随机变量,传感器检测到的振动信号和控制信号大多是随机过程。因此,本专业需要本课程的相关知识。本课程的知识要点如下。

① 概率论的基本知识。

a. 概率的定义、基本性质和基本计算公式(条件概率、全概率、贝叶斯公式)。

b. 随机变量与分布函数(常用的分布函数有伯努利分布、二项分布、普阿松分布、正态分布等)。

c. 数学特征与特征函数(数学期望、方差、矩、熵与信息、母函数、特征函数等)。

d. 大数法则及其在工程中的应用。

e. 中值极限定理及其在工程中的应用。

② 随机过程的基本知识。
 a. 随机过程的概念及其基本类型(平稳、非平稳)。
 b. 平稳过程(连续信号的模型)分析(协方差函数及其谱分析)及其应用。
 c. 时间序列(离散信号的模型)分析(预测与滤波、线性模型均值估计、余差的协方差和谱估计)及其应用。
③ 在工程中的应用。
 a. 对实际工程问题建立概率模型。在利用概率论对具有随机变量的工程问题进行分析时,必须先知道该工程问题的概率模型,否则是没有办法进行分析的。建立概率模型的方法就是利用大数据分析中数理统计的方法针对某一实际问题画出概率密度曲线,看该曲线与哪一个典型的概率模型(简称概型)相吻合,则用哪一个典型的模型作为该实际问题的概型;若没有,则只能自己创造一个新概型。教师最好能举实例说明如何建立概型。有了概率模型,所有的概率分析就都可以进行了。
 b. 对实际的随机过程建立过程模型。与上面的方法相似,对某一随机过程进行长期观察与统计,由其均值和相关系数是否与时间有关确定该过程属于哪一类(平稳、非稳定、离散)。
 c. 介绍谱分析方法在信号(振动信号或通信信号)处理中的应用。
 d. "人工智能"和"信息论"是以"熵"的分析为基础的,是用概率去计算的。

(3) 复变函数(最好结合信号与线性系统相关的内容来讲解)

复变函数是数学的一个分支,又是解工程问题的一个得力的数学工具。在机械电子工程专业电路分析中,采用复数法分析三相交流电路会很简便;分析检测控制子系统时,将实数域变为复数域使系统的频率特性体现得更清晰,使系统的稳定特性体现得更明确。因此,在这里选了一些复变函数的基本知识和与本专业相关的内容。本课程的知识要点如下。

① 复变函数的基本知识。
 a. 复数、复变量、复变函数的概念。
 b. 复数的两种表示方法(直角坐标、极坐标)及其与矢量的关系、复数的运算法则及其在工程计算中的应用(如三相交流电路的分析计算)。
 c. 复变函数微分的概念及其运算方法。
 d. 复变函数积分的概念及其运算方法、留数定理。
② 复变函数基本知识在自动控制系统分析中的应用。
 a. 拉氏变换(复变函数积分:将实数域函数变为复数域函数,复数采用的是直角坐标表示法)。
 b. 拉氏反变换(用留数定理将复数域函数变为实数域函数)。
 c. z 变换(复变函数积分:将实数函数变为复数域函数,复数采用的是极坐标表示法)。
 d. z 反变换(仍用留数定理将复数域函数变为实数域函数)。

(4) 计算数学(最好结合数控加工、有限元法和机械振动来讲)

计算数学是利用计算机采用数值分析的方法对各类数学问题和工程问题进行近似计算的数学方法。过去在解决实际问题时有两大难题:其一,物理模型基本选线性的,非线性的不敢选,怕解不了非线性方程;其二,几乎解决不了复杂边界问题。有了计算数学以后,这些难题都迎刃而解。在机械电子工程专业,数控机床刀具的走刀轨迹和有限元法中单元的位移函数都是插值函数;做实验时由孤立的实验数据找出实验曲线,用的是函数逼近法;在求解机器人的运动轨迹、在求解场(位移场、应力场、温度场、电磁场、流体场等)和路(电路,水、油、气管路,桁架、刚架结构)的物理量时,都需要解大型线性代数方程组;非线性方程急需求解;在控制工程与有限元法中要用数值方法求解微分方程;复杂的机构与结构的振动频率与振型也要求解。因此,我们选了以下内容。计算数学将成为今后同学们解决实际工程问题的得力数学工具。本课程的知识要点如下。

① 插值函数及其应用(线性、拉格朗日、埃尔米特、B样条等插值函数)。
② 函数逼近法及其应用。
③ 线性代数方程组的近似解法(消元法、迭代法及每个方法的适用条件)。
④ 非线性代数方程的近似解法(牛顿法、迭代法)。
⑤ 数值微分与数值积分的近似方法。
⑥ 微分方程的数值解法(龙格-库塔法、差分法)。
⑦ 特征值、特征向量求解方法(迭代法、子空间迭代法)。

3. 数学在机电专业的应用

数学是解决工程问题的工具,没有数学就无法对工程问题进行定量分析,对机电专业而言,更是如此。在机电专业中数学应用于以下几个方面:建立数学模型、求解数学模型、对数学模型及其解答给出物理解释。下面分别加以介绍。

(1) 建立数学模型

数学模型是人们在解决实际工程问题时利用自然规律(物理、化学、生物等)为具体问题的物理模型建立的理想的数学表达式。在数学中该表达式是一个数学式子,而在工程中它却代表了一个真实的物理(化学、生物)系统。表达式中的每一个字符都有实际的物理(化学、生物)意义,它们代表了物理系统中已知和未知(待求)的各类参数,人们可以利用该表达式(即数学模型)代替真实的物理系统进行分析计算,以解决实际问题。注意:所有代替真实物理系统的软件系统都基于数学模型,如数字示波器、数字滤波器、数字频谱仪、有限元软件、仿真软件等。

① 为什么要给实际工程问题建立数学模型?原因有3个。其一,在解决实际问题时,没有数学模型(如远古时代),人们只能凭经验对它进行定性分析,对所需要的数据给出一个大概的估计;有了数学模型才能进行精确的计算,给出合理的数据。其二,数学中的各种模型都有不同的解法,只有确定了数学模型才能进行解算。其三,现代设计已进入虚实结合的阶段,以数学模型代替实物对方案进行计算机仿真,当认为方案切实可行时才进行实体实现。而要进行计算机仿真,必须先建立实际系统的数学模型。

② 机电专业常用的数学模型分以下几类:代数类、微分方程类、概率类和图论类。

a. 代数类。

• 幂函数如

$$y = ax \tag{4-1}$$

或

$$y = ax^2 \tag{4-2}$$

例如,物理中匀速直线运动求路程的公式 $s=vt$,胡克定律 $\sigma=E\varepsilon$,欧姆定律 $V=RI$ 等都是形如式(4-1)的数学模型。当 v、E、R 为常数时,s 与 t、σ 与 ε、V 与 I 之间为线性关系,其在工程中称为物理线性问题。一般情况下,为使计算简单,大多数工程问题都抽象成物理线性问题。当 v、E、R 为变量时,s 与 t、σ 与 ε、V 与 I 之间为曲线关系(即 $y=ax$ 中的 a 不再是常数,y 的斜率是变化的),其在工程中称为物理非线性问题。又如,物理中求匀加速运动路程的公式 $S=\frac{1}{2}at^2$ 就是形如式(4-2)的数学模型。在有些工程问题中,其称为几何非线性问题。

- 线性代数方程组如

$$a_1x + b_1y = c_1 \tag{4-3}$$

$$a_2x + b_2y = c_2 \tag{4-4}$$

有时未知数(即方程式数)会更多。例如,对于力学中的平面桁架,求节点处未知力的平衡方程组,对于直流电路网络,求汇交于节点处各支路中未知电流的方程组,都是形如式(4-3)、式(4-4)的数学模型。

b. 微分方程类。

- 几个概念。

导数:函数随自变量的变化率(即变化快慢的程度)叫作导数。例如,函数 $s=vt$,s 为路程,v 为速度,t 为时间,当物体运动时,其速度 $v=\frac{\mathrm{d}s}{\mathrm{d}t}$,$v$ 体现了该物体运动时其路程随时间变化的快慢。$\frac{\mathrm{d}s}{\mathrm{d}t}$ 即路程 s 对时间 t 的导数。

常微分方程:一元函数及其导数构成的微分方程。
偏微分方程:多元函数及其导数构成的微分方程。
"常"与"偏"是针对函数所含自变量的个数而言的。
线性微分方程:微分方程中函数及其各阶导数均为一次幂。
非线性微分方程:微分方程中函数及其各阶导数有二次幂以上的项。
"线性"与"非线性"是针对函数及其导数的幂次而言的。
常系数微分方程:微分方程中函数及其各阶导数前边的系数均为常数。
变系数微分方程:微分方程中函数及其各阶导数前边的系数有变量者。
"常系数"与"变系数"是针对微分方程中各项前的系数而言的。

- 一阶线性常微分方程(微分方程中导数的最高阶数为 1 次)如

$$a\frac{\mathrm{d}y}{\mathrm{d}x} + by = c \tag{4-5}$$

例如,对于 RC 电路(电阻、电容串联电路),当电容放电时,其环路电压满足基尔霍夫第二定律,即

$$RC\frac{\mathrm{d}U_C(t)}{\mathrm{d}t} + U_C(t) = U_S \tag{4-6}$$

其中,R 为电阻,C 为电容,U_C 为电容器两端的电压,U_S 为电源电压,t 为时间。电容电压 U_C 是随时间变化的,其变化率为 $\frac{\mathrm{d}U_C}{\mathrm{d}t}$,这时环路产生电流,其值为 $C\frac{\mathrm{d}U}{\mathrm{d}t}$,则电阻中的电压为 $RC\frac{\mathrm{d}U_S}{\mathrm{d}t}$。

又如,对于 RL 电路(电阻、电感串联电路),当电感放电时,其环路电压满足基尔霍夫第二定律,即

$$L\frac{\mathrm{d}i_L(t)}{\mathrm{d}t}+Ri_L(t)=U_\mathrm{s} \tag{4-7}$$

其中，L 为电感，i_L 为电感器电流，R、U_s 含义同上。此时，电感电流 i_L 是变化的，其随时间的变化率为 $\frac{\mathrm{d}i_L}{\mathrm{d}t}$，由电磁感应规律可知，电感消耗掉的电压为 $L\frac{\mathrm{d}i_L}{\mathrm{d}t}$；$Ri_L$ 为电阻 R 消耗掉的电压，故二者之和应等于 U_s。

式(4-6)与式(4-7)都是形如式(4-5)的数学模型。

当电路中的电阻 R、电容 C 和电感 L 不随时间变化时，则称为时不变系统，它是一个一阶常系数线性常微分方程。而当 R、C、L 随时间变化时，则称为时变系统，它是一个一阶变系数线性常微分方程。

• 二阶线性常微分方程(微分方程中导数的最高阶数为 2 次)如

$$a\frac{\mathrm{d}^2y}{\mathrm{d}x^2}+b\frac{\mathrm{d}y}{\mathrm{d}x}+cy=d \tag{4-8}$$

例如，力学中挂在弹簧下的一个小钢球("钢球弹簧系统")做有阻尼振动，其瞬时力平衡方程(即运动方程)为

$$m\frac{\mathrm{d}^2x}{\mathrm{d}t^2}+c\frac{\mathrm{d}x}{\mathrm{d}t}+kx=f_\mathrm{p} \tag{4-9}$$

其中，m 为钢球质量，c 为阻尼系数，k 为弹簧的刚度系数，x 为钢球自平衡位置的位移，f_p 为外加驱动力，t 是时间。式(4-9)在后面详细讲。

又如，电学中 RLC 串联电路的环路电压满足

$$LC\frac{\mathrm{d}^2U_C}{\mathrm{d}t^2}+RC\frac{\mathrm{d}U_C}{\mathrm{d}t}+U_C=U_\mathrm{s} \tag{4-10}$$

其中，各字母含义同式(4-6)、式(4-7)。

式(4-9)与式(4-10)都是形如式(4-8)的数学模型。

当式(4-9)中的 m、c、k 全部为常数时，式(4-9)称为时不变系统，它是一个二阶常系数线性常微分方程。当式(4-9)中的 m、c、k 有一个是变量时，式(4-9)称为时变系统，它是一个二阶变系数线性常微分方程。式(4-10)与式(4-9)同理。

• 高阶线性常微分方程(导数阶数大于 2)如

$$A\frac{\mathrm{d}^4y}{\mathrm{d}x^4}+B\frac{\mathrm{d}^3y}{\mathrm{d}x^3}+C\frac{\mathrm{d}^2y}{\mathrm{d}x^2}+D\frac{\mathrm{d}y}{\mathrm{d}x}+Ey=F \tag{4-11}$$

在弹性力学中，求梁弯曲变形的挠曲线的数学表达式为

$$EI\frac{\mathrm{d}^4y}{\mathrm{d}x^4}=q \tag{4-12}$$

其中，E 为材料的弹性模量，I 为梁截面的惯性矩，q 为作用于梁上的载荷集度(如自重)，x 为沿梁长度方向轴线的坐标，y 是垂直于 x 轴线的梁的挠度。

式(4-12)则是形如式(4-11)的数学模型。若式(4-12)中的 E、I 为常数，则式(4-12)代表了线性物理系统，式(4-12)称为常系数线性常微分方程。若式(4-12)中的 E、I 为变量，则式(4-12)代表了非线性物理系统，式(4-12)称为变系数线性常微分方程。

• 其他微分方程模型(数理方程和微分方程组)。

在机电专业中，许多欲求的物理量是多元函数。例如，机电产品中平板形构件在平面内

受力状态下的力与位移、板形构件弯曲时的内力与挠度、壳形构件受力时产生的内力与挠度、实体构件受力时产生的应力与位移都是位置(由 x、y、z 坐标确定)和时间的函数。又如,控制箱内温度场的分布规律、电磁场的分布规律都是位置和时间的函数,流体场(气、液)内任一点的流量和压力也都是位置和时间的函数。在求解上述实际问题时,所建立的数学模型都是偏微分方程或偏微分方程组。通常这些方程被称为数学物理方程。这些偏微分方程或微分方程组在解决实际工程问题时是很有用的,但由于没有学时,所以没有开设"数学物理方程"和"场论"等课程。因此,在这里提一下,希望同学们用到时能自学。

c. 概率类。
- 概率密度模型。

二项分布:

$$p_b(x;n,p) = \binom{n}{x} p^x q^{(n-x)} \tag{4-13}$$

其中,$p>0$,$q>0$ 且 $p+q=1$,$x=0,1,2,\cdots,n$,n 为整数。

例如,对机电产品(或机械构件或电子元器件)的质量进行抽样检查(合格品、废品)时,可用概型二项分布。

泊松分布:

$$p_p(x) = \frac{\lambda^x}{x!} e^{-\lambda} \tag{4-14}$$

其中,λ 为正实数,$x=0,1,2,\cdots$。

例如,对电话(或计算机网)交换台来到的呼叫数的估计可用概型泊松分布。

正态分布:

$$p(x) = \frac{1}{\sqrt{2\pi}\sigma} e^{-\frac{(x-\mu)^2}{2\sigma^2}} \tag{4-15}$$

其中,$-\infty<x<\infty$,$-\infty<\mu<\infty$,$\sigma>0$。

例如,对机械零件的加工误差或对物理量的测量误差进行估计可用概型正态分布。

- 随机过程模型。

平稳随机过程:统计特性(均值与协方差)不随时间推移而变化的过程。例如,通常我们把线性自动控制系统的输入信号(传感器检测到的信号)和输出信号(输出给被控对象的信号)都近似看作平稳随机过程。

离散平稳随机序列:一般是平稳随机过程依时序采样而成的时间序列。例如,我们用计算机对线性自动控制系统进行分析时,将采样信号和系统状态信号都近似看作离散平稳随机序列。

非平稳随机过程:包括所有不满足平稳性条件的随机过程,即其统计特性随时间而变化。

时间序列:我们用数字传感器检测到的机械振动信号或信息传输信号都属于时间序列。

d. 图论类。

图论是用图形描述事件之间关系的数学。它用途很广,对于同学们来说也不陌生,因为没有单独开课,所以在这里提一下,同学们可以看

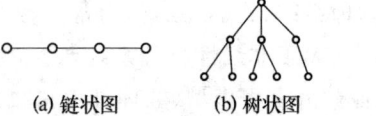

(a) 链状图　　(b) 树状图　　(c) 网状图

图 4-2　图论的数学模型

《离散数学》学习有关知识。图论的数学模型主要有 3 类,如图 4-2 所示。
- 链状图:有关节点(事件)用一条直线串起来,如图 4-2(a)所示。例如,高压输电线路、长途电话线路、长途输油管线、长途输气管线等都是这种拓扑模型。
- 树状图:有关节点(事件)之间的关系(从父节点至各级子节点间)用树形线来表示,如图 4-2(b)所示。例如,市内供电线路、市内电话线路、市内自来水管线、市内燃气管线等都是这种拓扑模型。
- 网状图:有关节点(事件)之间的关系用网状线来表示,如图 4-2(c)所示。例如,计算机网、仪器设备中的电路网、结构中的桁架和刚架都是这种拓扑模型。

③ 数学模型在机电专业的一些应用。

a. 代数类和微分方程类主要用于以下两个方面。
- 广义执行子系统(包括执行机构、电力拖动、液压驱动、气压驱动等系统)的运动分析、动力分析和工作能力分析等。
- 检测控制子系统(包括检测控制电路、无线传输通信、信号分析与处理)的电路分析、电磁场分析和自动控制系统分析。

所涉及的课程:大学物理、理论力学、弹性力学和有限元解法、电力拖动与控制、流体传动与控制、机械原理、机械设计、电路分析基础、信号与线性系统、检测技术与信号处理、控制工程。

b. 概率类主要应用于以下 4 个方面。
- 产品(包括机械零件和电子元器件)的质量抽样检验(二项分布)。
- 测控网(路由、流量控制等)的规划设计(泊松分布)。
- 测控系统中所有信号的分析与处理(离散平稳过程、频谱分析和谱密度分析)。
- 可靠性设计(正态分布、贝叶斯公式)。

所涉及的课程:机械制造基础、互换性与技术测量、检测技术与信号处理、信号与线性系统、控制工程。

c. 图论类主要应用于以下 3 个方面。
- 网络的拓扑规划与设计。电力网、通信网、计算机网(测控网)、给排水管道网、输油管道网、输气管道网、铁路网、公路网、航空网、物流网,以及建筑与机械中的桁架、刚架等网状结构都是以链状、树状和网状的模式为基础组建而成的,虽然它们的物理原理不同,但它们的数学模型都是一样的。
- 建立数据之间的结构模式(在"数据结构"课中讲)。
- 建立程序的架构模式(在"程序设计"课中讲)。

所涉及的课程:弹性力学与有限元解法、电路分析基础、数据结构与程序设计、计算机网络、电力拖动与控制、流体传动与控制。

④ 如何给实际工程问题建立数学模型:建立数学模型的依据是物理模型,只有物理模型正确才能得到与实际问题相符的计算结果,同学们务必牢记这一点。人类经过长期的生产、科研实践,已对许多工程问题建立了典型的物理模型,同时也建立了相应的数学模型(同学们在物理课中已学过)。在后续的基础理论课程中将陆续介绍建立物理、数学模型的方法和成熟的、典型的物理、数学模型,希望同学们在后续课程的学习中能掌握两点:其一,能将实际的工程问题抽象成已有的、典型的物理模型,进而根据物理模型建立相应的数学模型并

进行分析计算(或者说要清楚地知道现有的、典型的物理、数学模型怎么正确地应用于实际工程问题中);其二,对于不能找到已有典型模型的新问题,能利用建立物理、数学模型的科学方法创建新模型。

给实际工程问题建立物理模型的依据是物理原理(在第3章创新设计中已讲过)和工程对象的特性及其所求的物理量。在后续的基础理论课中将详细介绍已有的典型物理模型的基本原理及适用条件,希望同学们能掌握建立物理、数学模型的思维方法,并能正确地将其应用于机电一体化系统(产品)的设计中。

在这里要特别强调的是为实际工程问题建立正确的物理模型的重要性。若没有正确的物理模型(例如,对非线性问题用了线性模型),则即使计算再精确,数据也是毫无价值的。这也是本书在后面基础理论课的介绍中特别强调物理模型的原因。

(2) 求解数学模型

可以这样说,建立数学模型是专业类课程的事,而对已有数学模型进行求解才是数学课程的事。希望同学们在学习数学课程时,一定要牢记各类典型数学模型及它们的不同解法,以便在学专业课时和以后工作时应用。在求解数学模型的过程中,要经常用到以下几类数学知识。

① 数的运算:包括各类数值的代数运算、函数的微积分运算、矢量的代数运算、矢量函数的微积分运算、矩阵(其实也是矢量)的代数运算和微积分运算等。

② 坐标变换:在解决实际工程问题时,总是要选择各类不同的坐标系作为参照系。在机电专业中常用的坐标变换有以下几类。

a. 几何坐标变换。

• 直角坐标的平移变换和旋转变换:这类变换经常被用到机械中。例如,将运动物体中的矢量(力、力矩,通常用固定在运动物体上的坐标来描述)由动坐标系中变换到固定在地面上的坐标系中,以便建立平衡方程式(或者运动方程)。

• 曲线坐标与直角坐标间的变换:当描述在曲面上运动的物体的位置时,一般用曲线坐标(如地球上的经纬线)比较方便,但进行分析计算时往往用直角坐标系方便。其在空间运动分析和有限元法中均有应用。

b. 物理坐标变换——傅氏变换。

在对所采集的信号或控制信号进行分析时,往往需要把采集到的时域信号变换到频域中,这就要求有一个将幅-时坐标变换到幅-频坐标的算法,这个算法就是傅氏变换。由幅频特性曲线很容易看到哪一个频带内信号携带的能量多(即幅值大的范围),在设计系统时,一定要满足这个通频带的要求,避免信号失真,且有足够的能量带过去。

c. 不同数域间的坐标变换——拉氏变换。

在对检测或控制系统进行设计时,要保证系统具有稳定性。系统的稳定性决定于系统的物理参数,而决定物理参数的依据是系统的传递函数(微分方程)的解。然而这个传递函数的解一般为复数(这在"控制工程"中讲);复数的实部(在直角坐标系中)或模(在极坐标系中)决定系统是否稳定,而虚部决定系统的频率。所以在求解传递函数时,先将传递函数由实数域变换到复数域再求解,这样不仅使求解更简单(拉氏变换已将微分方程变为代数方程),而且可以直接得到复数解答,便于进行稳定性分析。

③ 级数展开。

a. 求微分方程的近似解：在工程中求解微分方程时，往往很难得到解析解，这时就需要求近似解。求近似解一般是先取有限项具有待定系数的幂级数或三角级数，再由某些物理原理（如能量原理）或数学原理（如最小二乘法、加权残数法等）决定待定系数，从而得到微分方程的近似解。

b. 求近似曲线（或函数逼近）：在由一些已知点的值求通过这些点的曲线时（如实验曲线、统计曲线、数控加工曲线等），往往采用有限项幂级数展开式。

c. 信号分析：在对信号进行分析时，一般将欲分析的信号展开成三角级数（或称为傅氏展开），以确定该信号的频率成分及每个频率的波所携带的能量（幅值）。

d. 函数的近似计算：函数的近似计算一般都采用泰勒级数展开式（通常取一阶）。比如，在建立应力场、位移场、电磁场、流体场、热传导场内微元的物理数学方程时，总要用到相应物理量的函数及其增量，该增量就是用一阶泰勒级数表达式来表达的。又如，在计算数学中，讲了许多数值计算方法，这些方法的数学原理大多是泰勒级数展开。

(3) 对数学模型及其解答给出物理解释

① 为什么要对数学模型及其解答给出物理解释？

先举一个例子说明这个问题。有人觉得肺部不舒服，到医院去看病，主治医生问诊后，给他开了一张拍胸片的单子，他拍完胸片后，把胸片交到主治医生手里。主治医生仔细观察胸片上的影像，并根据病理学对影像进行分析，告诉病人是什么病。最后主治医生根据分析结果作出诊断，并开药方。

在上面看病的例子中，诊病过程分为 4 步：第一步，主治医生问诊并分析病情，决定做放射性检查；第二步，放射科医生拍胸片；第三步，主治医生根据病理学对胸片上的影像进行病理分析，确定病况；第四步，确诊，根据对影像（或其他检验结果）的病理分析，对症下药，开方治疗。

解决工程问题与医生看病相似。工程师在接到一个工程项目以后，首先根据客户需求作系统的功能需求分析，然后制订总体方案。在制订总体方案的过程中，首先将系统分解成功能模块，并根据所用功能原理对每个功能模块建立物理/数学模型；然后对数学模型进行求解；最后对计算结果根据功能原理进行分析，给出物理解释，看计算所得物理量（数据）是否满足工程要求。对每一个功能模块的每一个方案都进行上述的分析计算以后，对不同的方案组合进行分析比较，取最优的一组作为最终方案。

在解决工程问题时，"建立物理数学模型并给出解答"相当于"拍胸片"，"数学解答"即"影像"；"对数学解答进行物理解释"相当于主治医生分析影像"确定病情"；项目的"最终方案"就是"药方"。

由上述可知，拍一张胸片并不是目的，而用病理学原理对胸片上的影像进行病理分析并确定病情才是目的。那么，对工程师来讲，对数学模型求出解答（相当影像）并不是最终目的，而对解答进行物理分析与解释为制订方案提供依据才是目的。所以在这里强调的是对数学解答进行物理解释的重要性。

大学的数学教学大都缺乏完整、系统的教学与实践。教数学模型的求解方法是数学课的事，而建立物理/数学模型并对解算结果进行物理分析、解释是专业课的事；数学老师大多不懂机械专业，而专业课老师大多对数学没有深入的研究和理解。结果是没有按"建立物理/数学模型、求解、对解进行物理解释的思路"对数学进行完整系统的教学,数学与工程完全是两码事,使许多学工程的学生怕数学,不会用数学。因此,本书一直强调数学老师尽量结合专业教数学;而专业课老师尽量在建立物理/数学模型和对数学模型及其解答给出物理解释上下功夫,不要给出计算结果就了事。在此还要特别强调的是,同学们在今后的学习中,应搞清楚所学的数学知识在工程中有什么用(即哪些数学知识用于解决专业中的哪些问题),而在工程中又是怎么应用数学的,从而提高自己的数学素养和应用数学的能力。

② 怎么对数学模型及其解答给出物理解释?

建立物理数学模型并对其解答给出物理解释是专业课的事。因为同学们刚入学还没有学习专业课,没有办法举数学解答的例子,所以就借助于同学们在高中学过的物理知识对挂在弹簧上的"钢球弹簧系统"的运动状况建立其物理/数学模型,并对数学模型作一些物理解释,给同学们提供一些基本思路。

a. 建立物理(即力学)模型(画受力图):图 4-3(a) 是钢球弹簧系统实例简图,图 4-3(b)是钢球(研究对象)的受力分析模型图(受力图)。对力学模型说明如下。

运动形式模型:振动且平动。

物体模型:质点。钢球只上下平动而不转动,可简化为质点,质量为 m。

坐标模型:取沿运动方向的单向坐标系 x,原点取在静力平衡位置处(钢球自重与弹簧反力的平衡位置),位移以 $x(t)$ 表示。

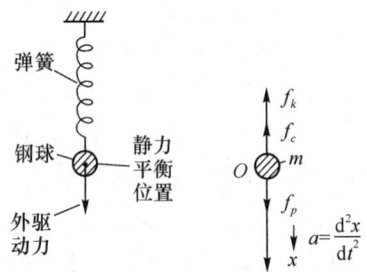

(a) 实例简图　　(b) 力学模型图

图 4-3　钢球弹簧系统受力分析

力模型:均为集中力,都沿着运动方向(铅垂方向)作用在质点(钢球)上。

约束模型:弹簧上端固定。

具体说明如下。

f_p 为主动力,是外加的驱动力,方向向下。

f_c 为阻尼力,是空气阻力,其大小与运动速度 v 成正比〔比例常数(即阻尼系数)用 c 表示〕,即 $f_c = cv = c\dfrac{\mathrm{d}x}{\mathrm{d}t}$,方向向上(与运动方向相反)。

f_k 为弹性(恢复)约束力,其大小与位移 x 成正比〔比例常数(即弹簧刚度系数)用 k 表示〕,即 $f_k = kx$,方向向上(与位移方向相反)。

b. 建立数学模型的依据是物理原理,在此处是牛顿第二定律。

牛顿第二定律的数学模型为

$$F = ma \text{ 或 } ma = F \tag{4-16}$$

因为求的是钢球的运动特性,为了求解方程方便,在上述牛顿第二定律公式(即"数学模型")中,所有的项都用质点(钢球)的位移函数 $x(t)$ 表示。其中加速度 $a = \dfrac{\mathrm{d}^2 x}{\mathrm{d}t^2}$,速度 $v = \dfrac{\mathrm{d}x}{\mathrm{d}t}$,外力的合力 $F = f_p - f_c - f_k = f_p - c\dfrac{\mathrm{d}x}{\mathrm{d}t} - kx$。代入式(4-16)有

$$m\dfrac{\mathrm{d}^2 x}{\mathrm{d}t^2} = f_p - c\dfrac{\mathrm{d}x}{\mathrm{d}t} - kx$$

经移项整理得

$$m\frac{\mathrm{d}^2 x}{\mathrm{d}t^2} + c\frac{\mathrm{d}x}{\mathrm{d}t} + kx = f_p$$

上式就是数学模型中提到的二阶常系数线性常微分方程式(4-9)。至此,"钢球弹簧系统"运动的"数学模型"建立完成。至于方程的求解,同学们可在今后的数学课中学习。

c. 对式(4-9)作一些物理解释。

• 从"运动"的角度对式(4-9)的解释——运动方程式。

对于振动类运动,我们关心的是振动体的位移、速度、加速度的变化规律及最大、最小值,同时还有振动的频率。位移(即幅值)体现振动系统能量的大小,同时也可以体现由它产生的波所携带能量的大小。速度体现振动体的动量,振动清砂机(铸造用)就是在振动体具有最大动量时冲击铸件而清砂的。加速度体现惯性力。由式(4-16)可知,对于质量一定的物体,加速度越大其惯性力越大,这在机械设计中是必须考虑的。频率说明振动系统每秒钟的振动次数,固有频率这个参数对利用振动和消减振动都是非常有用的。

如前所述,由于我们关心的是振动体的运动状况,且位移、速度、加速度之间都是微分关系,所以在建立数学模型时只选用了位移函数 x 作为未知函数。由于求出的是位移,所以式(4-9)称为"运动方程"。在式(4-9)中,各项的物理意义如下。

第一项, $m\dfrac{\mathrm{d}^2 x}{\mathrm{d}t^2}$,其中 m 是钢球的质量(可以测得), $\dfrac{\mathrm{d}^2 x}{\mathrm{d}t^2}$ 是钢球的加速度。

第二项, $c\dfrac{\mathrm{d}x}{\mathrm{d}t}$,其中 c 是阻尼系数(凭经验给出), $\dfrac{\mathrm{d}x}{\mathrm{d}t}$ 是钢球的速度。

第三项, kx,其中, k 是弹簧的刚度系数(可以测得), x 是钢球离开静力平衡位置的距离。

第四项, f_p 是外加驱动力,可能是恒力,也可能是变化的力。

钢球的位移(动力响应)完全由质量 m、阻尼系数 c、刚度系数 k 和外驱动力 f_p 所决定。当 m、c、k、f_p 都给定以后,就可以由式(4-9)解出 $x(t)$,继而由微分运算求出速度和加速度。

振动的固有频率由无阻尼自由振动方程式 $m\dfrac{\mathrm{d}^2 x}{\mathrm{d}t^2} + kx = 0$ 求得,频率值只与弹簧刚度系数 k 和钢球质量 m 有关,欲改变钢球的固有频率,调整 k 与 m 的参数值即可(原因后面讲)。至此,运动分析就完成了。

• 从"力"的角度对式(4-9)的解释——力的瞬时平衡方程式。

式(4-9)叫作运动方程式,实际上它是钢球在运动过程中每个瞬时都遵守的力平衡方程式,因此式(4-9)中每一项的量纲都是"力":式(4-9)中的第一项 $m\dfrac{\mathrm{d}^2 x}{\mathrm{d}t^2}$ 是惯性力,第二项 $c\dfrac{\mathrm{d}x}{\mathrm{d}t}$ 是阻尼力,第三项 kx 是弹性恢复力,右端项是外加驱动力。

这正是理论力学讲的达朗贝尔原理,在复杂的振动系统建模过程中经常用到。

• 从"能量"角度对式(4-9)进行解释——由于动能和势能的不断转换才产生振动。

将式(4-9)两边同时乘以微位移 $\mathrm{d}x$〔即式(4-9)中各项的力都在微位移上做功〕并进行积分,这样就可以得到一个能量(功)表达式,即

$$\int_0^x \left(m\frac{\mathrm{d}^2 x}{\mathrm{d}t^2} + c\frac{\mathrm{d}x}{\mathrm{d}t} + kx \right) \mathrm{d}x = \int_0^x f_p \mathrm{d}x \tag{4-17}$$

对上式进行运算（注意上式中，$dx = vdt, v = \dfrac{dx}{dt}, a = \dfrac{dv}{dt} = \dfrac{d^2x}{dt^2}, c\dfrac{dx}{dt} = f_c, kx = f_k$）。

第一项 $\int_0^x m \dfrac{d^2x}{dt^2} dx = \int_0^x m \dfrac{dv}{dt} \cdot vdt = \int_0^v mv dv = \dfrac{1}{2}mv^2$（钢球的动能）。

第二项 $\int_0^x c \dfrac{dx}{dt} dx = \int_0^x f_c dx$（阻力做功,即阻尼力消耗掉的能量）。

第三项 $\int_0^x kx dx = \dfrac{1}{2}kx^2 = \dfrac{1}{2}f_k \cdot x$（弹性力做功,即弹簧储存的弹性势能）。

右端项 $\int_0^x f_p dx$（外驱动力做功,即外界给系统补充的能量）。

代入式(4-17)得

$$\dfrac{1}{2}mv^2 + \dfrac{1}{2}kx^2 = \int_0^x f_p dx - \int_0^x f_c dx \tag{4-18}$$

当 $\int_0^x f_p dx = \int_0^x f_c dx$，即外界补充的能量等于消耗的能量时,式(4-18)变为

$$\dfrac{1}{2}mv^2 + \dfrac{1}{2}kx^2 = 0 \tag{4-19}$$

由式(4-19)可见,在无外界干扰的情况下,钢球无动能,弹簧也无势能,系统不动;当有外界干扰时,例如,给钢球一个初始位移 x_0，弹簧被拉伸就储存了弹性势能 $\dfrac{1}{2}kx_0^2$，此时无动能。当手放开时,弹簧释放弹性势能,弹性力拉着钢球运动,弹性势能逐渐减小直至为零,而钢球运动的动能逐渐增加直至最大;接着在动能的驱动下,钢球通过平衡位置,弹簧被压缩又开始储存弹性势能,而钢球由于受到弹簧的压力速度逐渐减小直至为零,这时动能为零,而弹簧储存的弹性势能达到最大。在弹簧压力的作用下,钢球开始反向运动,重复上面的过程。根据能量守恒定律,钢球的最大动能与弹簧储存的最大势能会永远相等,这样"钢球弹簧系统"在其动能与弹性势能往复的交换过程中必然作等幅振动,永不停止(因为外界补充的能量刚好抵消了阻尼消耗掉的能量),就像墙上挂的机械式挂钟的钟摆一样(发条补充的能量)。

这样我们就可以得到两个结论:其一,质量弹簧系统必然发生机械振动(在机电一体化系统设计时,要特别注意振动问题);其二,该振动的固有频率就是系统中动能与势能的交换次数。因此,求固有频率时,用式(4-9)中的自由振动方程 $m\dfrac{d^2x}{dt^2} + kx = 0$。

- 从信号系统角度对式(4-9)进行解释——传递函数。

式(4-9)在检测或控制系统中也是一个典型的数学模型,f_p 是输入,x 是输出,只不过在形式上要做一些改变,即以 p 代替式(4-9)中的微分符号 $\dfrac{d}{dt}$，则式(4-9)变为

$$mp^2 x + cpx + kx = f_p$$

将 x 提出去得

$$(mp^2 + cp + k)x = f_p$$

写成输入输出形式则有

$$x = \dfrac{1}{(mp^2 + cp + k)} f_p = G(p) f_p \tag{4-20}$$

其中，$G(p)=\dfrac{1}{mp^2+cp+k}$ 是一个比例常数。其实，$G(p)$ 就是以数学模型形式呈现的一个钢球弹簧系统，其值由系统参数 m、c、k 决定。在检测、控制领域，其被叫作系统的"传递函数"〔在实际应用时，应用拉氏变换将 $G(p)$ 由实数域变换到复数域从而写成 $G(s)$ 的形式，因为同学们还没有学到，这里只是用式(4-20)说明传递函数的概念〕。传递函数的含义是输入 f_p 经过系统 $G(p)$ 处理以后输出 x，就好像系统 $G(p)$ 接到输入以后，又把它传出去一样。

要注意的是，在分析检测或控制系统时，$G(p)$ 是系统的数学模型，它代替了实际系统的功能，调整 m、c、k 3 个系数（不一定都调整）就能保证系统的稳定性并将输入变为我们需要的输出（如放大、缩小或相同），这就是仿真。当调整好 m、c、k 以后，就可以根据得到的 m、c、k 值去做实际系统，再通过调测，完成系统的设计。

- 小结：由上面的分析可知，数学模型(4-8)在机械系统中变为式(4-9)，从不同应用出发可以有 4 种物理解释；而在电子系统中其可变为式(4-10)，从不同应用出发又可以有另外几种解释。注意，不同的解释是在揭示不同的物理原理产生了不同的物理现象，以便解决不同的工程问题。

将来同学们学完了微分方程的解法以后，对数学解答也会有不同的物理解释。若式(4-8)变为式(4-9)，则其"解"是解释机械振动现象的；而若式(4-8)变为式(4-10)，则其"解"就是解释电路谐振现象的。希望同学们今后一定要按"给工程实例建立物理/数学模型、求解、再对解进行物理解释的思路"学习数学和专业课，以便更好地解决工程问题。

4.2.3 物理模块

学好物理对于大学生来说，实在是太重要了。前已述及，在设计机电一体化产品（系统）时，很重要的一步是建立系统的物理模型，进而建立数学模型，最后进行分析计算。建立物理模型这一步非常重要，物理模型与实际系统相符合的程度对设计计算结果的正确性起决定性作用，而物理模型的建立是依据物理原理和定律的，学生解决实际问题的能力主要体现在正确应用这些原理和定律的能力上。因此，物理知识是学生解决工程实际问题的基础，是学生创新思维的源泉，学生必须学好物理，掌握物理原理和定律，并知道如何应用它们。

下面介绍所开课程及其知识要点。

1. 大学物理

物理学是研究物质的基本结构、物质的相互作用和物质运动规律的学科。它的研究对象涉及自然界中的所有物理现象，它的基本理论渗透到自然学科的一切领域，应用于生产的各个部门，它是自然科学的许多领域和工程技术的许多部门的基础理论的支柱。

通过物理课的学习，学生不仅仅可以掌握物理知识，更重要的是初步掌握科学的思维方法和认识、分析、研究、解决实际问题的方法。本课程的知识要点如下。

（1）力学

力学是研究物质的宏观客体——物体的运动的学科，是研究各类运动的基础。具体到机械电子工程专业，力学是分析设计广义执行子系统的理论基础。我们一定要了解有关物体运动的一些物理现象，理解物体运动所遵循的规律。

① 有关物体运动的一些物理现象：物体具有惯性；改变它的运动状态需外加作用力。

② 物体运动的物理（或力学）模型：为了分析问题方便。

a. 物体模型:质点、质点系。
b. 作用力模型:力、力偶、力系。
c. 运动参考系模型:直角坐标系。
d. 运动状态模型:静止、匀速直线运动、加速运动。
e. 运动形式模型:平动、转动、振动。
③ 力学概念:质量、位移、速度、加速度(切向、向心)、相对运动、功、能。
④ 物体运动所遵循的规律如下。
a. 力作用原理:牛顿三定律、动量定理、质心运动定理、动量守恒定理。
b. 功能原理:能量守恒定律、功能转换原理。
⑤ 建立系统模型:依据上述两个原理建立"力流"模型与"能量流"模型。本部分知识在"理论力学"中介绍。

(2) 电磁学

电磁学是研究电荷运动(多数为电子运动)的学科,它是电工学和电子学的基础,具体到机械电子工程专业,它是选择驱动装置和分析设计检测控制子系统的理论基础,我们一定要了解有关电荷运动的一些物理现象,理解电荷运动所遵循的规律。

① 有关电荷运动的一些物理现象。

静电有吸引力;电磁铁会产生磁力;无线电波能传递广播电视节目。

② 电荷运动的物理模型。

a. 电荷模型:点电荷(原子、电子、正负离子和空穴);稳恒电流(直流电);交变电流(交流电)。
b. 电荷运动模型:状态(静止、匀速直线运动、加速运动);形式(只考虑移动)。
c. 电荷受力模型:只考虑电场力和磁场力,表现为吸力或斥力。
d. 运动参考系:直角坐标系。
e. 电场磁场模型:静电场、稳恒电场、稳恒磁场、交变电磁场。

③ 电荷运动现象及其遵循的规律。

a. 静电荷:只产生电场力,电场力的分布规律由库仑定律决定,还遵循高斯定律。
b. 匀速直线运动的电荷:既有电场力,又有磁场力,电场力由电场描述,磁场力由磁场描述,电场力服从高斯定律,在低速情况下还服从库仑定律(在高速情况下不服从)。磁场力的大小及分布规律由公式 $B=\dfrac{1}{C^2}v_0\times E$ 决定。上述电场与磁场都是稳恒的。

c. 加速运动的电荷:既产生电场力,也产生磁场力,电场与磁场交替变化,产生电磁波。变化的电场产生变化的磁场,遵循麦克斯韦方程;变化的磁场产生变化的电场,遵循法拉第定律。

④ 静电场应掌握的内容。

a. 概念:电场、电场强度、电力线、电偶极子、静电场力做的功、电势能、电势、等势面、电势梯度、导体的静电平衡、导体上电荷的分布、孤立导体的电容、电介质的极化强度、电场的能量密度及电场能。
b. 定理(律):库仑定律、高斯定律、静电场叠加原理、静电场环路定理。
c. 能力:会计算静电场强度(力)、静电场力做的功、电场能量密度及电势能,以及电容器的有关计算。

⑤ 稳恒电流(直流电)应掌握的内容。
a. 概念：电流、电流密度、电阻、电压、电功率、电动势、电能。
b. 定律：欧姆定律、基尔霍夫第一定律、基尔霍夫第二定律。
c. 能力：会分析计算直流电路。
⑥ 稳恒磁场应掌握的内容。
a. 概念：稳恒磁场、磁场强度、磁力线、磁通量、安培力、洛伦兹力、磁力矩、霍尔效应、介质的磁化、磁感应电流、感(动)生电动势、磁能。
b. 定律：磁场叠加原理、法拉第电磁感应定律、磁通连续原理、毕-萨定律、安培环路定理。
c. 能力：会计算磁场强度、磁感应强度、磁力、洛伦兹力、磁通、磁能。
⑦ 电磁场应掌握的内容。
a. 概念：动生电动势、感生电动势、涡旋电场、自感、互感、电磁波能量密度、电磁波能量、位移电流、电磁波动量密度。
b. 定律：电磁感应定律、麦克斯韦方程组(包括高斯定律、麦克斯韦方程、法拉第定律、磁通连续原理)。
c. 能力：会计算单位体积内能、能流密度矢、动量密度矢。
⑧ 建立系统模型。
a. 电路系统："物质流"是电荷载流子(电子、正负离子、空穴)，流动过程中遵守电荷守恒定律和电流连续方程(基尔霍夫第一定律)；"能量流"是电流能，往往以电势表示，在传递过程中遵守基尔霍夫第二定律(能量守恒)。
b. 电磁场系统："物质流"是"场"，它们以波的形式传播而不是移动，传播过程中遵循麦克斯韦方程组；能量流是电磁波能，电能、磁能交替传播，遵守能量守恒定律。

(3) 热学

热学是研究自然界物质与冷热有关的性质及其变化规律的学科。物质冷热变化是由其内部分子运动状态变化引起的，其宏观表象是温度变化。可以说，热学是研究分子运动的。在设计广义执行子系统时，可能选热机作为驱动装置，在设计检测控制子系统控制柜时要考虑散热问题，要用到温度场的分析与计算，而热学正是热机与温度场的理论基础，所以选了气体压缩与热传导两部分内容。

① 研究对象：气体(分子运动活跃，现象易于观察)。
② 物理现象：持续给自行车胎打气时会发现气筒底部烫手；烧热一个铁棒的一头，另一头也会烫手。第一个现象是气体压缩与体积、温度的关系问题，第二个现象是热传导问题。
③ 系统状态模型：理想气体模型、准静态过程模型、不可逆过程模型。
④ 与系统有关的概念及其物理特性之间所应遵循的规律。
a. 理想气体模型。
• 概念：温度(温标)、压力、体积、韦氏速率分布、理想气体内能。
• 定律：理想气体状态方程、能量均分定理。
b. 准静态过程模型。
• 概念：功、热量、内能、定压热容量、定容热容量、热机效率、卡诺循环。
• 定律：热力学第一定律。
c. 不可逆过程模型。

- 概念:可逆过程、不可逆过程、熵。
- 定律:热力学第二定律,包括玻尔兹曼熵增加原理和热传导定律(最好介绍一下边界条件)。

(4) 振动

振动是物体运动的一种特殊形式,它只在其平衡位置附近做往复运动而不离开。振动必然产生波,振动以波的形式传递能量。振动是一种很普遍的现象,宏观物体振动,微观物体也振动,如分子、原子、电子、质子等都在不停地振动。振动有时对我们有利(如利用振动原理制造的振动打桩机,利用超声波诊病、探伤),有时对我们有害(如地震、噪声)。对于机械电子工程专业来说,我们不希望所设计的广义执行子系统产生振动,更不希望有噪声。同时,又希望检测控制子系统稳定、不失控。因此,必须研究振动这种运动形式的特点及其遵循的规律。

① 一些振动现象:向平静的湖面扔一颗石子,湖面会碧波荡漾;弹拨琴弦,它会发出悦耳动听的声音并在音乐厅内回响。前者说明振动会产生波;后者说明琴箱会产生共振,声波会发生反射与交混(干涉)。

② 振动分析的模型:简谐振动、周期振动、随机振动(平稳过程、随机过程)。

③ 简谐振动模型分析(其他模型在专业课上讲)。

a. 概念:频率、振幅、相位初始条件(初位移、初速度)、弹性恢复力、弹簧刚度、阻尼系数、自由振动、阻尼振动、受迫振动。

b. 定律(原理):牛顿第二定律、振动叠加原理。

c. 能力:能利用 $F=ma$ 建立质点振动动力学方程,会用高等数学中解微分方程的方法求解;明白动力学方程的物理意义;能对受迫振动方程的解作物理现象解释(静态解、稳态解、零状态响应、零输入响应);会计算谐振能量,理解受迫振动方程中每一项的物理意义及它们在能量交换中的作用,理解频率与能量交换次数的关系、振幅与初始能量(势能——初位移,动能——初速度)的关系;会用叠加原理和旋转矢量法将同方向、同频率的简谐振动合成在一起(同平面的或互相垂直的)。

(5) 波动

前已述及,振动引起波动,波动传递着振动引起的运动与能量。物体振动产生机械波,电子振荡产生电磁波(包括光波),我们生活在波的包围之中。这些波都对我们做出了贡献,次声波帮我们了解大地,电磁波帮我们了解天空(宇宙),声波帮我们传递话音和音乐,超声波帮我们诊病、探伤,光波送给我们温暖,促使万物生长。波对我们太重要了,因此我们必须研究它的特性与规律。

机械波振动方向和传播方向都比较明确,而光波杂乱无章,本部分只介绍机械波(光波在光学部分介绍)。

① 波动与振动的区别。

a. 振动:质点的位移只与时间有关。

b. 波动:波传播方向上各质点的位移不仅与时间有关,还与它所在的空间位置有关,即不同的点在同一个时刻的位移是不同的。

② 一些波动现象:阳光传递热量,炮声能震破耳膜,说明波能传递能量。在山谷喊话,会听到回声,说明波能发生反射。有时近处听不清,远一点反倒听得清,说明波有干涉。

③ 波的分类。

a. 按频率(或按波长)分：次声波、声波、超声波、光波、电磁波。

b. 按振动方式分：纵波和横波。

④ 波的传播特点：独立性，即不同频率的波在传播过程中互相独立，各传各的。例如，在同一个房间几个人同时说话，彼此都能听得清。这是波叠加原理的依据(也说明不同频率的波具有正交性)。

⑤ 波动的模型——简谐波。

a. 概念：频率、波长、波速、波幅、波相、波的干涉、驻波、半波损失、能量密度、能波密度、多普勒效应、色散。

b. 原理(定律)：惠更斯原理、波的叠加原理。

c. 能力：会建立平面谐振波的运动学方程，求出波的频率、波长、波相等；会用波叠加原理解释波的干涉现象(波振面上的现象)、驻波现象(波传播方向上的现象)；记住波的干涉条件。

⑥ 波的应用。

a. 次声波：用于研究检测火山爆发、地震、陨石落地、大气湍流、雷暴、磁暴等。

b. 超声波：B超(医学检查)、无损探伤(探测工件内部裂纹、沙眼)、声呐(深海探测潜艇、鱼群、海流)、测速(利用多普勒效应)。

(6) 光学

前已述及，光波是波的一种，对光波的研究，无论从丰富波动理论的角度来说还是增加波的应用角度来说，都有很重要的意义。光纤是通信中必选的传输通道，光栅是控制零件加工精度必选的检测元件，光纤传感器的用途很广，光干涉测量技术在机械工程中广泛应用。对机械电子工程专业来说，光测技术是非常重要的。鉴于波动理论在波动部分已介绍，在光学部分应当偏重于光波的应用。

① 光波的特点：波的特点体现在它的频率、波长、波速、波动方向、传播方向等几个方面。频率、波长、波动方向、传播方向由振源决定，而波速不仅与振源有关，还与媒质(折射率)有关。

由于机械波的振源比较明确，所以它的频率、波动方向、传播方向都容易确定，而且只要振动不停，它就是一个无限长的波，因此分析机械波的相干性比较容易。

而光波是由原子从高能级跃迁到低能级而产生的(量子物理部分讲)，这一跃迁是杂乱无章的，所以波的上述特点不易明确。首先，光波的频带很宽(3.9×10^{14} Hz～8.6×10^{14} Hz)，每个原子跃迁时发出光波的频率不能确定，只能说在这个频带内；其次，波动方向(振动平面)不确定；最后，每次跃迁时间极短(约为 10^{-8} s)，引起的波只呈有限长的波列状态。因此，分析光的相干性就需抓住光的这些特点。

② 光的干涉。

a. 概念：光程、光程差、双缝干涉、薄膜干涉、时间相干、偏振光、波晶片、光的双折射现象。

b. 原理：马吕斯定律、布儒斯特定律。

c. 能力：掌握获得相干光和偏振光的方法，会用迈克耳孙干涉仪。

③ 光的衍射。

原理：惠更斯-菲涅耳原理、菲涅耳半波带法、夫琅和费单缝衍射原理、光栅衍射、X射线衍射与布拉格公式、仪器的分辨率。

④ 干涉与衍射的异同。

a. 干涉：同一个点光源发出的波列被分成两部分，经过几乎相等的光程，在相干长度内合成，形成干涉条纹，该条纹在光场内分布，明暗比较均匀。

b. 衍射：波阵面上无穷多子波发出的光波相叠加形成干涉条纹，该条纹在光场内分布，明暗不均。中央零级亮条纹最亮，其紧邻的第一级亮条纹的光强仅为零级亮条纹光强的5%，可见其能量主要集中在中央。

知道上述区别以后，在利用这两种现象进行检测时，应清楚用哪一个合适。

⑤ 光测技术（在机械电子工程中的应用）。

a. 测微小位移：光栅检测和薄膜干涉。

b. 测表面平行度：薄膜干涉。

c. 测表面光洁度：薄膜干涉。

d. 无损探伤：超声波探伤。

e. 测绘应力场：光弹性检测技术（用偏振光）。

⑥ 旋光现象及其在检测技术中的应用（通过实验定性描述即可）。

(7) 狭义相对论

这是近代物理的内容，可采用讲座形式介绍以下内容：伽利略变换，力学相对性原理，狭义相对论的两个基本假设，同时相对性，时间膨胀，长度收缩，相对论，动量、动能、能量及其关系。

(8) 量子物理基础

这也是近代物理的内容，可采用讲座形式介绍以下内容：普朗克量子假说、爱因斯坦光子理论、光电效应、康普顿效应、氢原子光谱实验规律、玻尔理论、德布罗意假说、电子衍射、实物粒子波粒二象性、波函数和不确定关系、薛定谔方程介绍、一维无限深势阱、电子自旋、4个量子数、激光简介。

(9) 在机电专业的应用

在机电产品（系统）设计时，物理学主要应用于概念设计阶段。由物理学所揭示的自然界的物理规律是概念设计阶段方案构思的理论依据。同时，大学物理也是后续各门课程的理论基础。

2. 大学物理实验

大学物理实验非常重要，它是培养学生"从现象到本质、从实践到理论"的科学思维方法的重要途径。同学们一定要认真做实验，理解物理原理与定律的本质。

4.2.4 工业设计导论

这是一门新设置的课程，目的是让学生一入学就了解一些产品设计和工业设计方面的知识。让学生明白，真正好的产品不在于计算，而在于创意。

随着科学技术和市场经济的高速发展，产品设计与销售已不再是由设计者说了算，而是由最终用户说了算，过去那种模仿设计和只注重使用功能的设计已不再适用，取而代之的是创新设计。要想创新就必须具有创新(创意)的思维和创新的方法。思维与方法都来源于社会实践,一个合格的设计人员必须具有渊博的人文和科技知识,具有丰富的生产和生活经验,二者缺一不可。因此,要让学生明白,要做好产品设计,尤其是创新设计,只学好数理化是不行的,还必须从入学开始就注重培养自己的创新思维能力。创新来源于理论知识和实践知识的积累,来源于自己的灵感。本课程的知识要点如下。

1. 产品设计方面的知识

① 产品(系统)的三要素(物质流、能量流、信息流)及其特点。
② 产品(系统)设计的三阶段(识别机会、理解机会、概念设计)。

2. 工业设计方面的知识

① 工业设计的概念、工业设计与机电一体化产品设计的异同。
② 设计的目的、特征和设计师的素质。
③ 设计与文化,文化与传统。
④ 设计创意的思维、功能与形态,美的含义,设计思维训练。
⑤ 工业设计与市场、工业设计与附加值、工业设计在企业中的地位。

3. 产品设计的流程和设计方法

这部分内容在本书第 2 章中已详细讲过,此处不再重复。

4. 设计训练

① 观察训练(看实物、看照片、看录像)。
② 综合训练(部分设计环节训练、完整产品设计训练,重点在创意、概念设计)。

5. 设计史(可选)

主要用图片介绍设计史。
本课程应采用讲座形式,分几个单元,以参观、看幻灯和录像等方式进行。同时要注意实践,采用实践课的形式,边讲边练。

6. 在机电系统中的应用

在机电产品概念设计阶段,本课程的内容用于产品的造型设计(几何形状、尺寸、色彩),产品中各部分之间的搭配设计、协调设计。

4.2.5 工程图学与CAD

"工程图学与CAD"是机械电子工程专业的基础课。工程图是工程师的语言。在我们设计机电一体化系统(产品)的过程中,无论是概念设计阶段的方案构思,还是详细设计阶段的成果呈现,都是以工程图的形式给出的,离开工程图就说不清楚所设计的方案。绘制工程图是工程师的看家本领之一。"工程图学与CAD"就是介绍绘制原理图与施工图的理论基础和标准方法的课程。本课程的知识要点如下。

1. 基本知识

① 制图国家标准。
② 绘图工具及其使用方法。

③ 平面图形的画法。

2. 基本原理

(1) 正投影原理

①简单图形的正投影(点、线、面、体的投影);②简单图形交线的投影(直线与平面相交、平面与平面相交、平面与立体相交、立体与立体相交);③组合体的投影(三视图表达原理、组合体中各简单图形之间的连接关系及其交线的表达方法、尺寸标注规定)。

(2) 轴测(投影)原理

①轴测投影的概念;②正等轴测图的画法与尺寸标注;③斜二轴测图的画法与尺寸标注。

3. 基本方法

(1) 机件的各种表达方法

①视图;②剖视图;③断面图;④其他方法(局部放大、局部剖视等)。

(2) 标准件与常用件的表达方法

①螺纹和螺纹紧固件;②键;③销;④滚动轴承;⑤弹簧;⑥齿轮。

(3) 零件工作图的表达方法

①零件图的作用和内容;②零件图表达方案的选择;③零件图的尺寸标注;④零件的工艺结构;⑤零件的技术要求;⑥零件的测绘;⑦零件图的画法。

(4) 装配图的表达方法

①装配图的内容;②装配图的尺寸标注;③装配图的编号与明细栏;④装配图的画法;⑤由装配图拆画零件图。

(5) 图的阅读

①读装配图的方法与步骤;②读零件图的方法与步骤(注意两类图对照着读)。

4. 计算机绘图技术

(1) 计算机绘图概述

①计算机绘图系统的构成及其输入、输出设备;②绘图支持软件。

(2) 二维图形的计算机绘制

①简单图形库;②二维图形的编辑;③图形的显示与精确绘制;④图层、线型、线宽和颜色的设置;⑤文字的设置与输入;⑥尺寸标注。

(3) 三维图形计算机绘制

①三维造型概述;②草图的创建;③草图的编辑;④零件三维模型的创建;⑤三维装配设计;⑥工程图(也称施工图)。

5. 在机电系统中的应用

(1) 在概念设计阶段,绘制机电产品方案草图和造型草图。

(2) 在详细设计阶段:

① 绘制机电产品的造型图,注意各部分布局合理、协调。

② 绘制机电产品的施工图,包括总装图、部件图和零件图。

4.2.6 工程力学模块

从本节开始,介绍广义执行子系统的设计理论、技术和方法。工程力学模块是机械设计模块和机械制造模块的基础,所以我们先介绍它。

具体来说,在机电一体化系统(产品)设计中,需对广义执行子系统中的机构及其中的零件进行运动分析、动力分析和工作能力分析,工程力学就是作上述3种分析的理论基础。运动分析和动力分析主要依据物理学中的牛顿定律和能量原理,只不过要切合工程实际。工作能力分析主要对广义执行子系统中的机构及其零件进行强度、刚度、稳定和振动分析,考虑构件弹性变形的受力行为,在物理学中没有学过,这里将从头讲起。

该模块开设两门课程,一门为刚体力学——"理论力学";另一门为弹性力学——"弹性力学与有限元解法"。"理论力学"主要介绍广义执行子系统及其零件的运动分析和动力分析;"弹性力学与有限元解法"主要介绍广义执行子系统及其零件的工作能力分析。

在介绍课程的核心内容之前,先解释两个概念,以利于同学们今后的学习。一个概念是模型化,另一个概念是刚体与弹性体。

- 模型化:对所有的工程系统进行分析计算都是基于"模型"的,这一点在前面已反复说明了。在此要强调的是,对系统的模型化是全面的,例如,对于广义执行子系统,其中的"物"(机构或零件)、"约束"(连接或边界)、"输入"、"输出"(力或位移)、"运动形式"(移动或振动)、"参照物"(坐标系)等都要模型化。当然,电路、电磁场、热场、流体场等也都有自己的模型。

- 刚体与弹性体:为了便于分析计算,在"工程力学"和"机械设计"两个模块中,对物体的机械特性做了如下假设。在"理论力学"和"机械原理"两门课中,假设物体为"刚体",即它受力后本身不发生弹性变形;而在"弹性力学有限元解法"和"机械设计"两门课中又恢复了物体的本来面貌,认为它是"弹性体"。对于上述假设可作如下理解,当物体受外力以后,它在产生一个宏观大位移的同时,产生一个微小的弹性变形(微观小位移),为了方便分析,我们将它的实际位移分解为宏观大位移和微观小位移。这样,在计算宏观大位移时就可以不考虑物体的弹性变形,视物体为刚体;而在计算物体的微小弹性变形时,将它视为弹性体。需要注意,在上述两类计算中,物体、外力与约束的模型要完全一样。

从本专业的角度讲,工程力学是本专业非常重要的基础理论课,教师应当从 4 个层次讲透它。这 4 个层次是基本概念与基本理论、基本方法、典型物理模型(即力学模型)和工程应用,切忌罗列数学公式。学生应当学好它,切实理解每一个原理的内涵(物理意义),并能利用这些力学原理给实际工程问题建立力学模型和数学模型,进而求解数学模型,对解进行物理解释,以解决实际问题,切忌仅背公式。

1. 理论力学

"理论力学"是机械电子工程专业的重要基础课,它的核心内容是如何"建立"工程系统的物理、数学模型并求解,以正确地对广义执行子系统进行运动分析和动力分析,进而设计出好产品。关于如何建立物理/数学模型,在前面介绍钢球弹簧系统的物理/数学模型时已讲过(图 4-3),但由于建立物理/数学模型太重要了,它是一切分析计算的基础,所以在这里特别强调几点,希望对同学们学习本系统的课程有所帮助:第一,画"系统简图"是借鉴已有的工程实例的简图进行的,因此,要熟记并理解已有工程系统(如机构或零件)中各元素的典型模型(包括物体、运动形式、所受力、边界条件、参考坐标),已有的工程系统的典型模型已总结到书中例题或习题中;第二,建立物理(力学)模型的依据是"基本概念";第三,建立数学模型的依据是"基本原理";第四,求解数学模型的方法是微分方程或代数方程的解法;第五,对解答的解释是专业知识的应用。下面介绍本课程的知识要点。

(1) 静力学(研究物体的静力平衡条件)

① 基本概念：质点、刚体、桁架、力、力偶、力矩、力系、约束、约束反力、重心、弹性力、滑动摩擦、滑动摩擦力、摩擦角、自锁、滚动摩擦、滚动摩阻、虚位移、虚功。

② 基本原理：静力学公理、静力平衡条件和静力平衡方程式(平面、空间、有摩擦力3种)、虚位移原理。

③ 基本方法：矢量法(力系简化、合成)、解析法(矢量坐标投影)。

④ 物理模型。

a. 物体的模型：质点、刚体、桁架。

b. 力(力偶)的模型：力、力偶、力系(平面力系、空间力系)。

c. 约束模型及约束反力：柔索、链条或皮带(单向位移约束、沿约束方向的拉力)，刚性杆(双向位移约束，沿杆方向的拉力或压力)，具有光滑表面的接触(单向位移约束，约束反力作用于接触点，且垂直于光滑表面)，平面铰链(双向位移约束，沿两个坐标方向，可拉、可压)，球铰(三向位移约束，沿3个坐标轴方向，可拉、可压)，两块光滑平板(三向约束，一个位移约束，有垂直于光滑平面的约束反力；两个转动约束，有绕平面内互相垂直的两个轴的转动约束力矩)，导轨(5个方向约束，两个互相垂直坐标轴方向的位移约束和与它们对应的反作用力，绕3个互相垂直坐标轴的转动约束和与它们对应的反力矩)。

d. 参考系模型：直角坐标、广义坐标。

⑤ 基本运算：矢量运算(矢量加减法、矢量投影)、标量运算(代数运算)。

⑥ 解决实际问题的步骤。

a. 选原理：根据问题难易选静力平衡条件(较易)或虚位移原理(较难)。

b. 建立物理模型并求解。

- 选静力平衡条件：取分离体(物体模型)，选直角坐标(参考系模型)，画受力图(主动力模型、解除约束后的约束力模型)，建立平衡方程式(矢量法，力向一点简化；解析法，力在坐标轴上投影)，运算求解(矢量法，矢量运算；解析法，标量运算)。

- 选虚位移原理：取物体模型(一般为整体)，选广义坐标(参考系模型)，画受力图(只画主动力模型，不解除约束，无约束反力)，建立虚功方程运算求解(标量运算)。

⑦ 已有典型工程模型：书中的许多例题、习题都是典型的工程应用模型。

(2) 运动学(研究物体运动的几何性质，如运动轨迹方程、速度、加速度)

① 基本概念：平动、线位移、转动、角位移、线速度、角速度、线加速度、角加速度、切向加速度、法向加速度、哥氏加速度、复合运动、平面运动、空间运动。

② 基本原理：运动学方程(根据已知运动轨迹和几何关系来建立)、速度合成定理、加速度合成定理。

③ 基本方法：矢量法、解析法、自然法。

④ 物理模型。

a. 物体模型：与静力学相同。

b. 运动形式模型：质点运动(只移动，不转动)、刚体平动、刚体绕定轴转动、刚体平面运动、刚体绕定点转动、自由刚体运动、冲击与碰撞、振动、相对运动。

c. 参考系模型：直角坐标、柱坐标、球坐标、自然坐标。

⑤ 基本运算:矢量运算(矢量加减法、矢量点积、矢量叉积、矢量微分)、微积分运算、坐标变换(动坐标与静坐标间的变换、直角坐标与其他各类坐标间的变换)。

⑥ 解决实际问题的步骤。

a. 建立物理模型:将实际问题加以抽象,与上面讲的已有模型进行对照,建立该实际问题的物理模型、运动形式模型(根据具体问题选质点、平面或空间模型)和参考系模型。

b. 建立运动学方程:根据物体的已知运动轨迹,给出位移随时间变化的函数关系式,此即运动方程。

c. 求速度与加速度:利用速度合成定理和加速度合成定理选择合适的方法(基点法、瞬心法或速度投影法)求解。

(3) 动力学(研究物体机械运动与作用力和能量之间关系的科学)

① 基本概念:惯性力、广义力、动量、冲量、动量矩、碰撞、撞击、恢复系数、撞击中心、功、能、动能、势能、功率、机械效率、临界转速、隔振、自由度、质量、转动惯量。

② 基本原理:力作用与传递原理(惯性定律、牛顿第二定律、作用与反作用定律、达朗贝尔原理)、动量作用与传递原理(动量定理、动量矩定理、质心运动定理)、能量转换与传递原理(能量守恒定律、动能定理、动力学普遍方程、第二类拉格朗日方程、第一类拉格朗日方程、哈密尔顿原理)。

③ 基本方法:矢量法、解析法、自然法。

④ 物理模型:物体的模型、力的模型、约束及其反力的模型与静力学相同;运动形式模型、参考系模型与运动学相同。

⑤ 基本运算:与运动学相同,另外加上变分运算。

⑥ 解决实际问题的步骤:

a. 首先根据实际问题的复杂程度和受力情况,初步确定用三类基本原理中的哪一类基本原理去求解;

b. 根据初步确定的基本原理确定"物理模型"(物体模型、主动力模型、约束及其反力模型、参考系模型、运动形式模型等);

c. 建立相应的数学模型(数学方程式),这一步请看前面介绍的给"钢球弹簧系统"建立物理/数学模型的方法;

d. 对所得解答进行分析,并给出合理的物理解释,看它们是否满足设计要求。

⑦ 已有的典型工程模型:书中的例题与习题都是已有的典型工程模型。

(4) 在机电系统中的应用

理论力学的基本原理在产品(系统)设计的概念设计阶段(制订总体方案)和详细设计阶段都要用到,具体应用如下。

① 选择驱动装置。

在选择驱动装置的过程中,与理论力学有关的指标是输出功率〔包括转数与输出力(矩)〕,所依据的原理是功能转换原理和能量守恒定律。选择功率的思路是驱动装置所输出的功率应等于负载功率与传动系统所消耗的功率之和;同时还要考虑过载或功耗波动余量和机械传动效率的影响。具体选择方法将在"机械设计"课程中介绍。(这里强调的是能量原理的应用。)

② 控制物体的运动状态。

物体的运动状态是随其所受外力的变化而改变的；而力对运动的影响始终遵循三大基本原理（即力作用与传递原理、动量作用与传递原理和能量转换与传递原理），在这三大基本原理中可将力视为输入，将位移（速度、加速度）视为输出，可通过改变输入的力（力矩）的大小与方向改变被控物体的运动状态（如控制机械手运动）。

③ 对广义执行子系统进行运动、动力分析。

a. 运动分析。

一般情况下，执行机构的运动轨迹（位移）和运动速度是已知的，所以可以依次从执行机构到传动机构再到驱动装置对它们进行运动分析，计算每个构件的位移、速度和加速度（包括移动和转动），以备下面分析计算之应用。

- 检查构件间是否有干扰。

由上面计算出的每个构件的位移（尤其是控制点的）检查各构件之间是否有干扰现象。

- 找出最不利工况。

最不利工况是指广义执行子系统或其中的构件在运动过程中处于受力最大、变形最大或振动最厉害的工作状况。最不利工况与负载、系统内的机构在运动过程中所呈现的几何拓扑形状和受力分析的目的（如一般受力分析还是振动分析）有关。通常最不利工况不止一个，需要进行分析比较。

b. 受力分析。

在最不利工况下对每个机构都要进行受力分析〔取机构或其零件作为物体模型，画上主动力、惯性力和构件间的相互作用力（未知力），利用达朗贝尔原理建立瞬时平衡方程式并求解未知力〕，将所得结果保存起来，以备应用弹性理论对构件进行工作能力分析时使用。

④ 为整个广义执行子系统建立传递函数。

在自动控制系统中，被控对象就是广义执行子系统，其输入是控制驱动装置动作的信号，一般是电信号，而输出一般是位移和速度，因此它是一个机电参数混合的系统（即在同一个微分方程中既有电参数，又有机参数），该系统的传递函数将在"电力拖动与控制"课程中介绍。而其中的机械参数是一个假想的、简单的"虚拟机械系统"的物理参数（如转动惯量），该参数是由广义执行子系统中每个机构的物理参数换算而得的，这个换算的理论依据是能量守恒定律，即"虚拟机械系统"所具有的动能应当等于系统传动链中每个机构所具有的动能的总和。（这里强调的是能量传递过程中的能量守恒定律。）

2. 弹性力学与有限元解法

"弹性力学与有限元解法"是机械电子工程专业的一门非常重要的基础课。它是由"材料力学"、"弹性力学"与"有限元法"合并而成的。

＊＊过去机电类专业只开设"材料力学"课，现在建议开设"弹性力学与有限元解法"，并建议新编一本教材。编写《弹性力学与有限元解法》的指导思想是：弹性力学（包括材料力学）中的概念与理论部分照讲，只是在计算方法上多采用有限元解法（即基于"能量原理"用"位移法"求解，而不是用基于"力作用原理"的"力法"）。这样既可以省出讲"力法"的时间去讲基本原理，又可以让学生掌握现代的计算方法，适应毕业后工作的要求。

本课程的主要任务是，介绍如何建立弹性体的物理/数学模型来分析计算在广义执行子系统运动过程中，其系统和零件由于弹性变形所产生的微观小位移和内应力的分布状况，以求得它们的"工作能力";同时还要确定评判它们"工作能力的准则",以评价其工作能力是否满足要求。确定了广义执行子系统的工作能力及其评判准则以后,就可以完成以下 3 个任务:其一,对已给定的系统、机构、零件的几何形状、尺寸和材质进行校核,看它们是否满足系统工作能力的要求;其二,根据系统工作能力的要求,设计系统、机构、零件的几何形状、尺寸和材质;其三,在广义执行子系统概念设计阶段用弹性力学中的理论指导构思总体方案。

"弹性力学与有限元解法"的知识要点如下。

(1) 基本概念

杆、梁、桁架、刚架、平面(平面应力问题、平面应变问题)、板、壳、块体,内力、拉力、压力、剪力、扭矩、弯矩、应力(正应力、剪应力)、应变(正应变、剪应变),弹性内能(应变能),应力状态、应变状态,物理方程(胡克定律、广义胡克定律),强度、强度条件、许用应力、刚度、刚度条件、允许位移、允许转角,强度理论、断裂、屈服,弹性稳定、失稳,静定、超静定、力法、位移法、位移连续条件,单元位移(插值)函数、节点、刚度矩阵、质量矩阵、阻尼矩阵、荷载列阵、刚度集成法。

(2) 基本原理

① 力作用原理:惯性定律、牛顿第二定律、作用-反作用定律、达朗贝尔原理、圣维南原理。

② 能量原理:最小势能原理、最小余能原理、虚位移原理、功互等定理、虚功等效定理。

③ 材料的力学性质定律:胡克定律(单向、平面、空间)。

④ 强度理论:第一强度理论、第二强度理论、第三强度理论、第四强度理论。

(3) 基本方法

力法、位移法。

(4) 物理模型

① 物体模型:杆、梁、桁架、刚架、平面问题(平面应力、平面应变)、薄板、薄壳、块体。

② 力与应力模型:外力(集中力、分布力、力矩、扭矩),内力(轴力、剪力、弯矩、扭矩),应力(正应力、剪应力)、相当应力,应力分布规律〔杆与平面问题横截面上拉压正应力均匀分布,轴(杆)横截面上剪应力线性分布,梁与板横截面上弯曲正应力线性分布,刚架横截面上应力分布为杆、梁组合,薄壳横截面上应力分布为平面问题与板的组合〕。

③ 约束及其反力模型:

a. 固定边界(限制边界处所有位移与转角);

b. 简支边界(限制边界处所有位移与两个转角);

c. 自由边界(所有位移、转角都不限制)。

④ 物体材料性质模型:线性弹性材料、非线性材料。

⑤ 物体变形模型:伸长、缩短、弯曲、扭转、剪切。复杂变形由这些典型变形叠加(组合)而成,条件是都为微小变形(线弹性范围内,物理非线性除外)。另外,还有大变形(几何非线性),其不能应用叠加原理。

⑥ 参考系模型:直角坐标、曲线坐标。

(5) 基本运算

代数运算、几何运算、微积分运算、变分运算。

(6) 工作能力评判准则

① 强度准则:$\sigma \leqslant [\sigma]$。$\sigma$ 为工作应力,$[\sigma]$ 为许用应力。

② 刚度准则：$\delta \leqslant [\delta]$ 或 $\theta \leqslant [\theta]$。$\delta 、 \theta$ 为工作值，$[\delta] 、 [\theta]$ 为许用值。
③ 抗振判据：$\omega \neq \omega_n$。ω 为工作频率，ω_n 为系统固有频率。
④ 失稳判据：$P_{l_j}/P < n_w$。p_{l_j} 为构件临界力，P 为外工作力，n_w 为安全系数。

(7) 求解各类物理模型的思路

① 求杆、梁横截面上内力用的是力作用原理。与静力学相似，不过取的"分离体"为杆、梁的一段微元，由外力（主动力）与内力平衡求出杆、梁横截面上的内力，再由横截面上的应力分布规律模型求出应力。

② 求平面问题和板横截面上的内力用的是能量原理和有限元法。该方法是将平面或板用网格分成单元，以节点位移的插值函数描述单元的变形，进而求得单元能量，再利用能量原理求出单元节点上的位移，并求出单元内各点的弹性变形（位移或应变），由胡克定律求出各点内力或应力。利用有限元法处理边界条件很方便，可以求解各类工程问题。

③ 求刚架和薄壳横截面内力也很方便。对线性问题，根据叠加原理将杆、梁单元组成刚架单元，将平面单元与板单元组成壳单元，再按有限元法的求解步骤求解。

④ 求块体应力与变形也容易，只要求出块体的单元刚度矩阵，再用有限元法求解即可。

这样我们就可以用有限元法分析计算任何形状和材质的机构或构件的工作能力（强度、刚度、振动与稳定校核）了。

(8) 已有典型工程实例

见书中例题或习题。

(9) 在机电系统中的应用

弹性力学的基本理论不仅应用于产品（系统）设计的概念设计（制订总体方案）阶段和详细设计阶段，还应用于运行维护过程中。

① 构件工作能力分析：构件的工作能力要从强度、刚度、振动、稳定 4 个方面分析。在机电产品的设计中有两个方面的应用，一个是先由产品（系统）的结构要求确定各构件的几何形状、尺寸和材质，再校核它们是否满足强度、刚度、振动、稳定条件的限制；另一个是直接根据产品（系统）的需求，依强度、刚度、振动、稳定条件的要求设计产品及其构件的几何形状、尺寸和材质。需要注意几个问题。

a. 要选对物理模型：物理模型有杆、梁、轴、桁架、刚架、平面、薄板、壳和块体，它们是由构件的几何形状、尺寸和变形状态（受力状况）决定的。例如，杆、梁、轴的几何形状都是细长杆，只是由于它们受力不同、变形不同而取三类不同的物理模型。

b. 要会选用评判准则：对于强度、刚度、振动、稳定四类评判准则，根据构件几何特性和受力状况的不同又细分了许多不同的具体条款，在处理具体问题时，一定要注意选用。

(a) 强度准则的选择。

• 注意区分物理线性与非线性。一般情况下，机电产品总是要求其变形极小（眼睛几乎觉察不到），所以应当用物理线性模型。但有些构件是经过塑性变形后制成的（如绕制弹簧），在设计这类构件时，应按物理非线性模型去计算。

• 注意区分静荷载（加载时很慢，无加速度）与动载荷（加载时很快，有加速度）。本书中讲的强度条件一般是针对静荷载的，其强度条件中的"许用应力"是由静载拉压实验的极限应力决定的，当然工作应力也应当是在静载下产生的。对于动载构件（如旋转构件、受冲击、碰撞构件、振动构件等），采用把静载应力加大（乘以一个大于 1 的动荷系数）的办法与静载实验的极限应力作比较。
- 注意是否为复杂应力状态。当构件中某些点处既有正应力又有剪应力时就属于复杂应力状态(如压弯组合、弯扭组合变形等)。在这种状态下建立强度条件时要用相当应力与许用应力作比较。这是因为对材料进行力学实验时只能做单向拉压实验(双向或三向受力实验中力之间的比例是无限的,无法实现),所以许用应力只能用单向拉压极限应力。而在复杂应力状态下,一点处的主应力可能有两个或三个(都是互相垂直的),故必须借助于强度理论求出一个单向的"相当应力"并将其与单向拉压实验得到的许用应力作比较。求相当应力的思路是:首先找出系统(产品)在运行过程中的最不利工况;其次在最不利工况下分析构件内的危险点(应力最大的点),计算危险点处的正应力与剪应力;再次应用应力状态理论计算出该点处的主应力(1~3个);最后根据强度理论求出该点的相当应力。对于塑性材料,应用第三强度理论(最大剪应力理论)和第四强度理论(歪形能理论);对于脆性材料,应用第一强度理论(最大拉应力理论)。莫尔理论对于两类材料均可应用。
- 注意是否为交变应力。像旋转轴、弹簧等构件都是承受交变应力的。对于受交变应力的构件,其强度条件是重新建立的,其中的极限应力是由材料的疲劳实验测得的,而强度条件考虑的因素太多,表达式很复杂,在"机械设计"课程中详细介绍。在此只要记住千万不要用静载公式,也不要用动荷公式,交变应力有专门的公式。
- 注意对应力流线的分析。构件受力后力在构件内的传递是以"应力流"的方式进行的,就像水在河中流一样,应力同样具有流线,这个流线的方向(切线方向)就是主应力方向。流线及其方向可根据应力状态理论算出,也可由实验(光弹性实验)得到。构件若有孔或小裂纹,流线会绕过去,就像河水遇到桥墩一样,这样孔或裂纹旁的流线就变密,说明应力增大,出现了"应力集中"现象,此处很容易发生断裂,所以设计时应尽量避免孔洞和台阶尖角。另外,在设计钢筋混凝土结构时,钢筋应沿拉应力线布置,以使其更好地承载。薄板或薄管会沿压应力线产生皱褶现象,设计时可沿压应力线方向加肋条,避免局部失稳而皱褶。

(b) 刚度准则的选择。
- 注意是限制位移还是限制转角(或扭角)。对于一般的梁,是限制位移,如车间内的桥式吊车的梁,是限制其中点的挠度。对于一般的轴,是限制轴线方向转角,如机床的轴,安装轴承的轴颈处和安装齿轮的位置都必须限制转角,以保证加工精度,减小振动和噪声。而对于像图 2-2 所示的龙门架,则既要限制上梁中点的挠度,又要限制门肩处的转角。
- 注意静载还是动载。若是动载,则在求变形时要加惯性力或动荷系数。

(c) 对振动的分析:机电产品(系统)多由金属材料制成,工作时肯定有振动,在设计时要注意产品对振动的要求(即减振、激振或传递信号)。
- 减振。一般的机电产品都要求振动特别微小、平稳(振动稳定性)、无噪声。减振方法有 3 种:其一,设计时使外加力的频率远离系统(产品)的固有频率;其二,增加阻尼以吸收振动能量;其三,朝振型反方向加干扰力抑制其振动(叫作主动控振)。
- 激振。有些机电产品(系统)是利用振动工作的。这时就要利用激振原理(外力的频率逼近或等于系统的固有频率)使系统工作在某一固有频率附近,从而使系统以该频率振动完成它的工作,如振动运输机、振动台、振动打桩机、振动清砂机等。
- 传递信号。在机电一体化系统内,广义执行子系统不仅要传递能量(力)完成工作,而且作为被控对象还要传递运动信号(位移、速度等),所以在对自动控制系统进行分析时,需要建立广义执行子系统的传递函数。在理论力学中已建立过传递函数,但没有考虑构件的弹性影响。在这里应当利用系统的振动(运动)方程(输入为驱动力,输出为位移或速度)和电动机的动力学方程〔输入为电压(是控制信号),输出为电机给广义执行子系统的驱动力〕建立传递函数。注意,因为系统在运动中,作为振动系统,此时广义执行子系统的位姿应当是运动到发出控制信号那一刻的。

(d) 稳定评判条件:失稳是受压杆在它承受的压应力远远小于它的许用应力时突然发生弯曲的现象。失稳只发生在受压构件中,受压构件的强度一般由是否失稳来判定。评判指标是构件能承受的力(叫作临界力)而不是应力。构件的力学模型不同,其评判条件不同,需要注意以下两点。

- 对于杆件模型,分细长杆、中长杆和短杆3个不同的评判条件。
- 对于桁架、刚架、平板、薄壳类模型,存在整体失稳和局部失稳之分,要选择其所对应的条件。

② 产品在使用中应注意的问题:在广义执行子系统正常运行时,要特别注意应力松弛、蠕变和疲劳断裂状况,必须经常检修,避免发生事故。

a. 松弛:我们知道,调准的琴弦过了较长一段时间后就松了,再弹时音调已不准。这种现象在拉紧的金属材料中也存在,称为应力松弛。它的特点是构件长度没变,而应力变小了。例如,通信铁塔的固定拉线、法兰盘的固定螺栓、紧配合上的轮毂都会产生应力松弛现象。对这类构件要定期检查,发现松动及时紧固。

b. 蠕变:对于在高温下受到恒定轴向荷载作用的构件,其变形将随着时间的延长而慢慢增加,这种现象叫作蠕变。因此,对长期工作在高温下的热机构件,要定期检查(如燃气轮机的叶片),看它们是否变长了,以防止刮碰。

c. 断裂:由于应力集中的作用,交变应力作用下的构件、在加工过程中不慎造成微细裂纹(如热处理或酸腐蚀)的构件或高强材料制成的在低温下工作的构件在突发力的作用下会突然断裂,毫无预兆。例如,车轴、减振弹簧等经常会出现这种断裂现象,必须经常检查(可用探伤仪或锤击),以免造成事故。

4.2.7 机械设计模块

有了工程图学和工程力学的基础以后,就可以学习机械设计的知识了。机械设计模块的基本理论和基本技术既能指导我们进行概念设计,又是我们进行详细设计的依据。在广义执行子系统的设计中,机械设计模块不仅指导我们设计原理图,还指导我们绘制施工图。

由图3-3可知,广义执行子系统的方案设计分为6个步骤,即功能原理方案设计、运动规律设计、机构型式设计、执行系统协调设计、机构尺寸及选材设计、驱动装置选择。这6个步骤就是由机械设计模块完成的。可以说,本模块是各种机械设计的理论基础与技术基础。

这6个步骤所包含的内容有:选什么样的驱动装置,配什么样的机构,来实现功能方案。因此,对于常用的驱动装置,应当开设"电力拖动与控制""流体传动与控制"两门课。因为"电力拖动与控制"属电类课,可归到"电工电路"模块中。对于机构的设计问题,一般开设两门课:一门为"机械原理"及其实践课"机械原理课程设计";另一门为"机械设计"及其实践课"机械设计课程设计"。在学习"机械原理"和"机械设计"两门课时,应注意3点:其一,讲的是机械设计的一般原理,不涉及任何具体用途的机器〔有具体用途的机器是不同类机械专业

(如汽车、火车、飞机、印刷、纺织、包装、物流)的专业课内容〕;其二,构思总体方案主要是"机械原理"的任务,而具体给出方案主要是"机械设计"的任务;其三,"机械原理"给出的机构模型是抽象的,以揭示机构的构成及其运动原理,不涉及其形状、尺寸和材质,而"机械设计"是将上面给出的机构模型具体化,给出了机构及其所包含零件的几何形状、尺寸和材料(这两门课给出的机构和零件的模型就是"理论力学"和"弹性力学与有限元解法"中的"系统简图"模型)。

下面分别介绍"机械原理"、"机械设计"和"流体传动与控制"三门课的核心内容。

1. 机械原理

"机械原理"是机械电子工程专业中研究机械原理性问题的一门主干专业技术基础课,它的任务是确定功能原理方案的机构与驱动装置,以便给出总体方案。在上述6个设计步骤中,除了机构尺寸及选材设计外,其他5个步骤的问题基本由本课程解决。下面介绍学生应当掌握的机构学和机构运动分析、动力分析的基本概念、基本原理和基本技能。本课程的知识要点如下。

(1) 基本概念

构件、运动副、运动链、机构、自由度、机构组成、机构运动简图、连杆、凸轮、齿轮、机械速度波动、飞轮、机械的动平衡。

(2) 基本原理

机构组成原理、三心定理、反转法、罗伯特定理、齿廓啮合基本定律;运动分析与动力分析的基本原理与理论力学相同(先修课为理论力学)。

(3) 基本方法

解析法、图解法、软件专家系统、实验法。

(4) 物理模型

与理论力学相同(先修课为理论力学)。

① 典型机构模型:连杆机构(平面、空间)、凸轮机构(盘式、圆柱式)、齿轮机构(齿轮、不完全齿轮、非圆齿轮、尺条、蜗杆)、棘轮机构、槽轮机构、螺旋机构(丝杠、滚珠丝杠)、万向节(单万向节、双万向节)。

② 典型运动副模型:空间点高副、空间线高副、球面副、平面副、球销副、圆柱副、平面高副、转动(回转)副、移动副(棱柱副)、螺旋副。

③ 物体(构件)模型、力模型、运动形式模型、参考系模型都与理论力学相同;约束与约束反力模型由运动副模型确定。

(5) 基本运算

与理论力学相同。

(6) 基本技能

① 根据功能模块的功能需求确定执行机构、传动机构的形式(在典型机构模型中选择或自己构建)和驱动装置的类型。

② 根据理论力学中的运动学原理对所确定的机构进行运动分析,解决两个问题:其一,由运动轨迹求运动方程式,再由运动方程式求速度与加速度,以控制机构的运动速度和加速度,避免惯性冲击力太大;其二,对相关的机构(或构件)关键点的运动轨迹进行检查,避免机构间的空间干扰。

③ 依理论力学中的动力学原理对所确定的机构进行动力分析,解决 3 个问题:其一,由动力分析确定整个机构(广义执行子系统)的最不利工况(受力最大、耗能最多的工作状况),以备选取驱动装置和对机构进行工作能力校核时使用;其二,按照最不利工况根据能量守恒定律,由负荷(工作对象)所需功率和执行机构、传动机构所消耗的功率之总和求出驱动装置所需的输出功率;其三,根据力作用原理和能量定理由上面求出的负载和驱动装置的功率(速度),求出执行机构和传动机构中每个构件的受力情况,以备校核构件工作能力时使用。

④ 能绘制机构运动简图。

⑤ 掌握常用机构的设计计算方法。

a. 掌握一般平面机构的组成、自由度计算。

b. 重点了解和掌握平面连杆机构、凸轮机构、齿轮机构等最常用机构的分析与综合方法。

• 掌握速度瞬心概念及其求法、瞬心在平面机构速度分析中的应用、用图解法和解析法进行机构的速度和加速度分析。

• 掌握运动副中摩擦的计算、考虑摩擦时机构的受力分析、机械的效率的计算、机械的静力分析、动力分析、机械的自锁的计算。

• 对连杆机构,了解平面四杆机构的类型、应用及传动特点,掌握设计平面四杆机构的方法。

• 对于凸轮机构,了解凸轮机构的应用和分类、推杆的运动规律及其特点,能够进行凸轮轮廓曲线的设计,确定凸轮机构的基本尺寸。

• 对于齿轮机构,掌握渐开线的形成及特性、渐开线齿廓的啮合特点及计算、标准齿轮参数及啮合的计算;了解齿轮加工方法,根切、变位;了解斜齿轮端面、法面参数的意义及其计算;了解蜗杆传动、锥齿轮传动及其计算;对于轮系,掌握定轴轮系、周转轮系、复合轮系的传动比计算;了解行星轮系的效率特点及设计的基本知识。

• 对其他常用机构有所了解,例如,了解棘轮机构、槽轮机构、不完全齿轮机构、非圆齿轮机构、螺旋机构、万向节、组合机构等机构的特点及应用。

c. 了解机器的速度波动及调节方法,会计算飞轮矩。

d. 掌握转子静平衡、动平衡的方法及其配重的计算,了解四杆机构的常用平衡方法。

⑥ 初步掌握机械运动参数的测量方法、机械效率的测定方法、齿轮范成法和动平衡测量方法等。

⑦ 能将执行机构、传动机构的质量或转动惯量折算到电动机主轴或液(气)压缸活塞杆上,以备建立驱动装置的运动(拖动)方程时使用。

⑧ 能对已有的机构进行测绘、拆、装。

(7) 在机电系统中的应用

① 用于概念设计阶段。

a. 对执行子系统进行功能原理设计和运动规律设计,这两者是反复进行的,具体做法如下:首先根据产品的功能需求,确定实现其功能的原理及工艺流程,并根据工艺流程和运动学原理将工作对象的运动分解为简单动作(移动或转动)的组合(分解方案和组合方案都不止一个);然后根据不同的驱动原理(电动、液动、气动、微动等)和不同机构的运动特性构思多个执行系统方案,并画出运动简图。

b. 对传动系统进行选型和总体布置设计。如果在驱动装置和执行系统间需要传动系统,则要进行传动系统设计,具体做法是:选择传动机构类型(如摩擦、带、链、齿轮、蜗杆、螺旋等传动),使其与驱动装置和执行系统相匹配,同时还要考虑传动系统的总体布置(串联、并联、混联),并给出运动简图。传动系统的方案也不止一个。

c. 给出最终总体方案。将上述执行系统的多个备用方案和传动系统的多个备用方案进行优化组合,确定广义执行子系统的最终方案。

② 用于详细设计阶段。

a. 求出驱动装置所需的输出功率和输出力(矩),以备选用驱动装置时使用。

b. 求出各构件的受力状况,以备进行工作能力校核时使用。

2. 机械设计

"机械设计"是机械电子工程专业中研究机械设计问题的一门重要的专业技术基础课,它介绍的是机械设计的通用知识,它的任务是:将根据机械原理构思的广义执行子系统的总体方案具体化、细化,包括详细设计执行机构和传动机构,并最终确定驱动装置。在各类机构的设计过程中,主要是将机构拆成零件,对每个零件首先进行结构设计(给出几何形状、尺寸和材质),然后进行工作能力校核,最后根据"国标"和"机械设计手册"给出总装图、部件图和零件图,以备加工和组装时使用。下面介绍机械设计的基本概念、基本原理(或准则)、基本方法、基本技能。本课程的知识要点如下。

(1) 基本概念

机械零件(在机械原理中叫作构件)、零件结构、零件强度(屈服强度、断裂强度、疲劳强度、体积强度、表面强度、静强度)、刚度、柔度、摩擦、磨损、润滑、寿命、可靠性、安全性、经济性、热平衡、冲击(振动)、稳定性、等强度、强度条件、许用应力、安全系数、刚度条件、零件工艺性、预应力、零件失效。

(2) 基本原理与准则

① 机械零件工作能力设计的基本准则〔强度准则、刚度准则、稳定性准则(控振性)、耐热性准则、可靠性准则、工艺性准则〕。

② 机械零件结构设计的基本原则(任务分配原则、自助原则、力与变形原则、可制造原则)。

③ 机构零件设计选材原则(性能选材法、成本选材法)

④ 摩擦学设计(磨损及其控制,润滑及润滑设计)

⑤ 模块化、标准化原则(部件模块化,常用件标准化、系列化)。

⑥ 进行工作能力设计:所用力学原理与"理论力学"和"弹性力学与有限元解法"相同。

(3) 基本方法

与"理论力学"和"弹性力学与有限元解法"相同。

(4) 物理模型

与"理论力学"、"弹性力学与有限元解法"和"机械原理"相同。

(5) 基本技能

① 掌握机械零件工作能力设计的一般准则(按照六项基本准则去做)。

② 掌握机械零件结构设计的一般原则(按照四项基本原则去做)。

③ 掌握机械零件选材方法(按照两种方法去做)。

④ 掌握机械的润滑设计原则(按照两个原则去做)。

⑤ 掌握典型机械零件的设计方法(学会建立零件的物理/数学模型和计算方法)。

  a. 连接设计:螺纹连接、键和花键连接、过盈连接。

  b. 传动设计:螺旋传动、带传动、链传动、齿轮传动、蜗杆传动。

  c. 支承设计:轴、滚动轴承、滑动轴承(包括润滑设计)、框架或箱体设计。

  d. 联轴器、离合器、制动器的选用或设计。

  e. 弹簧的设计。

⑥ 掌握某些典型机械零件的结构设计方法(尺寸变换、形状变换、数量变换、位置变换、顺序变换)。

  a. 连杆类零件的结构设计。

  b. 轴类和轮类零件的结构设计。

  c. 机架、箱体和导轨的结构设计。

⑦ 掌握机械系统方案的设计方法(功能原理方案设计、运动规律设计、机构型式设计、执行系统协调设计、机构尺寸与选材设计、驱动装置选择)。

  a. 机械执行系统方案设计。

  b. 机械传动系统方案设计。

  c. 广义执行子系统总体方案设计(6个步骤)。

⑧ 具有运用标准、规范、手册、图册等有关技术资料的能力。最后将上述设计方案变成施工图(机械零件图和装配图)。

(6) 在机电系统中的应用

① 概念设计阶段:先将机械原理中所设计的执行系统与传动系统的方案按不同的驱动原理加以组合,构成若干总体方案,然后对所有的总体方案进行分析评价选出最优者,作为最终方案,并给出运动简图(原理图)。

② 详细设计阶段:这个阶段是对上述最终方案的具体化,通过一系列的分析计算,给出施工图。

  a. 整体造型设计:在实现原理图的基础上,根据工业设计知识和人机工程知识给产品设计几个造型,并给出形状、尺寸、材料和颜色,再与用户一起确定一个造型作为最终方案。在造型设计时应考虑产品中驱动装置、传动系统、执行系统、控制系统和其他辅助系统之间的协调布置。

  b. 执行系统设计:

  • 结构设计。给出执行系统中各构件的几何形状、尺寸和材料。

  • 协调设计。解决以下问题:一是满足工艺过程动作先后顺序要求;二是满足系统循环工作的要求,确定工作循环周期并画出运动循环图;三是满足系统中各执行机构位置上的要求,保证不互相干扰;四是满足生产率要求;五是系统中的能量分配要合理。

  c. 传动系统设计:

  • 结构设计。给出传动系统中各构件的几何形状、尺寸和材料(或选用现有的传动机构)。

  • 运动和动力匹配设计。根据执行系统的负载特性和工作状况选择(设计)合适的传动系统,使驱动装置(机械特性)、传动系统、执行系统(负载动力特性)三者在动力上相匹配,以使产品有良好的工作状态。
- 传动比设计。根据执行系统的运动要求和驱动装置的运动特性,给传动系统设计合适的传动比。

d. 找出广义执行子系统中的运动传递路线和力传递路线:
- 由驱动装置经传动系统到执行系统找出力传递路线,并计算出每个构件所受的力,以便对构件进行工作能力校核。
- 由驱动装置经传动系统到执行系统找出运动传递路线,分析每个构件的运动状态(位移、速度、加速度),一方面为布置传感器做准备,另一方面为建立传递函数做准备。

e. 工作能力校核:由每个构件所受的力和运动状态,对它们进行工作能力校核(利用弹性力学原理和本课程所讲的强度、刚度条件)。

f. 建立广义执行子系统的传递函数:根据运动传递路线、力传递路线和弹性力学原理为被控对象广义执行子系统(包括驱动装置、传动系统和执行系统)建立传递函数,以备建立产品(机电一体化系统)的自动控制系统的传递函数时使用。

g. 绘制产品(系统)的总装图、部件图、零件图并编写设计说明书,交付生产。

3. 流体传动与控制

"流体传动与控制"是机械电子工程专业中介绍流体传动技术的一门专业技术基础课。它的任务是:为执行机构设计一套流体传动系统,其中包括流体传动(流动)回路的设计、动作控制路线的设计和构成系统的元件(气动元件或液压元件)的选择。对机械电子工程专业来说,虽然本课程主要介绍流体传动技术,但是为了使学生具有设计传动系统的能力,本课程还应当介绍有关流体力学的基本原理。本课程在内容安排方面应遵循以下原则:以流体力学为基础,以传动为主线,以设计系统为目的,以气压和液压回路为基本框架,以实验教学为手段,使学生掌握系统设计的技能和正确选择气动、液压元件构成传动系统回路的技能。

为了更好地掌握流体回路的设计方法,必须熟悉流体的物理/数学模型。下面我们先介绍建立流体的物理/数学模型所涉及的一些概念和原理,再介绍如何设计流体回路。

本课程的知识要点如下。

(1) 基本概念

流体、液压、气动、流体传动(气压传动、液压传动)、液压系统、气动系统、液压元件、气动元件、液压传动回路、气动回路。

(2) 基本原理

① 液体静力学:静压力基本方程、帕斯卡定律。
② 液体动力学:流量连续性方程(质量守恒)、伯努利方程(能量守恒)、动量方程。
③ 气体静力学:理想气体状态方程。
④ 空气动力学:气体流动的基本方程(连续性方程、动量方程、伯努利方程)。

(3) 基本方法

解析法、实测法。

(4) 物理模型

① 物体模型:

a. 液压油。密度均匀,不可压缩(不能有空气),有黏度,稳定流动。

b. 空气。密度均匀,可压缩(低速运动时可认为不可压缩),一般不考虑黏度(不能有湿气),稳定流动。

② 力模型:只有压力(分布压强)。

③ 约束及其反力:流体都以水头损失的形式考虑阻力影响,它们的反作用力都垂直于容器壁。

④ 材料性质模型:低速时液、气都视为不可压缩,故无弹性。

⑤ 参考系:直角坐标。

(5) 基本运算

代数、微积分。

(6) 基本技能

① 掌握液压与气动元件的工作原理、结构特点及选择方法。

a. 气压与液压传动的动力元件(空气压缩机、液压泵)。

b. 气压与液压传动的执行元件(气马达、气缸、液马达、液压缸)。

c. 气压与液压传动的控制调节元件(控制阀、方向阀、压力控制阀、流量控制阀)。

d. 辅件(蓄能器、过滤器、油箱、热交换器、压力表、气液转换器、消声器、管件、管接头、密封件)。

② 掌握液压与气动系统基本回路的性能,并能根据系统要求正确选用。

a. 方向控制回路(液:换向、锁紧、制动;气:气缸换向、马达换向)。

b. 压力控制回路(液:调压、卸载、减压、增压、平衡、保压、泄压;气:压力、力)。

c. 速度控制回路(液:调速、快速、速度换接;气:气阀调速、气液联动速度控制)。

d. 液压多执行元件控制回路(顺序动作、同步、互不干扰、多路换向阀控制)。

e. 其他气动回路(逻辑、安全保护、多位缸位置控制、同步动作、冲击气缸、真空吸附)。

③ 能正确分析和设计液压与气动系统,为广义执行子系统服务。

a. 典型液压系统分析。

b. 液压系统设计计算。

c. 典型气动系统分析。

d. 气动系统设计计算。

(7) 在机电系统中的应用

① 在概念设计阶段:供功能原理选择之用(液动或气动)。

② 在详细设计阶段:根据执行机构动作要求选择马达或缸;根据控制要求选择阀,并设计流路;选配辅助设备或元件。另外,还要为该液压系统建立传递函数。

4.2.8 机械制造模块

本模块介绍将机械施工图纸变成产品的过程。在这一过程中,首先进行机械零件加工;然后对这些零件进行质量检验,合格后,按照装配图将所有零件组装到一起,构成设计方案所要的机械,对本专业来说,就是执行系统或传动系统;最后通过机架将所选的驱动装置与组装好的传动系统和执行系统组合在一起,构成广义执行子系统,从而实现了由图纸到产品的过程。

"机械制造"所包含的内容非常多,所涉及的学科也很广,不仅要讲技术,也要讲许多基本原理;然而对于机械电子工程专业来说,机电并重,不能像纯机械类专业那样用很多学时讲机械制造,只能讲一些机械设计中必须用到的机械制造的主要内容。

同学们一定要注意,不是说机械制造不重要,是不得已而已。希望同学们在校期间能初步掌握机械制造的基本原理与技术,将来在工作中再继续深入学习,以真正能够胜任机电工程师的工作。

根据机械电子工程专业机械设计的需要,结合传统的课程设置,本模块设置三门课程,第一门是"工程材料";第二门是"机械制造基础"及其实践课"金工实习"、"机制工艺实习"和"机制工艺课程设计";第三门是"互换性与技术测量"。下面分别介绍这三门课程,它们的实践课以后再介绍。

1. 工程材料

"工程材料"是机械电子工程专业的基础课。在设计机械零件的时候要考虑该零件选用什么材料合适,在加工过程中要对材料进行处理,这些都与材料的性质有关,材料性质又与材料的结构有关。因此本课程的任务是:介绍各种工程材料的性质、处理方法和选用原则。

本课程的知识要点如下。

(1) 基本概念

工程材料(金属材料、高分子材料、陶瓷材料、纳米材料)、组织结构(晶体、非晶体)、材料特性(力学性能、物理性能、化学性能、工艺性能)、热处理、塑性加工、表面处理技术。

(2) 基本原理

① 晶体结构理论(金属的结晶、结晶在固态下的转变、合金的相结构、铁碳合金相图、利用相图对铁碳合金结晶过程的分析、碳含量对合金平衡组织和性能的影响)。

② 热处理理论(铁碳合金平衡图、钢在加热时的转变、钢在冷却时的转变、钢在回火时的转变)。

(3) 基本知识

① 工程材料。

a. 金属材料(钢、铸铁、有色金属)。

• 钢:碳素结构钢、碳素工具钢、合金结构钢、低合金结构钢、合金渗碳钢、合金调质钢、合金弹簧钢、滚珠轴承钢、合金工具钢、不锈钢、耐热钢、高温合金钢、耐磨钢、低温钢、铸钢。

• 铸铁:灰铸铁、球墨铸铁、可锻铸铁、蠕墨铸铁、合金铸铁。

• 有色金属:铝及铝合金(铸铝、防锈铝合金、硬铝合金、超硬铝合金、锻铝合金)、铜及铜合金(工业纯铜、单相黄铜、双相黄铜、铝黄铜、锰黄铜、锰铁黄铜、锡青铜、铝青铜、低铝青铜、铍青铜)。

b. 高分子材料(热塑性工程塑料、热固性工程塑料)。

• 热塑性工程塑料:聚酰胺(尼龙)、聚甲醛、聚碳酸酯、ABS塑料、聚四氯乙烯。

• 热固性工程塑料:酚醛塑料、环氧塑料。

c. 陶瓷材料(氧化铝陶瓷、氮化硅陶瓷、碳化硅陶瓷、氮化硼陶瓷、金属陶瓷)。

② 材料特性(力学性能、物理性能、化学性能、工艺性能)。

a. 力学性能:硬度指标、强度指标、塑性指标、冲击韧性指标、疲劳强度、弹性模量。

b. 物理性能:密度、熔点、热膨胀性、导电性、导热性、磁性。

c. 化学性能:抗化学作用能力和抗腐蚀能力。

d. 工艺性能：铸造性能、压力加工性能、焊接性能、机械加工切削性能、热处理性能。
③ 金属的热处理工艺(钢、铸铁、铝合金、铜合金)。
a. 钢的热处理：整体(或称常规)热处理(退火、正火、淬火、回火)、表面热处理(火焰淬火、感应加热淬火)、化学热处理(渗碳、碳氮共渗、渗氮)。
b. 铸铁热处理：灰铸铁热处理(退火、正火、表面淬火)、可锻铸铁热处理(退火)、球墨铸铁热处理(退火、正火、调质、淬火)、合金铸铁热处理(淬火)。
c. 铝合金热处理：变形铝合金热处理(退火、淬火、时效)、铸造铝合金热处理(退火、淬火)。
d. 铜合金热处理(淬火、时效、强化、淬火回火、淬火回火强化、淬火时效)。
④ 选择材料准则(实用性、工艺性、经济性)。
a. 根据使用性能选材：根据零件的工作条件和失效分析确定零件的使用性能，提出对材料性能(力学、物理、化学)的要求。
b. 根据工艺性能选材：根据零件加工工艺(铸造、压力加工、机械加工、焊接、锻压、热处理)的需要，选择适合上述工艺过程的材料。
c. 根据材料的经济性选材：根据材料价格最低和零件制造总成本最低综合选材。
(4) 基本技能
① 熟悉工程材料(尤其是金属材料)的种类、牌号、性能(尤其是力学特性)和用途。
② 掌握钢的热处理原理，熟悉常用金属材料的热处理技术、方法，并会选用。
③ 熟悉选择材料的准则，能正确地为零件(轴、齿轮、箱体、弹簧等)选择合适的材料。
④ 掌握金属材料常用的实验方法(拉力实验、扭转实验、冲击实验、硬度实验)，会使用四类试验机。
⑤ 掌握金相分析方法(原材料缺陷的低倍检验、断口分析、显微组织检验)，会使用金相显微镜。
(5) 在机电系统中的应用
① 在整个设计过程中为产品或构件选材。
② 在详细设计阶段标明对钢铁构件的热处理工艺。

2. 机械制造基础

"机械制造基础"是机械电子工程专业的专业技术基础课。当设计完广义执行子系统以后，首先要将零件图变成零件，然后再按照装配图将所有零件组装到一起构成系统(产品)。"机械制造基础"的任务是介绍将图纸变成产品的制造技术和制造过程。本课程的知识要点如下。

(1) 基本概念与基本知识
① 生产过程(制造过程)：原材料、毛坯制造、加工零件、装配成品、检验、试运行、涂装与包装。
② 工艺过程：机械加工、铸造、锻造、冲压、焊接、热处理、钳工、装配等工艺的过程。
③ 机械加工工艺过程：工序(安装、工位、工步、走刀、切削用量、加工余量)。
④ 机械加工工艺规程(工艺规程)：工艺规程设计(图样分析、毛坯制造、工艺路线、定位基准、工序设计、工艺规程文件)。
⑤ 产品结构工艺性(产品及零部件)：可加工性、可装配性、可维修性、经济性。
⑥ 工艺尺寸链：工艺尺寸链组成环(工序尺寸)、工艺尺寸链封闭环(设计尺寸、加工余量)、基本工艺尺寸链(设计尺寸尺寸链、加工余量尺寸链)、综合工艺尺寸链。

⑦ 工艺方案技术经济分析:评价原则(成本指标、投资指标、追加投资回收期)、分析比较(工艺成本比较、工艺路线优化)。

⑧ 工艺装备。

a. 机加工:各类冷加工机床及其刀具、夹具、辅具、检验仪表(量具)、工具。

b. 装配:刮削工具、装配工具、平衡校正工具、形位误差检测工具与装置。

c. 铸造:样模、模板、芯盒、砂箱、木模、金属模、消失模。

d. 压力加工:各种冲压机床及所用模具(冲压模、热锻模、挤压模、冷拔模、自由锻模、快速经济模)。

e. 焊接:焊接机、焊接夹具、焊接用工具及辅助装置。

f. 特种加工:各类特种加工机械及电火花成形工具、各类特种加工的工具等。

⑨ 装配工艺过程:分装配(合件、组件、部件)、总装(产品)。

⑩ 装配工艺规程:工艺规程制定(装配图分析、验收技术标准、装配顺序、装配系统图、装配工序、检测和试验规范)。

(2) 基本理论

① 切削原理:金属切削过程、剪切角、切削力、切削热、切削液、刀具角度、磨损与使用寿命、切削用量的选择。

② 磨削原理:磨削加工的基本规律、砂轮的修正和耐用度、磨削用量的选择。

③ 加工精度分析:理论误差和工艺系统几何误差、工艺系统受力变形引起的加工误差、工艺系统受热变形引起的加工误差、误差的综合分析。

(3) 基本技术与方法

① 车削技术。

a. 常用车削方式:车外圆(圆柱面、椭圆柱面、斜面、球面)、车端面、车内孔、车螺纹、成形车、切槽。

b. 车床类型:普通卧式车床、数控卧式车床(单轴、多轴)、立式多轴半自动车床、转塔车床、仿形车床。

c. 新的车削技术:加热车削、超声振动车削、超精车削、硬态车削。

② 铣削技术。

a. 常用铣削方式:周铣(顺铣、逆铣)、端铣(对称、不对称逆、不对称顺)、兼有周铣与端铣(铣平面、铣沟槽、铣曲面、铣螺旋、铣花键、铣凸轮、铣齿轮)。

b. 铣床类型:立铣、卧铣、龙门铣。

c. 上述 3 种铣削方式所用的刀具、夹具、量具和工具。

③ 磨削技术。

a. 常用磨削方式:纵磨、横磨、综合磨〔磨外圆、磨平面、磨曲面(锥、球)、磨曲轴、磨内孔〕。

b. 磨床类型:外圆磨床、内圆磨床、无心外圆磨床、成型磨床。

c. 上述 3 种磨削方式所用的磨具、夹具、量具和工具。

④ 数控机床:数控车床、数控铣床、加工中心简介。

⑤ 铸造技术:砂型铸、金属型铸、压铸、熔模铸。

⑥ 压力加工技术。

a. 锻造(自由锻、模锻、辊锻、粉末锻、电镦等)。

b. 冲压(冲裁、弯曲、成型、拉深、翻边等)。
　　c. 上述 5 种冲压成型所用的模具。
　⑦ 特种加工技术:电火花、线切割、激光加工、超声加工、电子束加工、离子束加工、光化学加工。
　⑧ 表面处理技术:喷丸、喷砂、发兰、磷化、涂装、热喷涂、电镀。
　(4) 基本技能
　① 了解常用的机械制造技术,知道各种机床的用途以及它所需要的刀具、夹具、量具和工具,会选择定位基准,会计算切削用量和加工余量。
　② 熟悉产品和零件的结构工艺性,在详细设计阶段会应用这些知识进行结构设计。
　③ 了解表面处理技术,知道每种技术的用途。
　④ 熟悉机械加工工艺过程,具有编写工艺规程的基本能力。
　⑤ 熟悉装配工艺过程,具有编写装配工艺规程的基本能力。
　⑥ 了解数控车床(或铣床)的加工过程,会针对具体零件编写加工程序。
　⑦ 了解 CAD/CAPP/CAM 的基本原理和工作流程。
　(5) 在机电系统中的应用
　① 在详细设计阶段,根据所学工艺知识,保证所设计的构件(零件)能够制造出来,即具有良好的结构工艺性,同时给零件标注表面处理工艺。
　② 在样机试制阶段,根据零件图编制工艺规程文件和工艺卡片;根据部件图和总装图编制装配工艺规程文件。

3. 互换性与技术测量

　　"互换性与技术测量"是机械电子工程专业的专业技术基础课。在制造机械零件时,误差是不可避免的,因此,不同类型的零件都有一个误差允许范围(公差)。另外,在大批量生产的情况下,希望所加工出来的零件都能通用(即可互换),这样零件加工就需要有个标准。本课程就是要向学生介绍公差、配合的国家标准,它们的符号及如何在图纸上标记。在总装机械时,尺寸链非常重要。尺寸链是将总装图的尺寸(包括公差)科学地分配给每个零件,这样当每个零件加工好以后,总装成整机时其总尺寸和各部件的尺寸才符合总体设计的要求。技术测量即介绍怎样检验已加工好的零件的尺寸,以保证零件能用。本课程的知识要点如下。
　(1) 基本概念
　互换性、公差与配合、优先数、优先数系、极限与配合、公差带与配合、未注公差、尺寸传递、尺寸链、形状公差、位置公差、表面粗糙度。
　(2) 基本知识
　极限与配合的国家标准、国家标准规定的公差带与配合公差的标注和选择、形位公差的标注与形位公差的选择、滚动轴承的公差与配合、花键的公差与配合、标准推荐的螺纹公差带及其选用、齿轮副误差及其评定指标、渐开线圆柱齿轮精度标准、渐开线圆柱齿轮新国家标准、表面粗糙度参数的选择、长度测量方法及测量仪器、形位误差检测方法及检测仪器、表面粗糙度的检测方法及检测仪器。
　(3) 基本技能
　① 会选择和使用有关的国家标准标注零件图上的长度公差和形位公差。
　② 会选择和使用测量仪器检测零件的长度误差、形位误差。

③ 掌握滚动轴承与轴和外壳孔的配合标准并会应用。
④ 掌握螺纹的检验方法。
⑤ 掌握齿轮加工误差的检验方法。
⑥ 掌握确定装配尺寸链的方法。
⑦ 了解或会使用以下测量工具和仪器(机械工程师资格考试指导书要求的)。

a. 长度测量器具：游标尺、千分尺、千分表、电子测微仪、气动量仪、万能测长仪、工具显微镜、三坐标测量机。

b. 角度测量器具：分度头、分度台、测角仪、水平仪、自准直仪和激光干涉仪。

c. 形状测量器具：测矩形用的矩形角尺或角度测量仪，测圆形度用的圆度测量仪，测圆柱用的圆度测量仪或三坐标测量机，测直线度或平面度用的平尺、水平仪和自准直仪，测表面粗糙度用的激光干涉仪、针描测微仪，测波纹度用的针描测微仪，测螺纹用的螺纹量规、工具显微镜和万能测长仪，测齿轮用的公法线千分尺、万能测齿仪、手提式基节仪、单面啮合仪、双面啮合仪。

(4) 在机电系统中的应用

① 在详细设计阶段要注意系统中全系统或部件、零件之间的尺寸链和配合关系，并给零件标上长度公差、形位公差和表面粗糙度。

② 在样机试制阶段要注意对零件和产品(系统)的质量检验。

4.2.9 电工电路模块

电工电路知识是为设计检测控制子系统服务的。而检测控制子系统既有强电，又有弱电，既要传输能量，又要传递信号，所以本模块设置"模拟电子技术"和"数字电子技术"两门课程，以解决构建系统的弱电检测控制系统问题；设置"电力拖动与控制"课程，以解决强电控制电路问题。另外，设置"电路分析基础"课程，重点介绍电路的基本原理和能量与信号传输的分析计算方法，作为前三门课的基础。

1. 电路分析基础

"电路分析基础"是机械电子工程专业的一门重要的基础课。它的任务是为检测控制子系统的设计制造打下理论基础。它的内容分为3部分：其一，电路分析的基本理论与方法；其二，主要电路元件特性介绍；其三，典型电路的模型及分析方法。

其重点是，介绍搭建电路的原理与方法，并分析能量流怎么走，信号流怎么传。

(1) 基本概念
① 电路：电路模型(集总电路、直流电路、交流电路、三相交流电路)、电路线图。
② 电路元件：电源、电阻元件、电容元件、电感元件、受控源、导线、开关、插接件。
③ 电路物理量：电压、电流、电阻、电容、电感、阻抗、容抗、感抗、导纳、电功率、电能。
④ 电路参数：电阻值、电容值、电感值、电压值、电流值。

(2) 基本原理
① 物理定律：欧姆定律(材料的电学性质)、基尔霍夫第一定律(电流流量守恒)、基尔霍夫第二定律(电流能量守恒)、特勒根定理。
② 分析网络用定理：叠加原理(线性电路)、等效原理(电阻电路的等效变换、替代定理、戴维南定理、诺顿定理)、互易定理、对偶定理。

(3) 物理模型

① 电路元件模型。

a. 电阻(耗能元件):认为电阻值是不随时间(或温度)变化的常数。

b. 电容(储电能元件):认为电容值是不随时间变化的常数。

c. 电感(储磁能元件):认为电感值是不随时间变化的常数。

d. 电压源:认为电源两端的电压永远保持定值,无论它流过多少电流,如电池。

e. 电流源:认为电源两端的电流永远保持定值,无论它的端电压是多少,如光电池、放大器输出电流等。

f. 受控源:认为这种电源的输出电压或电流受其他支路电压或电流控制,如放大器、变压器等电路的输出以及电子器件、芯片的输出都是受输入电压或电流控制的,这些电路元器件可看作受控源。

② 电路模型。

a. 集总电路:将电路中电阻、电容、电感等效应都集中到一起,用一个符号代表,就像把一个物体的重量集中到重心一样。我们平常画的电路图都是集总电路。

b. 直流电路:认为电路中电流的大小与方向永不改变。这种电路不会产生电磁场。

c. 交流电路:认为电路中电流的大小和方向都是随时间规律变化的。这种电路会产生电磁场。

d. 三相交流电路:特意为发电机和电动机及电器建立的电路模型。该电路中的电流随时间作余弦变化,频率为 50 Hz,每一相之间的相位都相差 120°,接线为 Y 接法或△接法。

e. 含受控源的直流电路:直流电路中有电子器件(如三极管、芯片等)的电路模型。

f. 二端网络:一个网络只有两个端钮与外电路相连,如万用表。

g. T 形、Π 形网络:一个网络有 3 个端钮与外电路相连,如三相交流电动机。

h. 双口网络:一个网络有 4 个端钮,其中两个端钮为输入端,电流值相同,另外两个端钮为输出端,电流值也相同,但输入端与输出端电流不同,如变压器、滤波器、放大器等。

i. 一阶电路:含有一个电阻、一个电容(或一个电感)的电路(RC 电路、RL 电路)。

j. 二阶电路:含有一个电阻、一个电容、一个电感的电路(RLC 电路)。

k. 谐振电路:特殊的 RLC 电路。

③ 约束模型。

a. 拓扑约束:根据基尔霍夫第一定律所建立的方程(组)和基尔霍夫第二定律所建立的方程(组)。

b. 元件约束:根据欧姆定律建立的方程(组)。

④ 电流模型。

a. 直流:阶跃电流(电流方向,从正极到负极)。

b. 交流:平均值为零。

c. 随机连续电流:电流强度随时间变化,有平稳和非平稳之分。

d. 脉冲电流:有周期脉冲和任意脉冲。

(4) 基本方法

① 大规模电路分析方法(这是用计算机程序计算的方法,必须掌握,以后工作中要用)。

a. 节点分析法:以电路网络节点电压为未知数建立的方程(基尔霍夫第一定律),与有限元法中的解刚架问题的位移法相似。

  b. 回路分析法:以电路网络基本回路电流为未知数建立的方程(基尔霍夫第二定律)。

  ② 通用方法(这是过去人工计算常用的方法,对这些方法有所了解即可)。

  a. 网孔分析法:以网孔电流为独立变量建立方程组并求解。

  b. 节点分析法:与大规模电路相同。

  c. 回路分析法:与大规模电路相同。

  d. 割集分析法:这是节点分析法的推广,将若干节点用一个封闭曲面(或闭曲线)包围起来并作为一个"节点",流进该封闭曲面的电流等于流出的电流。

  (5) 基本运算

  矢量法(复数表示)、代数法和微积分方法。

  (6) 基本技能

  ① 能将实际电路中的各个部分正确地抽象成电路元件模型。

  ② 能给一个实际的电路系统建立正确的物理模型(电路模型)。

  ③ 会选用合适的方法对已有电路模型进行分析与计算。

  ④ 精通对一阶、二阶电路的分析与计算,彻底明白以下内容(进行系统分析时要用):

  a. 方程的物理意义,方程中每一项的物理意义(可与高等数学中常微分方程对照做解释)。

  b. 方程的解法:零输入解(齐次方程)和零状态解(非齐次方程),瞬态解和稳态解。

  c. 方程解的物理解释(可与实验结果对照解释瞬态解、稳态解、零输入解、零状态解的物理意义),解的频率和相角与方程中电路的物理参数的关系,欲改变频率和相角如何调整参数。

  d. 从能量角度对方程的物理意义进行解释,振幅与初始能量(电压)的关系。

  e. 分析二阶电路谐振的条件,如何调整谐振频率。(发射电磁波与接收电磁波用。)

  ⑤ 熟悉常用电路的计算:

  a. 熟悉有受控源(电子器件、芯片等)电路的计算。

  b. 会计算三相交流电的电路,并熟悉 Y 接法与△接法的不同算法。

  c. 熟悉变压器电路的分析与计算。

  ⑥ 会使用电子测量仪表(电源、变压器、示波器、万用表、电流计等)。

  (7) 在机电系统中的应用

  其主要用于详细设计阶段。

  ① 利用电子元器件(电阻、电容、电感和各类器件)和各类典型电路的特性搭建检测控制系统中的单元电路,并能组成系统(包括选元器件、焊装和调试)。

  ② 对单元电路或系统进行分析与计算(电压、电流、功率),并对计算结果给出物理解释。

  ③ 熟知典型信号通过一阶、二阶电路时,其输出信号与能量的变化规律,为系统分析做准备。

  ④ 利用三相交流电的特性设计电动机的控制电路。

2. 模拟电子技术

  "模拟电子技术"是机械电子工程专业的一门技术基础课。它是介绍如何利用电路分析原理将构思的电路系统变成电路原理图的一门课程。它介绍了已有的许多典型的单元电路,供学生设计电路系统时参考,还介绍了一些电子元器件及其选用方法。目的有两个:一个是教会学生看已有的电路图,用别人的成果指导自己的工作;另一个是使学生掌握设计测控系统单元电路或系统的能力。

(1) 基本原理与方法

其在"电路分析基础"课程中已讲过,这里只介绍应用。

(2) 基本知识

① 各类半导体器件(芯片)的用途、功能、结构、原理、符号、标记、管脚功能(包括二极管、三极管、场效应管和其他的常用芯片)。

② 各类典型电路的用途、结构、原理、功能特性(如输入/输出特性、动态特性等)、常用典型电路的电路图、对典型电路的定性分析和估算(包括下列典型电路)。

a. 放大器:集成运算放大器、仪表放大器、电荷放大器、隔离放大器、功率放大器、反馈放大器。

b. 信号发生器:正弦波振荡电路和非正弦波振荡电路(尤其是脉冲信号发生器)。

c. 运算电路:加法器、乘法器、微积分电路、指数对数电路、常用特征值运算电路。

d. 信号处理与转换电路:常用滤波器、电压比较器、采样保持电路、电压-频率转换电路、电压-电流转换电路、信号细分与辨向电路〔直流细分、平衡补偿或细分(相位跟踪、幅值跟踪、脉冲调宽型幅值跟踪、锁相环)〕、抗干扰技术、信号调制解调电路、检波电路。

e. 电源电路:电容滤波和稳压二极管稳压电路、串联型稳压电路。

(3) 基本技能

① 能看懂本专业典型电子设备、仪表和检测、控制系统模拟电路的原理图,了解各部分的组成及工作原理。

② 能对上述原理图中各环节的工作特性进行定性或定量分析、估算。

③ 对检测控制系统的单元电路能够给出具体方案,会选用有关元器件,并会按电路图安装调试。

④ 会使用示波器、信号发生器、功率放大器和电源。

(4) 在机电系统中的应用

其主要用于详细设计阶段。

① 将典型电路或器件(如二极管、三极管、光电三极管、场效应管、晶闸管、波形发生器、仪表放大器、电荷放大器、隔离放大器、功率放大器、加法器、乘法器、电压比较器、滤波器、锁相环等)用于检测控制系统中。

② 熟悉典型电路(器件)的动态特性(尤其是传递函数),以便在系统分析时使用。

3. 数字电子技术

"数字电子技术"是机械电子工程专业的一门技术基础课。其任务是,使学生:看懂数字电路图;明白数字逻辑电路的设计原理,并会设计检测控制子系统的单元电路;了解数字电路用的器件及芯片,能正确地选用它们搭建所设计的数字电路,为设计检测控制子系统打下基础。对本专业的学生来说,将一个机电一体化系统中各种动作的逻辑关系构思成逻辑图并进行简化是至关重要的,希望同学们能自觉地进行实践。

本课程的知识要点如下。

(1) 基本原理

① 数制与编码。

a. 数制及各种数制之间的转换方法。

b. 码制及 BCD 编码。

② 逻辑代数。

a. 3 种基本运算:或、与、非。

b. 基本公式和定理:9 条基本定理、3 条基本规则和 5 个常用公式。

c. 逻辑函数的表示方法:逻辑问题的描述方法(真值表、函数式、逻辑图、卡诺图)及其相互转换,最大项和最小项标准表达式。

d. 逻辑函数的化简:代数化简法和卡诺图化简法,最简与或式、最简或与式的表示方式及任意项的使用。

(2) 门电路〔这是实现数字逻辑电路的基本(电路)元件,因此应先介绍〕

① 二极管门电路:与门、或门、非门。

② CMOS 门电路:与门、或门、非门、OD 门、三态门、传输门。

a. 上述几种 CMOS 门电路的结构、原理、功能、用途。

b. CMOS 反相器的静态特性与动态特性。

③ TTL 门电路(含 OC 门和三态门)。

a. TTL 门电路的结构、工作原理、输入/输出特性、带负载能力、抗干扰能力、主要参数和使用方法。

b. TTL 电路与 CMOS 电路的接口,互相驱动的方法。

(3) 组合逻辑电路设计

① 组合逻辑电路的特点及分析方法(给出电路图,写出表达式,分析逻辑功能)。

② 组合逻辑电路的设计方法(包括与、或、非电路,与非-与非电路,或非-或非电路)。

③ 组合逻辑电路中竞争-冒险的概念、判断与消除方法。

④ 几个常用集成组合逻辑器件的电路分析、功能和应用,介绍(编码器、译码器、数据选择器、加法器、数值比较器)这些器件的级联方法,及用它们构成各种组合逻辑电路的设计方法。

(4) 常用的几个逻辑器件的介绍。

① 名称。

a. 触发器:RS 触发器、钟控触发器、TTL 集成主控触发器、集成边沿触发器、CMOS 触发器。

b. 时序逻辑电路:计数器、寄存器、序列信号发生器。

c. 存储器:ROM(掩模型、E^2PROM、闪存型)、RAM(DRAM、SRAM)。

d. 可编程逻辑器件:RLA、RAL、CPLD、FPGA(现场可编程门阵列)。

e. 脉冲波形发生器:施密特触发器、单稳态触发器、多谐振荡器、555 定时器。

f. 模/数、数/模转换器：AD（双积分型、逐次比较型、并行比较型）、DA（电阻型、R-2R 网络型）。

② 内容：基本结构、功能原理、动作特点、动态特性、设计方法、用途、使用方法等。

(5) 基本技能

① 掌握逻辑代数部分所介绍的全部内容，并能将其用于逻辑电路的设计。

② 了解常用芯片、器件的型号、用途、管脚的接法。

③ 掌握组合逻辑电路的分析、设计方法，对检测控制系统中的单元电路能给出具体方案，会选用有关器件和芯片构成功能模块，并会安装调试，保证能用。

④ 能看懂本专业典型电子设备、仪表和检测控制系统数字电路的原理图，了解各部分的组成和工作原理。

⑤ 会使用常用仪表：计数器、逻辑分析仪等。

(6) 在机电系统中的应用

其主要用于详细设计阶段。

① 用逻辑代数简化控制逻辑序列，以设计数字控制器。

② 选用合适的逻辑器件（门电路、编码器、译码器、数据选择器、加法器、数值比较器、计数器、时序脉冲发生器、时序信号发生器、振荡器、定时器、触发器、寄存器）构成检测控制子系统的单元电路或系统，并焊装、调试。

③ 在计算机硬件系统中，触发器能构成寄存器、计数器和存储单元；门电路能构成加法器、算术逻辑运算单元和各种逻辑电路。

4. 电力拖动与控制

"电力拖动与控制"是机械电子工程专业的一门专业技术基础课。电动机与电磁铁是最方便、最清洁、用得最广的驱动装置，学生必须具有选用合适的电动机或电磁铁驱动执行机构的能力。因此，学生必须掌握以下知识：其一，知道电动机的工作原理及其机械特性、负载（如执行机构）的转矩特性，并能根据二者的匹配要求选择合适的电动机；其二，知道电动机启动、制动、调速的原理，并能将其用于控制电路；其三，熟悉常用低压电器元件的特性，并能选用它们设计、搭建电动机的强电控制电路；其四，熟悉电力拖动系统的动力方程和运动方程，为检测控制子系统提供被控对象（广义执行子系统）的传递函数；其五，了解电磁铁的机械特性，会选用电磁铁。本课程的知识要点如下。

(1) 电动机简介

① 电动机的类型：直流伺服电动机、交流伺服电动机、步进电动机、永磁无刷电动机。

② 简介内容：结构及工作原理、运动方程、机械特性方程（转矩电压方程）、机械特性、拖动系统稳定运行条件、控制技术与方法、主要技术指标与选用。

(2) 测速发电机简介

① 测速发电机的类型：直流测速发电机和交流测速发电机。

② 简介内容：结构与工作原理、输入/输出特性和主要技术指标与选用方法。

(3) 自整角机简介

① 自整角机的类型：力矩式自整角机和控制式自整角机。

② 简介内容：结构与工作原理、主要技术指标与选用。

(4) 旋转变压器简介

① 旋转变压器的类型：正余弦旋转变压器、线性旋转变压器、多极和双通道旋转变压器。

② 简介内容：结构及工作原理、主要技术指标与选用。

(5) 电磁铁简介

① 电磁铁的类型：牵引电磁铁、制动电磁铁、起重电磁铁、电磁离合器、电磁阀。

② 简介内容：结构及工作原理、主要技术指标与选用。

(6) 常用电气元件简介

① 电气元件的类型：接触器、继电器、配电器、主令电器。

② 简介内容：结构及工作原理、在工作中的用途、工作制及正常工作条件、主要技术指标与选用方法。

(7) 电动机的几种典型控制电路简介

① 典型控制电路的名称：单向运行、正反向运行电气控制电路（启动、制动、调速）、连锁控制电路、多点控制电路，机器人控制电路实例、分拣系统控制电路实例。

② 简介内容：一般设计原理与方法。

(8) 学生应具有的能力

① 根据广义执行子系统的需要，合理地选择电动机（或电磁铁等）作为驱动装置。

② 熟悉各种电气元件的功能，能根据电动机的特性设计并搭建供电控制电路。

③ 能建立电动机或电磁铁的转矩（或力）电压方程和运动方程，为建立传递函数做准备。

(9) 在机电系统中的应用

① 概念设计阶段：本课程的知识是机电系统选择电动（电动机、电磁铁）原理的依据。

② 详细设计阶段。

a. 选择电动机或电磁铁的型号〔依据：执行机构（包括传动机构）的工作（动力）特性、工作制和运行状况，电动机的机械特性〕。

b. 设计电动机（电磁铁）的电气控制电路，即上文讲的"强电控制电路"（包括电气原理图和电气安装图），并选择合适的电气元件，制作控制电路板、安装、调试。

c. 建立电动机（电磁铁）驱动系统的传递函数〔输入电压，输出位移（转角）或力（矩）〕。

4.2.10 检测控制模块

本模块的任务是教给学生设计、制作弱电检测控制系统的知识，其核心知识点有3个：其一，搭建弱电检测控制电路系统；其二，对上述系统与输入信号进行分析，保证系统稳定，输出信号不失真；其三，制定控制策略并编制程序，使执行机构按系统功能要求动作。因此，本模块设置4门课，即"检测技术与信号处理"、"控制工程"、"计算机控制技术"和"信号分析与线性系统"。第一门课介绍检测系统的构成；第二门课介绍控制策略的制定；第三门课介绍控制系统的构成；第四门课介绍信号与系统的分析原理与方法，其是设计检测控制子系统的基础。

下面分别介绍这4门课的内容。

1. 信号分析与线性系统(结合检测控制系统讲)

"信号分析与线性系统"介绍的是设计检测控制子系统的基础知识,本课程的中心任务是将"电路系统模型"转化为"信号系统模型"分析信号在系统中的运动规律,以保证信号通过系统时,输出的信号是稳定的、不失真的。要达到这个目的,必须做两件事:一是对信号进行分析,二是对系统进行分析。对信号进行分析的目的是看它由哪些频率的信号组成,哪个频段的信号幅值大(即承载的能量大),系统必须把该频段的信号传递过去。对系统进行分析的目的是了解该系统的动态特性〔如稳定性、安全性(瞬态超调量要小)、延时、调整时间、稳态误差(定点跟踪能力)、通频带等〕,以及这些特性与系统物理参数的关系。若已知信号(如声音、图像),则可根据信号的主频段选择合适的系统参数构成与信号相匹配的系统;若已知系统(如仪器、仪表),则可知道什么样的信号可以正常(不失真)地通过。本课程的知识要点如下。

(1) 基本概念

信号(模拟信号、数字信号、连续信号、离散信号、确定信号、随机信号、周期信号、非周期信号、抽样信号、原发信号)、输入、输出、系统(线性系统、非线性系统、连续时间系统、离散时间系统、时变系统、非时变系统)、系统参数、传递函数、信号分析、系统分析、动态特性、时域、频域、复频域、周期、频率、幅值、相角、时域分析、时域特性、最大超调量、峰值时间、调整时间、瞬态响应、稳态响应、通频带、频域分析、频域特性、幅频特性、相频特性、复频域分析、频谱、Bode 图、Nyquist 图、零极点图。

(2) 基本原理

① 三角函数的正交性(正弦、余弦函数集为正交函数集)。

② 抽样定理(描述抽样脉冲的频率与原信号频率关系的定理,一般抽样频率大于原频率的 2 倍)。

③ 信号传输不失真条件(不失真即输出信号与输入信号一样)。

④ 系统稳定性条件(其复数解的幅值收敛,表现为输出信号的幅值迅速趋于输入信号的)。

(3) 基本模型

① 信号模型。

a. 连续信号:单位阶跃函数、单边指数函数、阶跃正弦函数、阶跃余弦函数、减幅正弦函数。

b. 离散信号:单位脉冲函数、指数脉冲函数、矩形脉冲函数、三角脉冲函数、半余弦脉冲函数、高斯脉冲函数、抽样函数、冲激序列。

② 系统模型:连续时间系统、离散时间系统。

(4) 基本分析方法

时域分析法、频域分析法、复频域分析法、状态变量分析法。

(5) 基本运算

三角级数展开、微积分、复变函数、微分方程、差分方程、傅氏变换、拉氏变换、z 变换。

(6) 连续系统典型模型分析举例

现以最典型的系统模型钢球弹簧系统为例,介绍信号与系统的分析计算方法,并根据输出信号分析系统的特性及影响这些特性的因素,以备设计检测控制子系统之用。

① 数学模型:由式(4-9)可知钢球弹簧系统的数学模型为

$$m\frac{d^2x}{dt^2}+c\frac{dx}{dt}+kx=f_p$$

其中，f_p 为输入信号，是单位阶跃函数，$x(t)$ 为输出信号（振动波形），m 是钢球的质量，c 是空气阻尼系数，k 是弹簧刚度系数。这是一个典型的二阶系统。

② 对式(4-9)需要做的处理工作。

a. 对输入信号的处理：输入信号可能是各种各样的，我们需要对它进行分解或运算。下面介绍一般的分解方法和运算方法。

• 对输入信号的一般分解方法：一，时域信号沿时间轴的脉冲分解；二，时间周期信号的三角级数分解；三，非周期信号的付氏变换分解（频域分解）；四，任意信号的拉氏变换或 z 变换分解。

• 信号的时域特性与频域特性间的关系：一、线性特性；二、延时特性；三、移频特性；四、尺度变换特性；五、对称特性；六、微分特性；七、积分特性。

b. 对系统的处理：将式(4-9)变换成以传递函数表示的形式，即式(4-20)，$x=G(p)f_p$，其中 $G(p)=\dfrac{1}{mp^2+cp+k}$。式(4-20)就是仿真公式，$f_p$ 是输入信号，$G(p)$ 是系统传递函数〔$G(p)$ 代替了系统〕，x 是输出信号。

③ 对式(4-9)的分析。

式(4-9)是连续时间系统的代表，其通常有 3 种分析方法，即时域分析、频域分析和复频域分析。

a. 连续时间系统的时域分析：对形如式(4-9)的微分方程进行求解，看输出信号随时间的变化规律（叫作系统特性），这叫作系统的时域分析。式(4-9)的解由零输入解（叫作通解）和零状态解（叫作特解）叠加而得。对于钢球弹簧系统，当 f_p 为单位阶跃函数（即加一个常力）时，系统输出的信号（位移）$x(t)$（或叫作时间响应）随时间的变化如图 4-4 所示。图 4-4 中的水平细线是钢球的起始平衡位置，曲线是输出信号 $x(t)$。

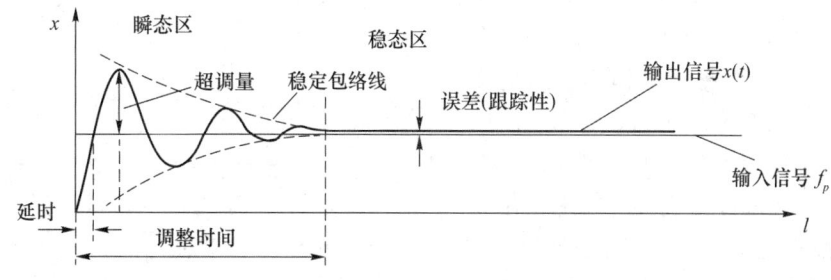

图 4-4　连续时间系统的时域特性

式(4-9)按以下步骤求解。首先将输入信号 f_p（单位阶段函数）按第一种分解方法分解为随时间连续变化的单位脉冲函数之和，然后将每个单位脉冲的响应叠加（即杜哈姆积分）求得 $x(t)$。下面分析系统的特性。

由图 4-4 可见，二阶系统有如下特性：

• 钢球在加恒载（单位阶跃函数）的瞬间先做瞬态振荡，即输出"瞬态信号"（图 4-4 中的"瞬态区"曲线），之后钢球到平衡位置，即输出"稳态信号"（图 4-4 中的"稳态区"直线）。

• 上述瞬态信号经历的瞬时叫作"调整时间"。

- 在瞬态区对钢球突加恒载,它会冲过平衡位置达到一个"最大值",然后在弹性恢复力作用下往回运动。在这个过程中,钢球第一次达到平衡位置的时间叫作"延时"。
- 在瞬态区位移 $x(t)$ 达到最大值的时间叫作"峰值时间"。
- 在瞬态区位移 $x(t)$ 的最大值超过平衡位置的部分叫作"最大超调量"。
- 在稳态区,钢球可能偏离平衡位置,这个偏离值叫作"误差"。

综上所述,二阶系统的特性有如下指标:"瞬态区"、"稳态区";在瞬态区,信号有"最大超调量"、"延时"、"峰值时间"和"调整时间";稳态区有"误差"。

b. 连续时间系统的频域分析:所谓频域分析,是将式(4-20)采用付氏变换,由时域(自变量是时间)变换到频域(自变量是信号的频率)来求解的方法。我们仍以钢球弹簧系统(二阶系统)为例给出求解结果,并给出频域的系统特性。将式(4-20)变换到频域,其形式如下:

$$x(\omega) = \frac{1}{(m\omega^2 + c\omega + k)} f_p(\omega)$$

单位阶跃函数经付氏变换后为

$$f_p(\omega) = \pi S(\omega) + \frac{1}{j\omega}$$

故

$$G(\omega) = \frac{x(\omega)}{f_p(\omega)} = \frac{j\omega}{m\omega + c\omega + k} \text{(除去零点)}$$

式中,自变量是频率 w, x 与 G 都是 w 的函数,$G(w)$ 是传递函数,它是输出与输入的比值。

对上式进行求解,其结果如图 4-5 所示,图中的 $A = |G(w)|$, $\varphi(w)$ 是 $G(w)$ 的幅角。

现对图 4-5 说明如下:

图 4-5(a) 叫作"幅频特性"曲线,其横坐标是输入、输出信号(也可说系统)所包含的频率成分 w;纵坐标是输出信号的幅值与输入信号的幅值之比 A。

在图 4-5(a) 中,$A(0)$ 叫作"零频值",它是信号的频率接近于零时,系统输出幅值与输入幅值之比。若系统不失真,则 $A(0) = 1$,表示输出信号的幅值等于输入信号的幅值。

随着 w 增大,A 也在增大,当 $w = w_m$ 时,$A = A_m$,此时,w_m 叫作"复现频率",$0 \sim w_m$ 叫作"复现频带",Δ 是人为规定的

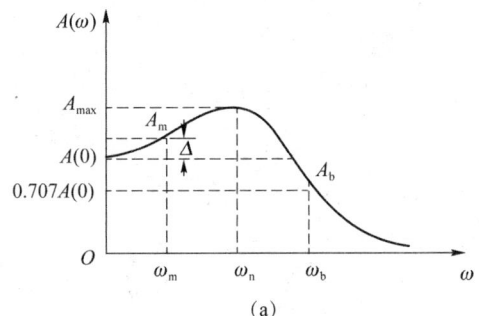

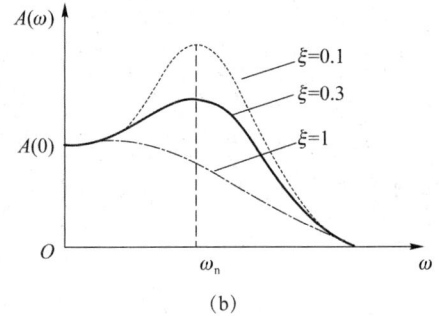

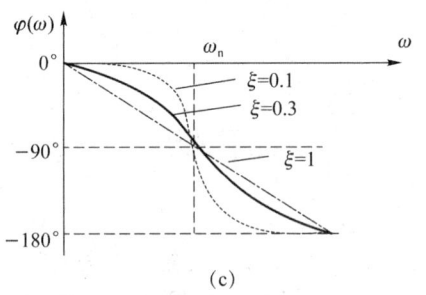

图 4-5 连续时间系统的频域特性

幅频特性值 A_m 与 $A(0)$ 之差。对于系统来说,w_m 越大,同时 Δ、A_m 越小越好,这说明系统对输入信号(频率)的适应性强。

随着 w 增大,A 仍在增大,当 $w = w_n$ (w_n 是系统的固有频率)时,$A = A_{max}$,此时系统发生谐振,w_n 叫作"谐振频率",A_{max} 叫作"谐振峰值"。

当 A 减小到 $A_b=0.707A(0)$ 时,其对应频率是 w_b,w_b 叫作"截止频率",$0\sim w_b$ 叫作"截止带宽"。这表明,若输入信号的频率高于 w_b,则该系统不能作为检测控制系统用。

总结上面的说明,系统的幅频特性指标有 4 个:零频幅值 $A(0)$、复现频率 w_m 和复现带宽 $0\sim w_m$、谐振频率 w_n 和谐振峰值 $A_{\max}$、截止频率 w_b 和截止带宽 $0\sim w_b$。

图 4-5(b) 说明了阻尼(ξ)对输出信号振幅的影响,阻尼越大,输出信号振幅越小。

图 4-5(c) 叫作相频特性曲线。由图 4-5(c) 可见,随着输入信号频率 w 的增大,输出信号的相位一直滞后,当 $w=w_n$ 时(即谐振时),输出信号的相位已滞后 $90°$。同时还可发现,阻尼不同,滞后的相位也不同。

c. 连续时间系统的复频域分析:所谓复频域分析,是对式(4-20)采用拉氏变换由时域(自变量是时间)变换到复频域(自变量是复数 $s=6+jw$)求解的方法。我们仍以钢球弹簧系统为例给出求解的结果,并给出复频域的系统特性。将式(4-20)变换到复频域,其形式如下:

$$x(s)=\frac{1}{(ms^2+cs+k)}f_p(s)$$

单位阶跃函数经拉氏变换后为 $f_p(s)=\frac{1}{s}$,故

$$G(s)=\frac{x(s)}{f_p(s)}=\frac{s}{ms^2+cs+k}$$

式中,自变量是复数 $s=6+jw$,x 与 G 都是 s 的函数,$G(s)$ 是传递函数(代替了系统),是输出与输入的比值。对上式求解,其结果有 3 种表示方法:

- 频率特性曲线。该曲线是描述 $G(s)$ 随复频率 jw(即 $s=0+jw$)变化时的特性曲线,类似于图 4-5。在实际应用时,常将上述曲线取对数,画在对数坐标系中,称其为 Bode 图。
- 复轨迹图。该图(曲线)只画 $G(s)$ 随 jw 变化的情况(即系统特性),在实际使用时,常把该曲线画在极坐标系中,称其为 Nyquist 图。
- 极点零点图。该图是以复变量 $s=\sigma+jw$ 为自变量、以 $|G(s)|$ 为纵坐标的三维立体图,它描述了 $|G(s)|$ 随 s 变化的情况,即描述了系统的特性。利用该图分析系统的稳定性,简单明了。对于钢球弹簧系统,图 4-6 为其极点零点图。

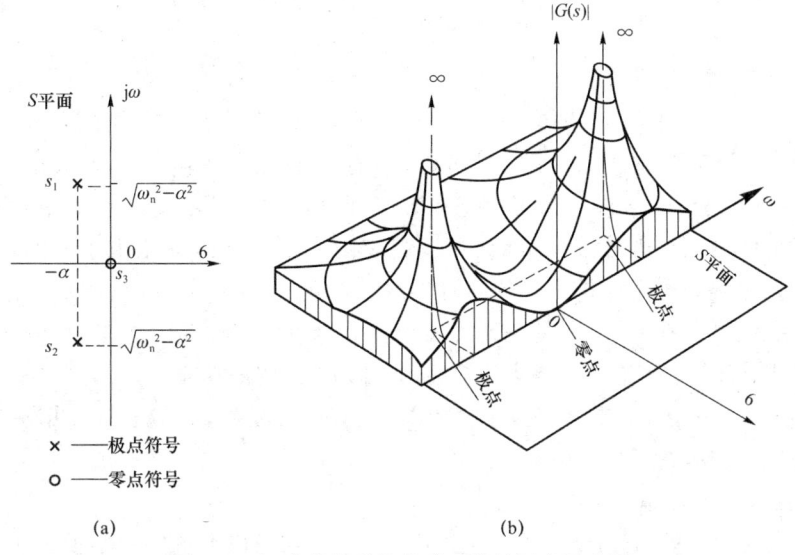

图 4-6 钢球弹簧系统传递函数的极点零点图

对图 4-6 进行如下说明：

- 由 $G(s)$ 的表达式可见，当 $s=s_3=0$ 时，$|G(0)|=0$，这就是"零点"；当 $ms^2+cs+k=0$ 时，$|G(s)|\to\infty$，该二次方程的解 s_1、s_2 就是"极点"，意味着发生了共振。由韦达定理可以求出二次方程 $ms^2+cs+k=0$ 的解，从而确定极点在 S 平面上的坐标。经计算 $s_1,s_2=\sigma+\mathrm{j}w$，其中 $\sigma=-\alpha$，$\mathrm{j}w=\pm\sqrt{w_n^2-\alpha^2}$（这里 $\alpha=\dfrac{C}{2m}$，$w_n^2=\dfrac{k}{m}$）。将 $s=0$，$s=s_1$，$s=s_2$ 标到 S 平面上；将 $|G(0)|=0$，$|G(s_1)|=|G(s_2)|=\infty$ 标在 $|G(s)|$ 轴方向，则得图 4-6。由图 4-6(b)可见，当系统的物理参数 m、c、k 使 α 和 w_n 趋于 s_1、s_2 点时，$|G(s)|=\infty$，系统失去稳定性。

- 图 4-6(a)就是图 4-6(b)的水平坐标面，在应用极点零点图判断系统稳定性时，在 S 平面上找到 s_1、s_2、s_3 即可，不必画出图 4-6(b)。

(7) 离散系统的分析简介

离散系统的分析方法通常有时域分析和复频域两类。下面分别作简单介绍。

① 离散系统的时域分析：离散系统的时域分析与连续系统的时域分析有很多相似之处，其解（输出信号）均为零输入响应与零状态响应之和，不同之处有：

a. 离散域解差分方程，做代数运算；连续域解微分方程〔如式(4-9)〕，做积分运算。

b. 在离散域中零输入解的形式是幂函数 $x(k)=cv^k$ 的集合，而在连续域中零输入解的形式是指数函数 $x(t)=ce^{st}$ 的集合，若为钢球弹簧系统，则一般 $s=\sigma\pm\mathrm{j}w$。

c. 离散域零状态求解是代数运算（卷积和），连续域零状态求解是积分运算（如杜哈姆积分）。

② 离散系统的复频域分析：离散系统的复频域分析仍然是将差分方程变换到复数域求解，但不是取直角坐标的复数 $e^s(s=\sigma\pm\mathrm{j}w)$ 做拉氏变换，而是取极坐标的复数 $z=e^{\mathrm{j}\omega}$ 做 z 变换。这是因为连续系统的时域解是指数函数的集合，而离散系统的时域解是幂函数的集合，取 z 变换方便幂函数运算。

(8) 对稳定条件的说明

失稳是系统的输出信号随时间逐渐趋于无穷大的现象（即振幅逐渐增大），从数学角度来说，就是它的解是发散的。为什么会发散？可以从系统的解来分析，并找出控制失稳的条件。

前已述及在连续时间系统分析中，其解是指数函数 $x(t)=ce^{st}$ 的集合，因为 $s=\sigma\pm\mathrm{j}w$，所以 $x(t)=ce^{\sigma}\cdot e^{\mathrm{j}w}$，其中 $x(t)$ 的幅值是 ce^{σ}，幅角是 $e^{\mathrm{j}\omega t}$。若 σ 是正数，则随着 t 增大，幅值 e^{σ} 无限增大，此时系统是不稳定的；若 σ 是负数，则随着 t 增大，幅值 e^{σ} 逐渐减小，此时系统是稳定的。由极点零点图可以看出，当极点在 S 平面纵轴左边时，$\sigma=-\alpha$，系统应当是稳定的；当极点在 S 平面纵轴右边时，$\sigma=\alpha$，系统是不稳定的。而 σ 与 w 完全由系统的物理参数 m、c、k 决定，所以系统是否稳定是由它的固有参数 m（质量）、c（阻尼）和 k（刚度）决定的。

在离散系统的分析中，其解是幂函数 $x(k)=cv^k$ 的集合，其中 k 是自然数，v 是变量。由该式可见，随着时间的增加，k 增大，当 $v<1$ 时，$x(k)$ 越来越小；当 $v>1$ 时，$x(k)$ 越来越大。所以在极坐标中，当 v 在单位圆内（$v<1$）时，$x(k)$ 收敛，系统稳定；当 v 在单位圆外（$v>1$）时，$x(k)$ 发散，系统不稳定。

(9) 线性系统的模拟

其是解决高阶系统问题的一种框图模拟方法。根据高阶系统的数学模型，可用加法器、数量乘法器和积分器构成一个模拟实际系统的框图,再根据输入、输出信号了解所分析系统的特性。

(10) 信号流图

信号流图是在复频域中用线图结构来描述线性联立方程组(是多回路电路网络的数学模型)间因果关系的框图,通过对信号流图的简化,可以很方便地求出复杂系统的传递函数,也可以简化传递函数。

(11) 在工程中的应用

① 在工程检测中的应用。

a. 若被测信号已确定,如何选择仪器?首先对被测信号进行频谱分析,确定它的频带,然后选择具有同样通频带(频率从零到复现频率)的仪器来测量。

b. 若已选定仪器,怎么应用它?若仪器已选定,则首先要知道它的通频带宽,这样就知道了该仪器只适合测量具有仪器通频带宽的信号。

② 在设计检测控制子系统时的应用。

a. 概念设计阶段:用本课程中所介绍的原理构思机电一体化系统(产品)的自动控制方案(图3-2)。

b. 详细设计阶段

- 利用信号分析的知识对要测的反馈信号进行频谱分析,选择通频带合适的传感器。
- 根据传感器输出的信号的频率特性,设计传输和控制系统。构思检测控制子系统是后续课程要介绍的知识,但确定子系统的参数要用到本课程介绍的知识。首先利用极点零点图检验系统的稳定性;其次利用时域解分析系统的瞬态特性(最大超调量、延时、峰值时间、调整时间)和稳态特性(误差);再次通过对系统参数的调整,控制上述指标,使其尽量小;最后利用频域解,计算系统的通频带,确保系统的通频带与检测信号的频带相匹配,这样既可以保证信号不失真,又能保证信号有足够的能量。

2. 检测技术与信号处理

"检测技术与信号处理"是机械电子工程专业的一门专业技术基础课。大学生职业资格鉴定培训教材规定,本专业学生必须掌握机械故障诊断技术,这就要求学生掌握检测技术和信号处理的知识。本课程的任务是,教会学生设计、搭建或集成一个检测系统。该系统可能作为单独的检测系统,也可能作为控制系统的信号采集与处理模块。本课程对学生的具体要求是,熟悉传感器(或信号采集模块)、测量电路、前置放大器、编码器、调制解调器、检波器、滤波器、信号处理器、显示器等元件、器件、芯片的功能特性和用途,能根据检测系统的构成原理选用合适的元器件和芯片并组成一个实用的检测系统,并能将微处理器技术应用于检测系统中。

本课程的知识要点如下。

(1) 基本原理

"信号分析与线性系统"的基本原理,前面的课程已讲过。

(2) 检测系统的结构模型

检测系统的结构模型如图4-7所示。

(3) 基本知识

① 传感器(或信号采集模块)的功能原理、技术指标、用途和选用方法。(传感器有测力

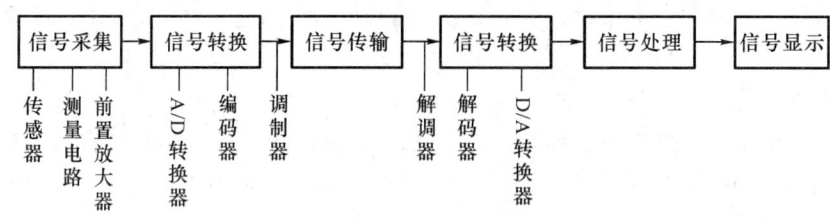

图 4-7 检测系统的结构模型

传感器、测位移传感器、测速度传感器、测加速度传感器、测温度传感器、测湿度传感器、测压力传感器、测流量传感器等。)

② 信号处理模块的功能原理、技术指标、用途和选用方法(信息处理模块有编码器、解码器、A/D 转换器、D/A 转换器、调制器、解调器、检波器、滤波器)。若信息处理部分由单片机或 DSP 搭建,则应掌握编写接口程序和信息处理程序的技能。

③ 消除干扰的方法(屏蔽、接地)。

④ 减小误差的方法。

(4) 基本技能

① 掌握检测系统结构模型中各模块的组成原理、技术指标、用途和选用方法。

② 根据信号在系统中传输所应遵循的原理,搞清楚构建一个检测系统应当解决哪些问题(在"信号分析与线性系统"课程中已讲)。

③ 能根据工程检测的需要或控制系统的需求,设计或集成一个实用的检测系统。

④ 能排除环境对信号和系统的干扰。

(5) 在机电一体化系统中的应用

① 概念设计阶段。

构思检测系统,初步确定应检测的信号,初步选择传感器并确定其所在的位置。

② 详细设计阶段。

a. 确定检测系统的方案(要与控制系统配合考虑),选择合适的元器件(如传感器、测量电路、前置放大器、A/D 转换器、编解码器、调制解调器、检波器、滤波器、信号处理器等)组成检测系统。该检测系统输入是传感器采集的信号,输出的是给控制器的反馈信号。

b. 焊装检测系统的试验板,并对其进行调试。

c. 建立检测系统的传递函数并进行参数修正,以保证检测到的信号不失真地传给控制系统,同时为建立检测控制系统的传递函数做准备。

③ 样机试制阶段。

在使用电子仪器做产品质量检验时,所选用的电子仪器的通频带(由仪器的传递函数决定)与被测信号的频率成分要匹配。

3. 控制工程

"控制工程"是机械电子工程专业的一门重要的技术基础课。本课程介绍如何控制被控对象按预定轨迹运动。例如,控制钢球弹簧系统的输出 $x(t)$,由式(4-20)可知,决定输出 $x(t)$ 的是系统 $G(s)$ 和输入 f_p,所以本课程有两个任务:一个是教会学生"系统分析"和"系统设计"的本领,另一个是教会学生调整优化输入信号的本领。系统分析是指,给系统建立数学模型,并根据模型分析系统的各种性能(即系统输出信号的特性,如瞬态特性、稳态特性、稳定性、能控性、可观性等),以及这些性能与系统结构、物理参数之间的关系。系统设计是指,寻找改善系统性能的控制规律,以便设计良好的控制器,保证系统的各项指标(延时、超调量、调整时间、误差、稳定性)都能满足。调整优化输入信号是指通过调整输入信号的状态,控制被控对象按预定轨迹运动。本课程重点介绍设计控制器的原理,具体设计技术在"计算机控制技术"课程中来讲。

本课程的知识要点如下。

(1) 基本概念

控制系统、典型控制环节、反馈系统、系统综合、最优控制、运动方程、状态方程、状态实现、系统稳定性判据、能控性、能观性。

(2) 基本原理

① 在"信号分析与线性系统"中已讲过的信号在系统中传输的原理。

② 以状态方程为基础的多输入多输出控制系统的分析原理。

③ 判断系统稳定性的李普雅诺夫方法。

④ 最优控制原理:变分法、极小值原理、动态规划法。

(3) 控制系统模型

图 4-8 为控制系统模型图。

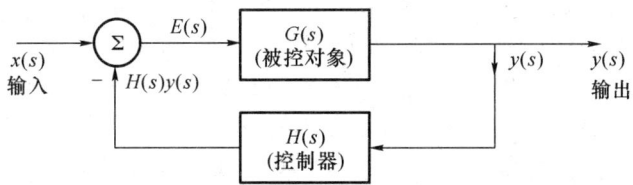

图 4-8 控制系统模型图

(4) 建立系统数学模型

建立图 4-8 所示的包括被控对象(广义执行子系统)和控制器(检测控制子系统)的数学模型。在前面我们已经讲过分析机械系统(包括驱动装置)和电路系统的微分方程,在这里只需将它们改成信号系统的传递函数即可。在信号系统中,描述系统的数学模型,除了微分方程、传递函数以外,还有状态方程,微分方程与传递函数〔如图 4-8 中的 $G(s)$ 和 $H(s)$〕前面已介绍过,这里重点介绍状态方程,因为多输入多输出系统的分析是以状态方程为依据的。微分方程、传递函数、状态方程是同一个系统物理性能描述的不同形式,它们之间能互相转换。

① 状态方程的形式。下面根据我们熟悉的钢球弹簧系统的数学模型(微分方程)列出状态方程。其微分方程形式的数学模型是式(4-9),即 $m\dfrac{\mathrm{d}^2 x}{\mathrm{d}t^2}+c\dfrac{\mathrm{d}x}{\mathrm{d}t}+kx=f_p$。若设 $x_1=x$,$x_2=\dot{x}_1=\dfrac{\mathrm{d}x}{\mathrm{d}t}$,则式(4-9)可以写成两个一阶微分方程联立的形式,即

$$\begin{cases} \dot{x}_1 = x_2 \\ \dot{x}_2 = \dfrac{a}{m}x_1 - \dfrac{c}{m}x_2 + \dfrac{1}{m}f_p \\ y = x_1 \end{cases}$$

写成矩阵形式为

$$\begin{Bmatrix} \dot{x}_1 \\ \dot{x}_2 \end{Bmatrix} = \begin{bmatrix} 0 & 1 \\ -\dfrac{k}{m} & -\dfrac{c}{m} \end{bmatrix} \begin{Bmatrix} x_1 \\ x_2 \end{Bmatrix} + \begin{Bmatrix} 0 \\ \dfrac{1}{m} \end{Bmatrix} f_p$$

上述矩阵一般用矢量表示如下：

$$\dot{X} = AX + BU \tag{4-21}$$

$$Y = CX \tag{4-22}$$

② 对状态方程的说明。式(4-21)叫作状态方程。这是因为它的未知量 X 描述的是系统的运动状态。x_1 是钢球的位移 x，$x_2 = \dot{x}_1 = \dfrac{\mathrm{d}x}{\mathrm{d}t}$ 是钢球的速度，$\dot{x}_2 = \dfrac{\mathrm{d}\dot{x}_1}{\mathrm{d}t} = \dfrac{\mathrm{d}^2 x}{\mathrm{d}t^2}$ 是钢球的加速度。式(4-21)中，X 是状态矢量(m 维)；A 是 X 的系统矩阵($m \times m$ 维)，U 是控制矢量(n 维，外输入)，B 是控制矩阵($m \times n$ 维)。A 是方阵；单输入时 B 通常是列阵，U 是一个数，$\dot{X}$ 是 X 对时间的导数。式(4-22)叫作输出方程，其中 Y 是输出矢量(r 维)，C 是输出矩阵($r \times m$ 维)。

(5) 系统分析

系统分析就是根据系统的时域解、频域解和复频域解(在"信号分析与线性系统"中已讲过)，对系统的运动特性进行分析。在本课程中系统分析包括两项工作：一项是对系统的典型控制环节〔包括比例环节、积分环节、微分环节、惯性环节、一阶微分环节(或称导前环节)、振荡环节、二阶微分环节、时延环节等〕进行分析，以备分析复杂系统之用；另一项是对系统的状态方程进行分析，以备分析多输入多输出系统之用。

① 典型控制环节的分析。机械系统是由机构和零件构成的，熟悉机构和零件的性能，对设计机械系统大有裨益。对于复杂控制系统的设计，道理相同，我们可以将复杂控制系统看作"典型控制环节"的组合，并对其进行分析，只要我们熟知典型控制环节的性能，就可以很容易地构思一个控制器(复杂控制系统)，如 PID 控制器就是由比例、积分、微分 3 个控制环节构成的。

a. 各典型控制环节的分析方法及这些环节的特性可参考《机械工程控制基础》2.3 节和 4.2 节〔所有分析方法在"信号分析与线性系统"课程中已讲过〕；典型控制环节的实例可参考 2.3 节和 2.5 节。

b. 复杂系统的分解与简化方法可参考《机械工程控制基础》2.4 节。

② 多输入多输出系统的分析(即对状态方程的分析)。

a. 稳定性分析(参考《现代控制理论》第 4 章)。

• 稳定性的 4 种状态：系统在运动过程中趋于平衡位置有如下 4 种状态。第一种叫作"稳定"或"一致稳定"(运动有界，但始终达不到平衡位置)。第二种叫作"渐近稳定"(起初微动，最终可达到平衡位置)。第三种叫作"大范围渐近稳定"(无论起始位置如何，最后都会达到平衡位置)。第四种叫作"不稳定"(运动起来以后离平衡位置越来越远)。

• 稳定性分析的方法。

■ 李雅普诺夫第一法：其思路与"信号分析与线性系统"课程中讲的一样，即系统状态方程中状态量前面的系数矩阵 A 的所有特征值均具有负实部(可以叫作"状态方程"判别法)。在工程中，更重视"输出稳定性"，此时其稳定条件是系统传递函数的极点全部位于 S

平面的左半平面内。(其可以叫作"输入输出"判别法)。

■ 李雅普诺夫第二法：其依据是能量最小原理，即若输出信号是稳定的，那么信号在系统内传输的过程中，应当始终保持其能量最小。按照该思路，我们可以先凑出一个输出信号能量的函数（一般为泛函），然后求其极值，那么使泛函取极小值的传输状态就是稳定的状态。信号的能量通常是信号幅值的平方量，它是一个标量，在一般情况下，将能量的泛函 V 设置为状态矢量的平方项〔即若状态量是 X，则 $V=V(X^T X)$；凑 V 的方法视具体问题而定〕。有了 V 以后，利用 V 的一阶变分为零的条件来判断系统的稳定状态。

b. 系统的特性分析（即求解）。

• 多输入多输出连续系统的时域分析：分析步骤与前面讲的相似，只是其状态量的解是 $X = e^{At} \cdot X_0 + \int_0^t e^{A(t-\tau)} BU(\tau) d\tau$ 的形式，其中 A 是系数矩阵。

• 多输入多输出连续系统的复频域分析：采用拉氏变换求解。

• 多输入多输出离散系统的时域分析：将状态方程变为差分方程用迭代法求解。

• 多输入多输出离散系统的复频域分析：利用 z 变换将差分方程变换到复频域中求解。

c. 多输入多输出线性控制系统的"能控性"与"能观性"。

• 多输入多输出状态方程(4-21)和方程(4-22)的特点。

■ 状态方程中各状态量之间有耦联性（即在同一个方程式中有两个以上未知量），不能由一个方程求一个未知量。

■ 输入量（控制量）、状态量和输出量的数目各不相同，通常输入量、输出量都比状态量少。

■ 为了实现对系统的控制，通常对状态方程进行解耦。要解耦必须知道哪些状态量"能控"，哪些控制不了，因此要做"能控性"分析。另外，控制系统多采用反馈控制律，因此必须能测得需要反馈的状态量。输出量是由式(4-22)计算的 Y，而非式(4-21)计算的 X，X 是 Y 借助式(4-22)逆运算而得的，Y 与 X 往往维数不同，不知道哪些状态量（x_i）能测得（即"能观"，只有能观的状态量才能作为反馈信号）。所以，对于一个控制系统必须知道哪些状态量"能控"，哪些状态量"能观"。

• 能控性的判别方法。由多输入多输出连续系统的时域解可知，状态量 X 是由系统矩阵 A 和控制矩阵 B 决定的，而 A 是由系统的结构形式和物理参数决定的，B 与控制作用的施加点有关，因此影响系统能控性的因素是系统的结构形式、物理参数和控制作用施加点。故系统的能控性可以根据矩阵 A、B 判别。

• 能观性的判别方法。状态量 X 是在测得一系列的 Y 值以后由式(4-22)反解出来的，所以能观性可以根据 A 与 C 判断。但须注意，测量 Y 的时间间隔要适当，避免过小。

• 注意利用能控性与能观性的对偶关系，以简化计算。

• 系统结构 A 按照能控、能观分解及其用途。

■ 分解方法：根据上面的判断结果，将 A 中的元素按能控、不能控、能观、不能观的分成 4 类，重点是找出能控、能观、既能控又能观的元素。

■ 用途：第一，在设计状态反馈系统时，取上述可观的元素作为反馈量。第二，上述能控又能观的元素构成的矩阵块是系统传递函数中的一个最小实现的系统，可根据该最小实现系统设计一个反馈控制系统,并对该系统采用极点配置方法进行稳定性设计。

(6) 系统设计

控制系统的设计分为概念设计与详细设计两个阶段,现分述如下。

① 概念设计阶段:在该阶段做两项工作,一项是确定控制策略;另一项是构思总体方案。

a. 确定控制策略:控制系统分为 3 类,第一类是"白箱"问题,第二类是"黑箱"问题,第三类是"灰箱"问题。在控制系统中各类参数都已知的是"白箱"问题,各类参数都未知的是"黑箱"问题,部分参数已知,部分参数未知的是"灰箱"问题,这 3 类问题的控制策略是不同的。概念设计时,要根据系统的已知条件,确定系统属于哪一类,从而确定其控制策略。

b. 构思总体方案:构思总体方案的依据是广义执行子系统的运动规律和动作逻辑。构思总体方案要考虑的几个问题:第一,是采用输入信号直接控制的"开环系统"还是采用输入信号与反馈信号同时控制的"闭环系统"(如图 4-8 所示);第二,选择控制策略,以决定用什么样的控制器;第三,给出总体方案简图(包括传感器的类型和布置位置、控制器的类型、信息流图及连线、控制逻辑及程序)。

② 详细设计阶段:该阶段的任务是落实总体方案,实现总体功能(下面的工作主要用于"白箱"问题)。

a. 落实总体方案(以图 4-8 为例):根据广义执行子系统各模块中的机构和零件的几何形状、尺寸和物理参数,求出传递函数 $G(s)$;根据经验给出检验控制子系统各模块中元器件的物理参数并求出传递函数 $H(s)$;根据信息流图将 $G(s)$、$H(s)$ 连起来并标明输入与输出。

b. 系统详细设计需要注意的问题:系统的稳定性、反应的快速性、输出的准确性。

• 进行稳定性设计时不仅要使极点的位置满足稳定性条件的要求,还要留一些储备。相位储备叫作相位裕度 γ,幅值储备叫作幅值裕度 k_g。在工程中用 Bode 图进行稳定性设计最方便,一般希望 γ 取 $30°\sim60°$,$k_g>2$。

• 进行快速性设计时主要控制瞬态响应阶段的延时 t_r、调整时间 t_s 和最大超调量 M_p。实践告诉我们,系统的固有频率 w_n 和阻尼比 ξ 越大,t_r、t_s、M_p 越小。通常取 $\xi=0.707$,t_r、t_s 限制在秒级或毫秒级,M_p 限制在 $25\%\sim1.5\%$。

• 进行准确性设计时主要消除稳态响应阶段的误差。信号在传输过程中的偏差主要表现为幅值偏差、波形偏差和相位偏差。误差分析表明,上述误差不仅与系统的开环传递函数有关,还与输入信号的形状有关,具体如何影响可参考《机械工程控制基础》的 6.2.2 节。为了保证信号在传输过程中不失真,通常将模拟信号数字化以后再传输。

c. 系统的调整:在设计机电一体化系统时总是先凭经验给出广义执行子系统中机构和零件的形状、尺寸和物理参数(如材质、弹性模量、质量等)以及检测控制子系统中各元器件的物理参数,因为若没有这些参数,则无法进行计算。所以,这里的设计实际是先给一个草案,然后进行校正。

• 单输入单输出系统的校正(参考《机械工程控制基础》6.5 节~6.11 节)。前提条件是被控对象(广义执行子系统)的传递函数 $G(s)$ 已知。对于开环系统,采用串联控制器,并将其串联在 $G(S)$ 前边。该控制器由比例环节、一阶微分环节和惯性环节串联而成,优选控制器的参数,可以同时改善系统的稳定性、快速性和准确性。对于闭环系统,采用并联控制器,连接方式如图 4-8 所示。反馈量均为状态量,如位移反馈、速度反馈或加速度(力)反馈

(具体方法参看上面指定的参考书)。
- 多输入多输出系统的校正(参考《现代控制理论》第5章)分两种情况进行。
  ■ 第一种,状态矢量 X、输出矢量 Y 和输入矢量 U 的维数均相同,我们可以通过坐标变换将状态方程解耦变成各状态变量都相对独立的方程组,其中每个方程式都和单输入单输出的方程一样,则其校正方法也和单输入单输出的方程相同。
  ■ 第二种,状态矢量 X、输出矢量 Y 和输入矢量 U 的维数都不同,这时可采用状态反馈控制器进行校正。其思路是,构造一个"渐近状态观测器",将该类状态方程变成全状态可观,观测器的输入为原输入与输出之和,即 $U+Y$,以此达到全状态反馈(具体做法见《现代控制理论》5.5节),实现对系统的控制。
- 系统的优化。上面的校正工作做完以后,若准确性不理想,则可以通过建立误差的泛函用变分法对系统参数进行优化。这次优化可同时调整机、电参数,哪类(机或电)参数好调整就调整哪类,充分体现机电一体化的优越性(具体做法可参考《机械工程控制基础》6.4节)。

(7) 控制信号的调整优化

有些控制问题是无法用优化系统的方法解决的,例如,控制导弹的飞行轨迹就需要调整优化控制信号。优化信号和优化系统的思路是一样的。第一,要建立优化目标(泛函式),如误差最小,能量最小,时间最短,路径最短,等等。第二,要明确控制量或控制函数 U。第三,要有状态方程。第四,要有起始和终止条件,如起始和终止的位置或时间。具体算法可采用极小值原理,也可采用动态规划法,具体做法可参考《现代控制理论》第6章。

4. 计算机控制技术

"计算机控制技术"是机械电子工程专业的一门专业课。本课程的任务是,以"控制工程"的理论为指导,教给学生设计控制器的技术与方法。本课程的知识要点如下。

(1) 微机控制系统构成

微机控制系统的结构模型如图 4-9 所示。

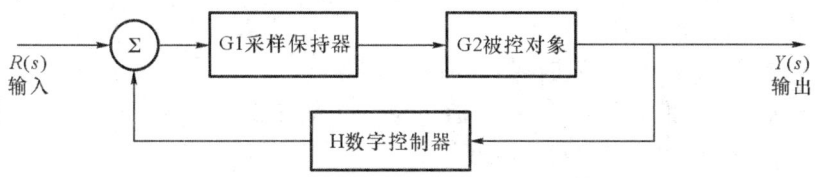

图 4-9 微机控制系统的结构模型图

(2) 各种控制技术的基本原理及基于这些原理的控制器的设计

有些内容在"控制工程"课程中已讲过,这里要注意应用。

① 数字 PID 控制器设计。
② 数字调节器直接设计。
③ 模糊控制技术及控制器设计。
④ 神经网络控制技术及控制器设计。
⑤ 基于遗传算法的控制技术及控制器设计。

(3) 微机控制系统设计

要求学生能用单片机、DSP、ARM 或工控机搭建一个计算机控制系统。

(4) 基本技能

根据工程问题的需要,设计一个计算机控制系统〔也可以利用(3)中的结果〕;设计一个数字控制器,并在搭建成系统以后将其调试好。

(5) 在机电系统中的应用

其用于设计控制器。

4.2.11 计算机类模块

对于机械电子工程专业来说,计算机类课程是由于机电一体化技术发展的需要而逐步开设的。目前看来,计算机类课程门数和总学时都不少,但存在两个缺陷:一个是内容零乱、不系统;另一个是内容不深、不透。随着"中国制造 2025"纲要的实施,正如"工业 4.0"所预期的那样,不久的将来,计算机(科学)在智能机电系统(产品)中所占的比重将达到 50% 左右(机械占 20%,电子占 30%),嵌入式软件充满整个智能机电系统(产品)内(不仅有接口驱动程序、控制程序,还有复杂的智能程序)。另外,复杂庞大的工具软件可以建造产品的虚拟原型,设计、测试产品,从某种意义上来说,软件将决定未来产品的几乎所有功能(例如,使产品具有判断推理、逻辑思维、自主决策的功能和远程监测、维护的功能)。为了适应这样的需求,学生必须熟练地掌握计算机科学的软硬件知识,以适应以后的工作。

计算机科学的初衷是以"电脑"代替人脑,将人们从繁重的脑力劳动中解放出来。为此,必须做好 3 件事:第一,做一个代替人脑的机器;第二,编制一套指挥"电脑"运作的程序;第三,把要处理的事物变成"电脑"能认识的 0、1 码。为了做第一件事,人们发明了"计算机";为了做第二件事,人们开发了"计算机程序";为了做第三件事,人们规定了"数据的结构"形式。随着计算机科学的发展,人们发明了"数据库",代替人脑对事物的记忆;组建了"计算机网络",使信息能自由地传播。因此,本模块应开设 5 门课程,全面介绍如何以"电脑"代替人脑工作。这 5 门课程是"计算机原理与接口技术"、"算法语言与程序设计"、"数据结构及其应用"、"计算机网络"和"数据库技术与应用"。学生应当掌握以下能力。

第一,会使用计算机及计算机网络处理日常工作。

第二,会选用合适的微处理器(单片机、DSP、ARM、PLC 等)构成检测或控制系统的硬件系统,并会编写它们的接口驱动程序。

第三,能组建测控网(如现场总线、局域无线网、远程公网接入),实现集中式测控、分布式测控和远程遥测遥控。

第四,掌握高级程序语言(C 或 C++);会应用现有程序(如 CAD、CAE、CAM、MATHLAB、PSpice 和 AI 程序等)解决机械设计和电路设计问题;会设计、编写应用程序(如数据处理程序、控制算法程序和简单的 AI 程序等)。

下面分别介绍这 5 门课程的主要内容。

1. 计算机原理与接口技术

计算机是由中央处理器(CPU)、存储器和输入、输出设备组成的具有逻辑功能的电子电路系统。该系统在指令的控制下,对输入的数据进行处理或计算,代替人们的大脑解决他们想解决的问题。计算机的技术指标是高速、可靠和节能。为了达到上述目的,采取了两项措施:其一,将所有的电子电路系统进行优化,分成模块,并聚集在几个芯片中;其二,设置了许多缓存器(在输入、输出接口)和寄存器(在 CPU 内、CPU 与主存之间)。因此,在介绍计算机类课程的时候,要紧紧抓住这两点。

本课程可以以微机为例介绍计算机的硬件系统和它的工作原理,可以仿照《计算机组成与结构》(以下简称《计算机》)的思路编排内容,要采用概述式的讲述方法,介绍基本概念、基本模块和解决问题的思路。其核心内容如下。

(1) 计算机系统的构成及其各模块的功能

先以图解方式介绍微机的整体构成,然后分别介绍中央处理器、主存储器、辅助存储器、输入输出设备与外设接口、总线和指令系统的构成,以及每部分(模块)的功能。在介绍时应当以中央处理器、主存储器、输入输出接口和指令系统为重点,具体说明如下。

① 画一张计算机系统的总体图,将中央处理器、主存储器、辅助存储器和输入输出设备用总线连起来,并注意在中央处理器与主存储器之间加上高速缓冲存储器(cache),在外设(输入输出设备和辅助存储器)与总线之间加接口(可参考《计算机》中的图 6-1),为描述"数据的运动"打下基础。

② 关于中央处理器与指令系统:中央处理器是计算机的核心模块,其功能是使输入的"数据"按一定的逻辑运动,实现对数据的处理或计算〔如代数运算(加、减、乘、除)、逻辑运算(与、或、非、异或等)、比较(判别、排序、转移)、移位等〕。这些功能是由电信号(数据)在一系列指令的控制下按一定的逻辑关系,在一系列数字逻辑电路(即微处理器芯片)中运动实现的。所以中央处理器与指令系统是分不开的,在中央处理器功能扩展的过程中,二者是相辅相成、互相促进的。如果你想增加一个新的功能(即新指令),就必须用一个新的逻辑电路实现它。如果你设计了一个新的逻辑电路,那么你就增加了一个新的功能(指令)。可见,指令系统的优劣决定了计算机性能的优劣。

a. 关于中央处理器,重点介绍 3 项内容。

• 参照《计算机》中的图 6.8 画一张 CPU 逻辑框图。其主要包括两部分,一部分是控制部件(包括指令寄存器、指令译码器、时序控制信号形成部件、控制总线和程序控制器),另一部分是执行部件〔包括 ALU、乘法器、寄存器组(数据寄存器、地址寄存器和通用寄存器)和总线〕。

• 按照上图说明控制信号与数据信号(数据与地址)的运动状态。

• 按照上图说明每个寄存器的作用,为讲"数据结构"课程打基础。

b. 关于指令,重点介绍 5 项内容。

• 指令是在 CPU 中产生的控制信号的符号。

• 指令的格式。

• 指令的寻址方式。

• 各类指令及其功能。

• 程序与指令的关系:程序是以高级语言的形式描述的指令序列。

③ 关于主存储器与辅助存储器,重点介绍 3 项内容。

a. 设备及其功能。

b. 数据存储及存取方式(简单介绍一下即可,为"数据结构"课程打基础)。

c. 数据的运动路线与状态。

④ 关于接口技术,主要介绍3项内容。

a. 接口是外部设备与主机相连时,必须遵守的物理互连特性和电气特性的技术规范。

b. 各类接口的名称及功能。

c. 接口芯片的连接方式。

(2) 计算机系统是如何工作的

结合(1)中的计算机系统图和CPU逻辑框图,说明数据从输入到输出在计算机内的运动状态〔包括数据流(地址和数据)和控制信息流〕。

(3) 主要指标

① 技术指标:主频(标示计算机的运算速度)。

② 管理指标:耗费机时少,利用空间多。

(4) 运行中要解决的几个问题

① 时钟与节拍的作用:控制数据(数字或文字的编码)在微机内协调运动,是数据通信的关键信号。

② 高速CPU与低速外设的匹配:在接口处设缓存器、寄存器,在CPU内设寄存器、锁存器等,以解决CPU与主存储器、辅助存储器和各类外设之间传输速度不同的问题,提高执行部件的使用效率和计算机的运行速度。

③ 提高CPU利用率:

a. 利用"流水线"的思路,使CPU内的指令部件和执行部件同时工作,避免CPU某些部件空闲,以提高运算速度。

b. 利用中断机制使CPU处理完接口输入、输出动作后马上回来工作,省去了等待时间(对中断要做详细介绍)。

(5) 几种微处理器的比较

从构成、主频、开发语言、开发环境等几个方面分析单片机、ARM、DSP、PLC的异同,并说明它们各自的特点与用途。

(6) 开设单片机、ARM、DSP、PLC 4类实验课

每类实验课1学分。

(7) 在机电系统中的应用

① 概念设计阶段:根据微机原理和接口技术构思检测控制子系统。

② 详细设计阶段:设计自动控制系统中的各类接口,并编写接口驱动程序。

2. 算法语言与程序设计

"程序"是以高级语言的形式描述的指令序列,有了指令CPU才能按人们设计好的逻辑思路处理(或计算)输入的数据。

此处说的高级语言在计算机中通常叫作算法语言,这是因为计算机对数据的处理(或计算)方法叫作算法。算法语言是以英语为基础,再加一些符号组成的符号序列,它以人们基本可以看懂的形式描述计算机的指令,是人机对话的工具,所以叫作算法语言。

用算法语言编写的程序叫作源程序。当将源程序输入计算机以后,计算机先将它编译成一个汇编语言程序(以英文字母和符号描述的指令),再将汇编语言程序编译成指令程序(叫作目标程序),这时CPU就能将该指令程序变为时序控制信号控制数据的运动。所以,本课程必须先讲算法语言(以C++程序为例),后讲程序设计。

(1) 基本概念

程序、程序设计、算法、数据类型、运算符、表达式、语法、赋值语句、复合语句、数据输入、数据输出、格式、顺序存储、函数、形参、实参、文件、开发环境、编辑、编译、连接、执行。

(2) 基本知识

① 数据类型：整型数、实型数、字符、变量、数组、指针、结构体、共用体、枚举。

② 算法及其表达式：算术运算符、常量、算术表达式、赋值运算符、赋值表达式、逗号运算符、逗号表达式、关系运算符、关系表达式、逻辑运算符、逻辑表达式。

③ 输入与输出：赋值语句、格式输入、格式输出、字符输入、字符输出。

(3) 练习程序设计

① 程序＝数据结构＋算法公式。

② 顺序结构程序设计：程序的基本结构、赋值操作、输入/输出操作。

③ 选择结构程序设计：if 语句、switch 语句、嵌套结构。

④ 循环结构程序设计：goto 语句、while 语句、do-while 语句、for 语句、break 语句、continue 语句。

⑤ 用函数实现模块化程序设计：函数的意义、函数的参数和函数的值、函数的调用、函数的嵌套调用、函数的逆归调用、局部变量与全局变量、动态存储变量与静态存储变量。

(4) 几个专题

① 指针的应用：指针变量、数组与指针、字符串与指针、函数与指针、指针数组和二级指针。

② 结构体与共用体的应用：结构体数组、结构体指针、共用体、枚举。

③ 预编译和文件：预编译、文件类型指针、文件的读写。

(5) 程序设计的思路

在软件工程中，把软件(程序)设计当作"工程项目"对待，所以程序(信息处理系统)的设计思路与 3.1.1 节介绍的机电一体化系统(产品)的设计思路是完全一样的。程序设计步骤如图 4-10 所示。在学习的过程中，可对二者进行比较，以便加深理解。

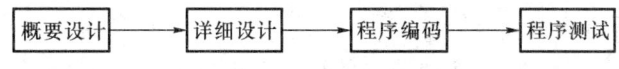

图 4-10　程序设计步骤

(6) 对程序设计构思总体方案(即"体系架构")阶段的说明

以结构化设计方法为例对设计步骤加以说明。

① 概要设计——构思总体方案(即"体系架构")。

程序的"概要设计"与机电一体化系统的"概念设计"相似，它的目的是根据对程序的功能和行为的需求，构思一个程序的"总体结构方案"。

a. 概要设计的步骤：制定设计规范；设计系统总体结构；设计处理方式(算法评价)；设计数据结构；设计可靠性；编写概要设计文档；评审概要设计方案。

b. 对系统总体结构(体系架构)设计的介绍(概要设计阶段只介绍这一步)。

• 需求分析：首先详细阅读"客户需求文件"并与客户直接交流，充分理解"客户需求"；然后将"客户需求"变为程序的"功能需求"，并将"功能需求"划分为"功能模块"(建立"功能模块"与"功能需求"间的对应关系，"功能模块"就成了"功能需求"的载体）。

• 构思"体系架构"：在进行程序"体系架构"（即总体方案）的构思时，可将程序中的字符视为"数据"的集合；由数据结构（或图论）可知，对于程序各模块之间的关系，可以选择树形结构（叫作"结构化设计"），也可以选择网状结构（叫作"面向对象设计"）。若选择树形结构，则架构中的各模块分层次按树形排列，末端模块之间的联系要经过一条复杂的"路径"；若选择网状结构，则各模块事件（对象）之间可以直接联系，省去了"路径"。因此，大型复杂的程序一般选择网状结构。本课程只以"结构化设计"为例，介绍程序设计的方法。

• 结构化设计方法：明确上述各功能模块间的数据传递关系和各模块间的调用（协调）关系，并按调用关系将功能模块分成层，画出树形结构的系统总体结构图。该图的顶层模块是主控模块，用来协调各功能模块之间的通信与运行。主控模块很少做具体的处理工作，而下级模块是实际输入、计算（处理、变换）和输出的执行者。二层以下模块的划分原则也是如此，第三层模块如果是具体执行者，那么第二层模块依然主要起控制作用，这样一直分下去就构成了结构化的"系统总体结构框图"。当然在分层时，一定要注意数据的流向和控制信息的流向，当总体结构框图画完之后，也就明确了框图中的"数据流图"与"控制流图"。同时，在图中要标明每个模块的名字、功能及输入/输出端口。

在画系统总体结构框图的过程中，要进行方案的比较。这是因为在构思系统总体结构框图的过程中，与机电产品的概念设计一样，实现每一个功能模块都有多个方案，因此同一功能模块不同方案的组合将构成一个"系统总体框架"方案集。最后要针对最优方案编写概要设计文档，供方案评审之用。

② 详细设计。

程序的详细设计与机电一体化系统的"详细设计"阶段相似，它是将上述最优的系统总体结构框图中的各功能模块进一步细化，给出一个可以施工（编码实现）的"程序流程图"的过程。

a. 设计步骤：模块分析；建立"程序流程图"；设计输入的数据结构；设计界面；编写设计文档。

b. 具体设计（只介绍前4步）。

• 模块分析：对每个功能模块内算法的逻辑关系进行分析，设计出全部必要的过程细节，并给出清晰的表示。

• 建立"程序流程图"：根据上面的分析结果，对总体结构框图中的模块进行细化，用"算法语言"中讲过的5种标准的基本控制结构（顺序型、选择型、先判定型循环、后判定型循环和多情况选择型）将总体结构框图变为"程序流程图"。（注：除了程序流程图，还可用N-S图、PDA图、判定表等方法编写程序。）

• 设计输入数据结构：我们要解决的实际问题必须用数据描述才能被计算机处理，因此这些数据不能杂乱无章，必须有一定的组织形式，即"逻辑结构"（数据之间的关系）。在建立这些数据结构时，尽量用"数据结构"课程中讲的标准逻辑结构，或者用"算法语言"课程中讲的"数据类型"。复杂的可以自己定义（关于如何定义，程序设计中有相关规定）。

• 设计界面：包括软件、构件之间的接口，与外部实体的接口和人机界面。人机界面的设计原则是：置于用户控制之下，减少用户记忆负担，保持界面一致。

③ 程序编码。

"编码"与机电一体化系统设计中的"样机试制"阶段相似,它是选择一种合适的程序语言和开发环境,把"程序流程图"变为"可执行的程序"的过程。

a. 设计步骤:选择程序语言,选择集成开发环境,编码实现,编写说明文档。

b. 具体设计:

• 选择程序语言:程序语言有多种(如机器语言、汇编语言、高级程序语言、面向问题的程序设计语言)。可以根据以下条件选择,即程序应用领域、用户要求、程序员水平、现有开发环境及其成本、可移植性。

• 选择集成开发环境:目前集成开发环境有多种,可以根据以下原则选择,即程序员的熟悉程度,集成开发环境的费用、易用性、成熟度和规模,以及它与别的软件的配合能力。

• 编码实现:这是一个将"程序流程图"变为"可执行程序"的过程,只要熟悉程序语言,编码实现就没有什么问题。在编码过程中应注意以下几个问题:第一,源程序文档化(标示符命名、程序注释、源程序布局);第二,数据说明(顺序规范、简明、清晰);第三,语句结构(简单、直接、明晰、一行一句等 30 多条建议);第四,输入和输出(有效性、合理性、简单、直接、方便查看等 9 条建议);第五,错误处理(返回错误代码、调用错误处理函数、显示错误信息、记录日记、退出程序等);第六,程序效率〔程序能简单最好,但不要为追求效率而表达不清,要特别注意算法(处理或变换过程)所占空间与时间的影响以及存储方案和输入/输出方案的影响〕。

• 编码说明文档:对所编程序的开头、段落与关键部分都要加上注释,并打印存档备查。

④ 程序测试:"程序测试"与机电一体化系统设计中的"样机功能与性能测试"相似,若"通过"测试,则可交出一个好产品,对于程序来说,就是可以推广应用了。

a. 测试步骤:单元测试、集成测试、确认测试、系统测试、测试报告。

b. 具体工作:

• 单元测试:对用源代码实现的一个程序模块进行测试,检查它是否实现了规定的功能。单元测试由程序员在编写该模块以后完成。

• 集成测试:将单元测试合格的程序模块集成到一起,检查集成组装这个环节是否正确。集成测试由专门的人员或小组完成。

• 确认测试:检查已实现的程序是否满足规格说明中的各项需求,若满足,则确认。

• 系统测试:将已通过确认的程序放入实际环境中运行,与其他系统成分组合在一起进行测试,看其是否满足要求。

• 测试报告:各项测试都通过后,编写一个测试报告,至此程序设计工作宣告结束。后面是正常的维护工作。

(7) 基本能力

掌握结构化程序设计方法,能按程序设计的步骤设计一个应用程序。在设计过程中,要特别注意应用所学的"数据结构"知识建立问题的数据模型,用 C 语言编码,还要会查阅"软件工程"的相关资料并用这些资料指导程序设计。自学"面向对象"的设计方法。

(8) 在机电系统中的应用

其主要用于详细设计阶段。

① 用软件工程的思路为机电一体化系统中的检测、控制模块编写应用程序(数据处理

或自动控制)。

② 将机电一体化系统"数字化"(即用数据描述机电一体化系统的几何形状、尺寸和各类物理参数),并用合适的"数据结构"将这些数据有机地组织在一起,供计算机仿真和计算用。

3. 数据结构及其应用

为了用计算机帮助我们解决问题,一切事物都必须用"数据"描述(如空间位置,物体的形状、尺寸、颜色,物理特性,时间,速度,运动状态等)。对于这些"数据",不仅要给出大小,还要给出它们之间的关系。这些数据如何组织在一起,是本课程要解决的第一个问题——数据的逻辑结构。

在计算机系统中设置了许多缓存器、寄存器、锁存器,以便数据在计算机内不停地被存取,因此,如何实现快速存取,是提高计算机速度的关键,这是本课程要解决的第二个问题——数据的存储结构。

另外,数据在输入过程中,如何存储,如何修改(如删除、插入、检索、更新等),这是本课程要解决的第三个问题——操作(算法)。

基于上述要求,本课程的知识要点如下。

(1) 基本概念

数据结构、逻辑结构、存储结构、算法、算法评价、算法分析、线性表、数组、栈、队列、树、二叉树、图、有向图、无向图、子图、查找、内部排序、文件、外部排序、算法分析、设计技术。

(2) 基本知识

① 数据结构:逻辑结构、存储结构和相应的操作(算法)。

② 逻辑结构:集合结构、线性结构、树形结构、图结构。

③ 存储结构:顺序存储、链接存储、索引存储、散列存储。

④ 操作(算法):建立、设置当前元素、检索、修改、插入、删除、取消当前元素和序号等。

⑤ 算法评价:正确性、简明性、快速性、最优性、健壮性。

⑥ 算法分析:工作量(所用时间多少)、存储空间用量(占空间大小)。

(3) 存储方法

① 线性表:定义(元素、结构、操作)、顺序存储、链接存储、索引存储。

② 数组:定义(元素、结构、操作)、顺序存储(特殊矩阵、稀疏矩阵)。

③ 栈:定义(元素、结构、操作)、数组实现的栈、链表实现的栈。

④ 队列:定义(元素、结构、操作)、循环数组实现的队列、链表实现的循环队列。

⑤ 树:二叉树的定义及相关术语,二叉树的相关性质,二叉树的各种存储结构,二叉树的遍历及其应用,树、森林与二叉树的相互转换,哈夫曼树及应用。

⑥ 图:图的定义及相关术语、图的各种存储结构、图的遍历及其应用、求最小代价生成树的 Prim 算法和 Kruskal 算法、有向无环图的拓扑排序算法、求最短路径的 Dijkstra 算法。

(4) 查找

顺序查找、二叉排序树及其性能分析、哈希表查找。

(5) 排序

直接插入排序、希尔排序、冒泡排序、快速排序、简单选择排序、堆排序、归并排序。

（6）文件

文件的定义、顺序文件、散列文件、索引文件、关键字文件。

4. 计算机网络

过去测控网采用的是"现场总线"技术，现在已可借助于互联网——Internet。如何保障数据传输的快速性、准确性和可靠性是网络技术的关键。解决这个关键问题的方法就是组网和网络协议。本课程重点介绍有关组网和协议的内容。

为什么要有协议？我们知道，在计算机网络中传输数据的载体是电脉冲(0、1)，这些电脉冲既是能量流，也是信号流、信息(数据)流，对这些流的运动必须予以控制，它们才能按照人们的要求去流动。在传输数据(工作对象)的同时还要传输控制信号，因此必须在传输的数据组(帧)中插入相关的控制数据，这是建立传输协议的根本原因。

下面介绍本课程的知识要点。

(1) 基本概念

计算机网络、网络应用、网络结构、体系结构、协议、OSI 参考模型、网络标准化。

(2) 基本原理

数据通信原理。

(3) 基本知识

① 网络的硬件系统：网络拓扑结构、网络设备(网线、连接器、路由器、网桥、网关、交换机)。

② OSI 参考模型。

a. 物理层：传输介质、模拟传输、数据传输、交换方式、物理层模型。

b. 介质访问层：局域网、ALOHA 协议、CSMA 和 CSMA/CD、IEEE802 标准、高速以太网、透明网桥原理。

c. 数据链路层：数据链路层模型、成帧方法、差错控制、停止等待协议、滑动窗口协议、连续 ARQ 协议、协议的性能分析、HDLC 协议举例。

d. 网络层：网络层模型、路由算法、流量控制、拥塞控制、网络互联、IP 协议举例。

e. 传输层：传输层模型、连接管理和三次握手、流量控制、TCP 协议及有关算法。

f. 会话层：会话层模型、远程过程调用、会话层实例。

g. 表示层：表示层设计、抽象语法表示法、各种数据压缩技术、加密。

h. 应用层：应用层设计、文件传输、访问和管理、电子邮件、虚终端。

(4) 基本技能

① 掌握计算机网络体系结构和典型网络协议并会应用。

② 掌握网络系统分析的基本原理和方法并会应用。

(5) 在机电系统中的应用

① 概念设计阶段：根据网络拓扑结构模型为机电一体化系统构思局域测控网或广域遥测遥控网(包括无线网)。

② 详细设计阶段。

a. 选用合适的网络设备(如网线、连接器、路由器、网桥、网关、交换机等)组建上面所构思的局域网或广域网。

b. 选用合适的协议保证测控信息在网上迅速、准确、可靠地传输。

③ 样机试制阶段：用所学网络知识，调通测控网，并使其正常、可靠地运行。

5. 数据库技术与应用

本课程的任务是教会学生如何选择合适的数据库，以及如何使用数据库。本专业用的许多大型的专业程序与资料都存在数据库中，我们在构建检测控制子系统和智能系统时也要用到数据库技术，因此同学们必须掌握它。对本专业来说重点在于数据库的应用，因此可以开设实验性质的课程，选一个常用的数据库，举几个实例，教给学生怎么使用。另外，再简单介绍一下其他数据库的特点，教学生如何选用。本课程的知识要点如下。

(1) 基本知识

① 数据库系统简介：数据管理技术的发展过程、数据库技术的主要特点、数据库系统的组成、数据库管理系统的功能。

② 关系数据库标准语言 SQL：SQL 数据的定义、SQL 数据查询、SQL 数据更新、SQL 数据控制、数据库索引。

③ 数据库操作：视图的应用、存储过程、用户自定义函数、触发器。

④ 数据库保护：数据库的完整性、数据库的安全性。

⑤ 关系数据模型：关系模型的特点、关系的性质及数学描述、关系完整性、基本关系代数操作、数据依赖、关系模式的形象化定义、函数依赖与存储异常，范式(1NF、2NF、3NF)、关系模式的规范化。

(2) 数据库设计

① 数据库设计的内容和特点。

② 数据库设计：E-R 图表示方法，使用 ER 模型进行数据库设计。

(3) 基本技能

① 掌握数据库语言 SQL、开发工具的使用(MySQL 的安装、数据库及表的创建与维护)。

② 掌握问题分析与归纳抽象的方法(会建立关系数据模型 E-R 图)。

③ 掌握数据库的设计过程和对数据库的操作(MySQL 数据库查询)。

(4) 在机电系统中的应用

在详细设计阶段为大量的检测数据建立数据库。

4.2.12 专业课模块

前面已按照图 4-1 分别介绍了设计广义执行子系统和检测控制子系统所需要学习的课程与知识，而专业课的任务是介绍把两个子系统集成与融合的知识。因此，专业课的内容将按图 3-1 所讲的设计步骤安排。尤其在概念设计阶段，在总体方案的设计论证过程中将突出系统分析与机电融合的思想，突出创新意识，启发学生灵活地运用所掌握的各种知识构思、比较并选定方案。在详细设计阶段将突出并行设计的思想，注意对所设计的结果进行仿真优化，这显示出了机电一体化的优越性。

本模块拟开 4 门课：第一门"机电一体化系统设计"，第二门"工业机器人"，第三门"物流自动存储分拣系统"，第四门"电子设备结构设计"。开设这 4 门课的想法是：第一门课综合性地讲机电一体化系统设计的一般步骤和方法；第二门课结合具体的工业机器人讲"单机自动化"的机电一体化产品设计；第三门课结合物流自动存储分拣系统讲"系统自动化"的机电一体化系统设计；第四门课讲哪个系统都离不开的控制箱或控制柜设计。这样专业知识就比较全面了。

1. 机电一体化系统设计

"机电一体化系统设计"是机械电子工程专业的一门专业课,前面设置的许多课都是为本课程做准备的。本课程的任务是,教给学生如何根据系统工程的思想,灵活地、创造性地应用前面所学的知识设计一个崭新的、实用的机电一体化产品(系统)。

**在讲课时,对于如何制订方案最好多讲一些实用的经验,增强学生解决实际问题的能力。

本课程的知识要点如下。

(1) 机电一体化系统设计简介

① 机电一体化系统的含义:机电一体化、系统、机电一体化系统(复习本书第2章的内容)。

② 机电一体化系统的构成:工作对象、广义执行子系统、检测控制子系统、输入、输出(物质流、能量流、信息流)和环境(复习本书第2章的内容)。

③ 设计类型确认:创新开发性设计、适应性设计、变型性设计。

④ 设计应遵循的基本原则与基本规定如下。

a. 基本原则:需求原则(满足市场需求)、信息原则(充分了解市场信息、技术信息、同行信息)、创新与继承原则、优化与简化原则、广义原则(既考虑技术,又考虑人文)。

b. 基本规定:标准(国标、行标)、国家法律法规、政策(专利法、知识产权法、合同法、环境保护法等)。

⑤ 创新设计的设计步骤:产品(系统)策划、概念设计、详细设计、样机试制、改进设计。(可参考本书第3章图3-1。)

⑥ 设计任务。

a. 在产品策划阶段完成产品设计任务书。

b. 在概念设计阶段完成最优方案的原理图和初始选型图,包括:

• 系统的总体布局(确定动力系统、传动系统、执行系统、操纵系统、测控系统和其他辅助系统之间的相互位置关系),系统的输入、输出和环境。

• 机械系统(广义执行子系统)的运动简图、液压流图、气压流图(初步的设想图)。

• 测控子系统的信息流图(初步的设想图)。

c. 详细设计阶段完成产品设计说明书和全套图纸。

• 机械系统的运动简图、运动循环图。

• 总装图、部件装配图、零件图,液压系统、气压系统、电气系统和测控系统的原理图和安装图。

• 说明书:主要技术参数〔尺寸参数、材料物理参数(密度、弹性模量、弹性极限等)、运动参数、动力参数、环境参数、控制参数(指标)〕、运动分析、动力分析、工作能力校核和驱动装置选择的计算步骤、结果和必要的说明。

d. 样机试制阶段完成定型产品,包括:

• 试制样机,做性能测试、功能测试、产品鉴定,通过鉴定后试销。

• 试销的目的是看市场的反应,一是看市场对产品的需求情况,二是听市场对产品性能的反馈意见,以便改进产品。

e. 改进设计阶段完成产品的改型。经过一段时间的销售,广泛地听取了经销商、消费者的意见,考虑新技术,做一次"适应性设计"。

(2) 机电一体化系统总体方案的具体设计

下面以"创新开发性设计"为例进行介绍,若为"适应性设计"和"变型性设计",则不需要那么多步骤(请参考第 3 章)。

① 产品策划(根据客户需求给出"产品设计任务书")。

由"客户需求"确定产品(系统)的总"功能需求",给出"产品设计任务书",即明确所设计的产品(系统)应当对"工作对象"做什么样的"处理"或"变换"。

② 概念设计(根据"产品设计任务书"给出"总体设计方案",这是本课程的重点)。

a. 将产品(系统)的总"功能需求"分解为"功能模块"。这项工作是在系统工程思想的指导下进行的。首先,确定该系统中的"工作对象"和对工作对象做"处理"或"变换"的"工艺流程"(确定了"工作对象"和"物质流"),并将该"工艺流程"分解为一组"动作"的组合;然后,根据物理原理找出一组合适的"执行机构"完成一组"动作",同时配以合适的驱动装置供给它们能量(确定了"执行机构"与"能量流");最后,确定"操控者"按"工艺流程"的逻辑操控"执行机构"的"动作"(确定了"操控者"与"信息流"),完成预定的对"工作对象"的"处理"或"变换"。通过上述工作就将产品"总功能需求"分解为不同的"动作"模块(不同的"执行机构"和与之关联的"传动机构""驱动装置")和与该"动作"模块相对应的"操控"模块(不同的"传感检测模块"和"控制模块")。

b. 寻求各功能模块的不同实现方案,将不同方案的功能模块组成总体方案集,对其进行优化评价后给出"最优"总体方案。具体做法是:针对"工艺流程"有多种"动作"分解方案,而对每一个"动作"方案又有多种"执行机构"的方案,同时"操控者"和"信息流"也有许多方案,这就可以"组合"成一个"总体方案集",利用系统优化的分析方法,对这个"总体方案集"进行分析、比较、评判,最后选一个"最优"方案作为最终方案。具体步骤如图 3-1 所示。

c. 在设计总体方案的过程中,要充分发挥机械、电子和计算机的综合优势,"执行机构"不一定选传统的机械系统,而可以采用由计算机(软件编程)控制的简单机构完成复杂的"动作",这样可以使机电一体化系统的结构既简单又轻巧。

③ 详细设计——机电一体化系统总体方案的实现(给出全部图纸的说明书)。

a. 广义执行子系统的设计:这一步的任务是将最终总体方案中广义执行子系统的每个模块都具体化。在下面的设计中要充分利用"工程力学"、"机械设计"和"机械制造"3 个模块的知识。具体完成以下 4 项工作。

- 机械执行模块的设计与选择。
- 机械传动模块的设计与选择。
- 驱动装置的选择及其控制线路(电路、油路、气路)的设计。
- 导向、支撑部件的设计与选择。

b. 检测控制子系统的设计:这一步的任务是将最终总体方案中检测控制子系统的各个模块具体化。在下面的设计中要充分利用"电工电路"、"检测控制"和"计算机"3 个模块的知识;同时要注意,多用"信号分析与线性系统"和"控制工程"所讲的理论进行系统的定性分析,用"计算机控制技术"所讲的方法设计控制器。具体完成以下 5 项工作。

- 选择合适的信息采集模块(模块中已包括传感器、前置放大器和 A/D 转换器)。
- 选择合适的计算机控制技术(方法)。
- 选择合适的微处理器(单片机、DSP、ARM 或 PLC)。

- 给微处理器做接口设计。
- 组成检测控制子系统并进行调试。

c. 系统仿真优化：在上述两个子系统的设计过程中，仿真和优化是同时进行的，具体做法是：首先根据已设计好的广义执行子系统和检测控制子系统建立一个机电一体化自动控制系统的物理/数学模型（图 3-2），然后利用计算机仿真软件进行仿真，对两个子系统已确定的参数不断地进行优化修正，最后给出一组"优化"了的参数，作为出图纸的参数（必要时对于仿真结果的参数还要通过实验予以修正）。

d. 给出全部图纸和设计说明书。

(3) 机电一体化系统（产品）设计实例

** 可重点介绍总体方案的制订与比较，多讲些经验，至于具体设计可以给出完整资料让同学们自己看。同时，可根据该实例，向同学们介绍在设计过程中是如何利用系统工程的思想对系统进行优化的。

(4) 在机电系统中的应用

本课程介绍的是机电一体化系统（产品）设计的一般原则，在"产品策划"、"概念设计"和"详细设计" 3 个阶段都要用到，尤其要注意如何进行总体方案构思和并行设计。

2. 工业机器人

工业机器人是机电一体化系统中的单机自动化产品的代表，是机械电子工程专业的主要研究对象之一，因此，"工业机器人"课程是机械电子工程专业一门很重要的专业课。机器人的设计是机电一体化系统中用数学和力学知识最多的环节，通过"工业机器人"的学习，同学们会发现，现在所学到的知识还远远不够，要学习更高深的数学、力学、控制方面的理论，学习机械、电子、生物等各学科的新知识和新技术（尤其是伺服技术）。

** 建议本课程除介绍工业机器人的基本知识外，还要介绍机器人的设计方案是如何制定的，多给学生讲一些制定方案的经验，如果学生能够了解并掌握这些经验，就能很快适应机器人的设计工作。

本课程的知识要点如下。

(1) 机器人的基本知识

① 机器人学的术语、定义及与其他学科的关系。

② 机器人的分类和组成。

③ 操作机几何学。

④ 机器人的坐标系统。

⑤ 机器人运动学：位置运动分析（正解与反解）、速度分析、轨迹控制。

⑥ 机器人动力学：动力学方程的建立与应用、力控制与柔性机器人。

⑦ 机器人中的主要技术。

⑧ 机器人控制器。

⑨ 机器人伺服系统。

⑩ 机器人的感觉技术。

(2) 机器人的设计

以一个典型的机器人为例，按图 3-1 所讲的设计步骤介绍它的设计过程。重点是概念设计阶段的总体方案论证以及详细设计阶段的系统仿真优化、运动分析、动力分析和工作能力校核。

① 产品策划：如何给出"产品设计任务书"。

② 概念设计：根据客户需求和机器人的基本知识构思若干初步方案，并通过系统分析与方案论证给出一个"最优"的总体设计方案。

③ 详细设计：给出广义执行子系统和检测控制子系统的各类参数，根据自动控制系统的物理/数学模型，用计算机仿真的方法最终确定系统的各类参数，体现出并行设计和系统优化的设计特点。同时，要教会学生如何进行运动分析、动力分析、工作能力校核和控制器设计、制作。

(3) 在机电系统中的应用

工业机器人是单机自动化产品的代表，本课程的知识主要用于单机自动化产品的"产品策划"、"概念设计"和"详细设计"等阶段。

3. 物流自动存储分拣系统

物流自动存储分拣系统是机电一体化系统中系统自动化产品的代表，也是机械电子工程专业的主要研究对象之一，因此，"物流自动存储分拣系统"课程是机械电子工程专业的一门很重要的专业课。本课程的任务是，向学生介绍条码或电子标签等的模式识别技术、物品自动分拣与自动存储技术以及物流跟踪查询技术；关于分拣设备、立体库和存取机械手的设计，重点可放在方案制订方面，其详细设计与前两门课没有区别，不必再重点讲。

本课程的知识要点如下。

(1) 物流自动存储分拣系统的基本知识

① 物流自动存储分拣系统的构成。

② 条码技术与应用。

③ 电子标签技术与应用。

④ 模式识别技术简介。

⑤ 自动分拣技术简介。

⑥ 立体库与自动存取机械手简介。

⑦ 自动导引小车。

⑧ 传送带(或其他输送设备)简介。

⑨ 自动存储分拣、测控网组网技术简介。

⑩ 物流自动查询技术(包括信息网技术简介)。

(2) 物流自动存储分拣系统设计

结合实例向学生介绍如何将客户需求变为系统的功能需求，如何将功能需求分解成功能模块。在上述转变过程中要利用系统分析与优化的思想去做，多介绍一些经验。关于具体的技术设计，可以不再介绍。

(3) 在机电系统中的应用

物流自动存储分拣系统是自动生产线，即分布式自动控制系统的代表，本课程的知识主要用于系统自动化的"产品策划""概念设计""详细设计"阶段。

4. 电子设备结构设计

"电子设备结构设计"是机械电子工程专业的一门专业课。任何机电一体化系统都离不开控制箱或控制柜(统称"电子设备结构")。从表面上看，对它们的设计仍属于机械结构设计，只要其外形美观，颜色和谐，能将控制电路所用的电子元器件、微处理器等安装在里面即可。其实不然,实践告诉我们,对于电子设备结构的设计,机械设计(强度、刚度、稳定性)已不是重点,而对电工、电子元器件、微处理器等的保护(即对环境的防护)才是关键的。这是因为:首先电子元器件和微处理器等芯片的工作温度有一定限制,温度过高、过低它们都不能正常工作;其次,这些电子元器件和微处理器等芯片中流过的电信号都是弱电,若有电磁干扰则会失真;再次,在整个控制电路中(无论是强电还是弱电)有许多连接件(如插拔接头、继电器、焊点),在振动环境下,它们很容易松动,影响电路的连通性;最后,环境污染(如尘土、盐雾、空气中的氯化硫、氧化磷等)会使电路中的铜、银等暴露的部分锈蚀,造成电路短路或断路,酿成事故。所以本课程的任务是介绍电子设备结构的散热设计、抗电磁干扰设计、减振防振设计和防腐蚀设计。

本课程的知识要点如下。

(1) 基本知识

① 散热设计。

a. 散热设计的依据:温度对电子元器件工作的影响、电子设备热环境的组成要素、热设计的基本原则。

b. 散热设计的理论基础:物体自身的导热、物体边界的热交换(对流、辐射、传导,在介绍有限元法时已讲过)。

c. 电子设备的散热传热方法:自然散热、强迫通风散热、液体冷却、蒸发冷却。

d. 热测量技术和分析软件:热测量技术(在"检测技术"课程的基础上深入讲)、热设计分析软件 ICEPAK、FLOTHERM 介绍。

② 抗电磁干扰设计。

a. 抗电磁干扰设计的依据:电磁干扰三要素、电磁兼容性设计的基本要求、电磁兼容性标准规范体系。

b. 抗电磁干扰技术:电磁屏蔽(电场屏蔽、低频磁场屏蔽、电磁场屏蔽、对屏蔽体屏蔽效能的评价与测试方法)、接地与搭接(地线简介、低阻抗地线的设计和阻隔地环路干扰的措施、搭接简介)、滤波对瞬态干扰的抑制〔滤波器的选择("模拟电子技术"课程中已讲过)、常用瞬态干扰抑制器件介绍〕、电磁兼容性测试技术简介。

③ 减振防振设计。

a. 设备周围的机械环境与振动冲击对电子设备产生的危害。

b. 减振防振的理论基础:复习理论力学和有限元法中振动部分的内容(单自由度和多自由度振动)、隔振、隔离冲击的原理、等效阻尼的概念与应用。

c. 减振防振技术:减振器设计、隔振系统设计、阻尼减振技术、防止振动与冲击对设备影响的措施和振动与冲击的测试技术(复习"检测技术"课程中的相关内容,熟悉测试仪器与设备)。

④ 防腐蚀设计。

a. 防腐蚀设计的依据:被腐蚀的元器件所产生的不良效应与金属材料的耐腐蚀性(金属包括铁、铜、镍、铅、镁、钛及其合金)、各种环境中的腐蚀状况(大气、海洋、土壤、有机气体)。

b. 防腐蚀设计的理论基础:金属电化学腐蚀的基本原理(金属腐蚀速度的表示法、电极电位、电位-pH 图、腐蚀电池及其工作历程、腐蚀速度与极化作用、析氢腐蚀与吸氧腐蚀、金属的钝化、局部腐蚀)。

c. 防腐蚀技术：金属覆盖层保护、控制环境因素、电化学保护。

(2) 基本技能

① 掌握热设计方法和热测量技术。

② 掌握抗电磁干扰的所有技术，能熟练地解决电场、磁场和电磁场的屏蔽问题，能抑制瞬态干扰；会使用电磁兼容检测仪器，能进行电磁兼容性能指标的检测。

③ 能根据电子设备的具体情况采用合适的方法(减振、隔振、增加阻尼)进行减振、防振设计，并能对电子设备进行振动测量，求其固有频率和振型。

④ 掌握防腐蚀设计的基本方法，根据电子元器件所处的具体环境和本身的材质特性，采用合适的技术(金属覆盖层、控制环境因素或电化学防护)进行防腐蚀设计，做好电子元器件的防腐蚀工作，延长它们的使用寿命。

(3) 在机电系统中的应用

本课程的知识主要用于详细设计阶段，对控制箱(柜)内的电子元器件进行散热、抗电磁干扰、抗振、防腐等设计，以保证检测控制子系统能正常工作。

4.2.13 辅助专业课模块

这个模块所介绍的内容不是机电一体化系统设计专有的，但又是不能少的，因此称其为辅助专业课。本模块包括两门课，第一门是"计算机仿真技术"，第二门是"人机工程"。第一门课的知识用于自动控制系统的仿真优化，第二门课的知识使整个系统设计更加人性化。这都是机电一体化设计中不可缺少的工作。下面分别介绍这两门课的内容。

1. 计算机仿真技术

"计算机仿真技术"对机械电子工程专业来说是一门专业基础课，但由于只想让学生学一点利用现有程序对系统优化做仿真实验的知识，并不做全面系统的介绍，所以将该课列为辅助专业课。检测实际系统动态性能的方法是：首先组建一个检测系统，并将其输入端接到实际系统的欲测点上；然后给实际系统输入所需要处理的信号；最后在检测系统的输出端观看实际系统输出量的变化情况。若输出符合设计任务书的要求，则产品(系统)是合格产品，而所做的设计，就是合格的设计；若输出结果不符合设计任务书的要求，则要重新设计与制造。这样做费时、费力、费材料，所以人们想出了用计算机仿真的方法，用计算机模拟实验代替实际系统的检测试验，这样既省材料，又省时、省力，因此仿真技术发展很快。

计算机仿真需要解决 4 个问题：第一，要建立一个切合实际的"系统物理模型"(线性或非线性、连续或离散、时变或非时变等)，这是关键；第二，将物理模型用数学模型表示(代数方程、微分方程、其他形式的数字方程或函数)；第三，将上述数学模型转变为计算机能处理的数字模型；第四，求解、计算并输出动态结果(一般为动态变化图形)。

解决第一个问题不仅需要有扎实的理论基础，还需要系统的专业知识和丰富的解决实际工程问题的经验；第二个问题在基础课和专业基础课中已经得到解决；第三个问题在计算数学、数据结构和有限元法中已经得到解决；本课程要解决的就是第四个问题，即仿真试验(计算及结果输出)问题。本课程的知识要点如下。

(1) 基本知识

① 计算机仿真简介：定义、分类、应用。

② 建立系统物理模型(复习基础课和专业基础课的有关内容)。

③ 建立数学模型(复习工程力学、电工电路、检测控制等模块的有关内容)。

④ 将数学模型转换为计算机能处理的数字模型(建立仿真模型,复习数据结构、有限元法的有关内容)。

⑤ 计算机仿真平台介绍〔Matlab/Simulink(主),Swarm—multi-Agent(辅)〕。

(2) 基本技能(能对机电一体化自动控制系统进行仿真)

① 自动控制系统稳定性仿真(零极点匹配法)。

② 自动控制系统参数优化仿真。

(3) 在机电系统中的应用

① 在概念设计阶段,采用仿真技术对方案进行比较、优化。

② 在详细设计阶段,采用并行设计的理念,用仿真技术对自动控制系统进行系统参数优化。

2. 人机工程

"人机工程"是机械电子工程专业的一门辅助专业课。过去的设计一般只注重功能的实现,对于人们操作是否容易考虑得比较少。本课程的任务是向设计者宣传以人为本的思想,在进行机电一体化产品(系统)设计时,不仅要考虑产品功能的实现,还要考虑人们操作它是否容易,维护它是否方便,这是人类社会更加文明、进步的表现。开设本课程的目的就是希望同学们在今后的设计中始终贯穿人本位的理念。

本课程的知识要点如下。

(1) 基本知识

① 人体工程学:是将人看作一个"自然系统"进行研究的科学,人与其他系统一样,有系统结构、系统输入、系统处理、系统输出以及受环境的影响等。

a. **人体结构**:人体各部分〔头、颈、肩宽、臂长(大臂、小臂)、手长、手指、上身长、腿长(大腿、小腿)、脚长与宽〕的尺寸、总身高、体重。

b. **输入系统**(人的感觉系统):视觉、听觉和触觉特征,前庭感觉,神经及其信息传导。

c. **处理系统**(人对信息的加工过程):信息理论概要、人对信息的加工过程模型〔知觉(信息输入),记忆、思维与决策,动作(信息输出),人的差错〕,可参考图2-9。

d. **输出系统**(人的支配操作系统):人的运动系统及特征(反应时、运动时)、人的操作动作分析。

e. **物理环境因素**〔噪声、振动、照明(光强)、温度、湿度、电磁场等〕对人体的影响,对输入(感知)、处理(思维、决策)、输出(人体动作)各环节的影响。

② 人机工程学:是将人与机器看作"一个系统"加以分析研究的科学。在人机系统中,强调人的主导性,人的心情对感知、思维、决策和操作的影响。因此在对产品进行设计时,要给人创造舒适的环境和操作条件。例如,机器的造型美观,颜色和谐,座椅舒适;作业空间宽敞、明亮、布置协调;操作容易(必要时加一些操作工具);有人机交互设计,缓解记忆疲劳;今后将向智能化方向发展,在计算机中置入专家系统代替人的操作或减少人的操作(如利用计算机屏幕上与实物相对应的虚拟机器对实物进行遥操作)。

(2) 基本技能

能遵循以人为本的思想,利用人体工程和人机工程的知识设计机电一体化产品(系统)和控制箱或控制柜,使这些产品更加人性化,更符合人们的要求。

(3) 在机电系统中的应用

本课程的知识在概念设计、详细设计、样机试制和改进设计4个阶段都要用到。在前两个设计阶段,设计时要考虑人们操作的舒适性;样机试制时要亲自操作一下看是否便利,不便利则改进;在修改设计阶段要倾听用户意见,用户认为操作不便利的地方也要改进。

4.2.14 人文类模块

要搞好设计,不仅要掌握本专业的基本理论、基本技术、基本技能和工程知识,还要遵守国家的法律法规,有道德,懂管理,会核算。因此,在本模块开设了3门课:第一门是"职业道德与法律法规",第二门是"工程经济",第三门是"企业管理"。这3门课应当是必选的,是同学们必须学习的。当然同学们还可以再选修一些文学艺术类的课程,提高自己的素质,陶冶自己的情操。

下面分别介绍这3门课的主要内容。这些内容是中国机械工程学会组织编写的《机械工程师资格考试指导书》规定的。

1. 职业道德与法律法规

道德是人们为人处世的基本准则。它由一定的社会经济基础决定,并以法律为保证;它依靠社会舆论、传统习惯及内心信念来维系;它是调整人际关系、人与社会之间的关系的行为规范和准则。

法律是国家制定的维护社会正常运转的强制性条文。

道德是人们自觉遵守的,它体现了一个人的素养和品质;而法律是强制性的,不论什么人都必须遵守,违法者一定会受到制裁。开设"职业道德和法律法规"这门课的目的就是向同学们介绍在产品设计阶段就应当考虑到的生产安全、环境保护、企业运作(经营、生产)等各方面的要求和法律,告诉大家要有严格的法律意识,在工作中承担起一个工程师的责任,设计对人类有益的产品,坚决不做违法的事情,同时也告诉大家一定要加强自身修养,有自我约束力,使自己成为一个道德高尚的人。相比之下,道德比法律更重要。

本课程的知识要点如下。

(1) 关于道德的基本知识

① 2001年9月20日中共中央印发《公民道德建设实施纲要》(以下简称《纲要》)。《纲要》指出:

a. 基本道德规范:爱国守法、明礼诚信、团结友善、勤俭自强、敬业奉献。

b. 道德建设任务:在全社会大力提倡"基本道德规范",努力提高公民道德素质,促进人的全面发展,培养一代又一代有理想、有道德、有文化、有纪律的社会主义公民。

c. 道德建设的主要内容:"从我国历史和现实的国情出发,社会主义道德建设要坚持以为人民服务为核心,以集体主义为原则,以爱祖国、爱人民、爱劳动、爱科学、爱社会主义为基本要求,以社会公德、职业道德、家庭美德为着力点。"

• 社会公德是全体公民在社会交往和公共生活中应该遵循的行为准则,涵盖了人与人、人与社会、人与自然间的关系。在现代社会,公共生活领域不断扩大,人们的相互交往日益频繁,社会公德在维护公共利益、公共秩序,保持社会稳定方面的作用更加突出,成为公民个人道德修养和社会文明程度的重要表现。要大力提倡以文明礼貌、助人为乐、爱护公物、保护环境、遵纪守法为主要内容的社会公德,鼓励人们在社会上做一个好公民。

- 职业道德是所有从业人员在职业活动中应该遵循的行为准则,涵盖了从业人员与服务对象、职业与职工、职业与职业之间的关系。随着现代社会分工的发展和专业化程度的增强,市场竞争日趋激烈,整个社会对从业人员职业观念、职业态度、职业技能、职业纪律和职业作风的要求越来越高。要大力提倡以爱岗敬业、诚实守信、办事公道、服务群众、奉献社会为主要内容的职业道德,鼓励人们做一个好建设者。

- 家庭美德是每个公民在家庭生活中应该遵循的行为准则,涵盖了夫妻、长幼、邻里之间的关系。家庭生活和社会生活有着密切的联系,正确对待和处理家庭问题,共同培养和发展夫妻爱情、长幼亲情、邻里友情,不仅关系到每个家庭的美满幸福,也有利于社会的安定和谐。要大力提倡以尊老爱幼、男女平等、夫妻和睦、勤俭持家、邻里团结为主要内容的家庭美德,鼓励人们在家里做个好成员。

② 机电工程师职业道德规范:机电工程师职业道德规范由3部分组成,即职业品德、职业能力以及服务、促进人类进步的意识和行为。机电工程师应具备诚信、正直、坦诚、公正、友善、永远充满信心的品德;勇于承担个人责任,会利用法律手段保护公众健康、安全和促进社会进步。具体要求如下。

a. 应在自身的能力和专业领域内提供服务并明示其具体的资格。

b. 要以国家现行法律法规和规章制度规范自己的行为,必须承担自身行为带来的责任。

c. 依靠自身职业表现和服务维护职业的尊严、标准和自身名誉。

d. 在处理职业关系中不应有种族、宗教、性别、年龄、国籍或残疾等偏见。

e. 在为每个组织或用户承办业务时要做忠实的代理人或委托人。

f. 应诚信公平对待同事和专业人士。

(2) 关于法律法规的基本知识

① 安全生产知识及有关法律法规。

a. 设备的维护保障(保养):对设备的正常维护保养是保证生产正常进行必需的条件。目前设备的维护保障有3种方法:全面修理、预防性保养(又叫作计划性保养)和预测性保养。

b. 加工机械的安全技术措施如下。

- 危险类型:卷绕和绞缠(如头发、衣物)、卷入和碾压(如齿轮啮合处)、挤压剪切和冲击(冲床、剪床或机床移动平台)、飞物或坠落物(紧固件脱落、高速零件碎块、切屑,高处零件、工具掉下)、切割、戳扎和擦伤(刀尖、毛刺、棱角、锐边、砂轮或毛坯表面)、跌倒和坠落(被杂物绊倒)。

- 安全措施。

■ 采用本质安全技术(设计时就考虑的安全措施),按下面的标准去做:GB 5083—1985《生产设备安全卫生设计总则》、GB 12266—1990《机械加工设备一般安全要求》、GB 12801—1991《生产过程安全卫生要求总则》、GB/T4060—1983《电气设备安全设计原则》。

■ 采用防护装置(生产中采用的安全措施),设计或使用时可参照以下标准:GB 8196—1987《机械设备防护罩安全要求》、GB 8197—1987《防护屏安全要求》、GB 4053.3—1993《固定式工业防护栏杆安全技术条件》。

■ 压力加工设备(冲床、锻床等)安全装置,按如下标准去做:GB/T8176—1987《冲压车间安全生产通则》、GB 5091—1985《压力机的安全装置技术要求》。最根本的安全措施是实现送料机械化和操作过程自动化。

　　c. 起重机械安全技术措施如下。
　　• 危险类型：重物坠落、金属结构破坏、垮塌、失稳倾翻、钢丝绳断裂等。
　　• 安全措施：注意起重机零部件的安全，如关键部件（吊钩、钢丝绳、卷筒、滑轮等）的使用、维修必须符合 GB 6067—1985《起重机械安全规程》的要求；加设起重机安全装置，如必须具备超载限制器、力矩限制器、上升极限位置限制器、运行极限位置限制器、缓冲器以及联锁保护装置等。

　　d. 机器人、数控机床和自动生产线的安全技术措施。
　　• 机器人安全技术要点。
　　■ 为预防病毒带来的危害，机器人的计算机控制系统应当设置自检安全系统。
　　■ 机器人的自由度要根据工艺要求选取，应避免自由度冗余而失控。
　　■ 机器人周围必须根据其运动范围设置防护栏杆，其入口应与控制系统互锁，保证有人进入隔离区时，机器人不能动作。
　　• 数控机床安全技术要点。
　　■ 数控系统应具备自检功能。
　　■ 应设置故障报警装置和联锁装置。例如，有刀具未夹紧、冷却油温到上限、润滑油油位到下限、电机过热等故障发生时要自动停电。
　　■ 应当在程序执行到极限位置和到机械挡块位置之前设置控制装置，避免撞车。
　　■ 每次启动机床进入初始状态时，刀具返回原点才能运行加工程序。
　　• 自动生产线安全技术要点。
　　■ 自动生产线周围应有围栏，实行封闭式作业。
　　■ 自动生产线启动前应发出声响或灯光信号，并设置工作状态灯光信号。
　　■ 自动生产线的每台设备上都应设置紧急事故安全联锁开关，以保证设备出现故障或操作失误时立即断电，停止运转。
　　■ 必须在工件传输系统交接处和一定长度（10 m 左右）内设置醒目的急停联锁开关。

　　② 生产环境安全的知识和有关法律法规。
　　a. 防火、防爆。
　　• 对工业生产厂房的设计和布置，防火等级、防火间距、消防用水按 GB J16—1987《建筑设计防火规范》执行。
　　• 厂房内的一切电气设备均应符合 GB 50058—1992《爆炸和火灾危险环境电力装置设计规范》的要求。
　　• 对于可燃气体应安装燃气浓度监测传感器进行监测。不能装传感器的地方应当用可燃气体浓度检测仪巡检，及时发现问题并加以预防。
　　• 控制火源：如明火、高温高热表面、电火花（电气打火或静电）、摩擦火花、自燃等。

　　b. 防触电和静电。
　　• 防触电。
　　■ 触电原因：潮湿多雨季，绝缘性变差；对低压电防范疏忽；电气连接部分易出现故障。
　　■ 防触电措施：使用安全电压（12 V 和 36 V）；检查电器及其导线绝缘性；设防护屏、防护栏,保证人与带电体之间有足够的距离,设计时参照 JGJ16—1983《建筑电气设计技术规程》和 GBJ232—1982《电气装置安装工程及验收规范》;接地、接零。

- 防静电。
  - 静电的产生和危害:传动带或轴承摩擦,塑料压制、上光,固体粉碎、研磨,从气瓶放出压缩空气、喷漆等都会产生静电。静电产生的高压可能会引起火灾爆炸或人被电击。
  - 防静电基本措施:减少静电荷产生,将电场屏蔽(要接地),避免存在放电条件。

c. 防噪声。
- 噪声的危害:若人长期处于噪声大的环境,听力就会下降,甚至耳聋,还可能诱发心血管、消化、内分泌等疾病,影响人们的正常生活,掩盖报警信号等。
- 噪声的控制和防护:减少或消除振动,从源头控制噪声产生;挂吸声板吸声;用隔音板隔声;对气流引起的噪声进行消声。

③ 环境保护的知识和有关法律法规。

工业污染源包括由工业生产活动产生的废水、废气、废渣、废热、放射性物质、噪声、振动、电磁辐射等。

a. 工业废气及处理技术。
- 工业废气中的主要污染物有 33 种,如二氧化硫、一氧化碳、二氧化碳、一些苯类化合物以及颗粒物等。其污染源为锅炉、工业炉窑、火电厂、炼焦炉、钢铁厂、水泥厂、汽车尾气等。国家制定了《大气污染物综合排放标准》,规定了上述 33 种污染物的排放限值。
- 处理技术:吸收法、吸附法、催化法、燃烧法、冷凝法、生物法、膜分离法等。

b. 工业废水及处理技术。
- 工业废水中的主要污染物为重金属、有机物、悬浮物、放射性物质、氨、氮、磷及油类化合物。其主要来自造纸、船舶、海洋石油、纺织印染、肉类加工、合成氨、钢铁、航天推进剂、兵器、磷肥、烧碱、聚氯乙烯、酒类等工业。国家制定了《污水综合排放标准》,限定了 69 种水污染物的排放浓度和最高允许排放量。
- 处理技术:物理法、化学法、物理化学法和生物法。对于印染工业、钢铁工业、糖酒类工业和城市生活污水都有典型的处理工艺,可供参考。

c. 工业固体废弃物及处理技术。
- 《国家危险废物名录》共列出 49 种工业固体废弃物。除此之外,还有未被列入《国家危险废物名录》或根据 GB 5085 鉴别标准和 GB 5086、GB/T 15555 鉴别方法不具有危险特性的一般工业固体废物。
- 治理原则:《中华人民共和国固体废弃物污染环境防治法》规定了减量化、资源化和无害化的"三化"原则。
- 处理技术:海洋处置(倾倒、焚烧)、陆地处置(土地耕作处置、深井灌注处置、土地填埋处置)。

d. 环保法律法规及标准。
- 目前我国已制定的环保法律有 6 项;常见的资源法律法规有 15 项;常见的相关法律法规有 25 项;常用的环保法规或法规性文件有 10 个。6 项环保法律分别是《中华人民共和国环境保护法》《中华人民共和国大气污染防治法》《中华人民共和国噪声污染防治法》《中华人民共和国固体废弃物污染环境防治法》《中华人民共和国水污染防治法》和《中华人民共和国海洋环境保护法》。

• 环境标准分为国家标准、地方标准和环保局标准。国家标准有环境质量标准（水质量、大气质量、土壤质量、生物质量等标准，以及噪声、辐射、振动、放射性等限制标准）、污染物排放标准（水污染物、大气污染物、固体废弃物污染物、噪声污染等控制标准）、方法标准、标准样品标准和基础标准。

e. 环境管理制度：有环境影响评价制度、"三同时"制度、征收排污费制度、限期治理制度和环境保护许可证制度。

f. 清洁生产的要求：不断采取改进设计、使用清洁的能源和原料、采用先进的工艺技术与设备、改善管理、综合利用等措施，从源头上控制污染，提高资源利用率，减少或避免生产、服务和产品使用过程中污染物的产生和排放，以减轻和消除对人类健康和环境的危害。为促进清洁生产，国家制定了《中华人民共和国清洁生产促进法》。

g. ISO 14000 环境管理系统标准简介（国际标准）：ISO 14000 环境管理系统标准是国际标准化组织（ISO）第 207 技术委员会（TC 207）从 1993 年开始制定的环境管理领域的国际标准总称。我国根据它制定了自己的相应标准，现对照抄写如下。

• 环境管理体系标准：

■ GB/T24001—1996 等同于 ISO 14001 环境管理体系——规范及使用指南规范。

■ GB/T24004—1996 等同于 ISO 14004 环境管理体系——原则、体系和支撑技术指南。

• 管理体系审核标准：

■ GB/T24010—1996 等同于 ISO 14010 环境审核指南——通用原则。

■ GB/T24011—1996 等同于 ISO 14011 环境审核指南——审核程序、环境管理体系审核。

■ GB/T24012—1996 等同于 ISO 14012 环境审核指南——环境管理审核员的资格要求。

④ 知识产权的相关知识及法律法规。

a. 知识产权的概念：知识产权是指智力成果的创造人对所创造的智力成果和工商活动的行为人对所拥有的标记依法所拥有的权利的总称。

b. 知识产权的特征：无形性、法定性、专有性、地域性、时间性。

c. 我国知识产权法主要有《中华人民共和国商标法》、《中华人民共和国专利法》、《中华人民共和国著作权法》和《中华人民共和国反不正当竞争法》。

d. 我国加入了下述保护知识产权的国际公约：《建立世界知识产权组织公约》、《保护工业产权巴黎公约》、《保护文学艺术作品伯尔尼公约》、《商标注册国际马德里协定》、《录音制品公约》、《专利合作公约》和《世界版权公约》等。

⑤ 现代企业制度、相关法律。

a. 公司法：规定了公司的概念，公司的分类及其设立，公司的财务、会计制度，公司的变更、解散和清算。

b. 合同法：规定了合同的概念、合同的基本原则、合同的订立（合同的形式：书面或口头；合同的内容：当事人的名称或姓名和住所；数量；质量；价款或报酬；履行期限、地点和方式；违约责任；解决争议的方法）、合同成立的时间与地点。另外，还有关于"要约"、"承诺"、

"实际履行"和"格式条款"的规定。

c. 招标投标法:总则(必须进行招标的工程项目;招标的工程项目不得拆散、化整为零;对投标人或单位不得加以限制,不得非法干涉投标活动)、招标(招标方式:公开招标和邀请招标;招标代理机构;招标文件)、投标(投标人;投标文件;开标、评标、中标、中标人)。

d. 工业产品生产许可证制度:为了从源头上抓好产品质量,严防劣质产品进入市场,1984年4月国务院颁布实施了《工业产品生产许可证管理办法》,并于2002年6月对其进行了修订。同时国家统一制定公布了《实施工业产品生产许可证制度的产品目录》(以下简称《目录》),该《目录》规定,凡在中华人民共和国境内生产并销售列入《目录》的产品,都应有生产许可证;没有生产许可证的企业不得生产《目录》中产品。

• 工业产品生产许可证的管理:国家市场监督管理总局对全国工业产品生产许可证实施统一管理。国务院有关部门在各自的职责范围内配合国家市场监督管理总局的工作。省级质量技术监督局在国家市场监督管理总局的领导下对本行政区域内生产许可证工作进行日常监督与管理。经批准的质检机构才能从事质检工作;经过专门培训的人员才能做质检工作。

• 工业产品生产许可证办理程序:首先,申请的企业要具备7条申请条件;然后,向省级质量技术监督局申请办理,申请被批准后,发《生产许可证受理通知书》。

⑥ 财务及税务的知识和有关的法律、制度。

a. 会计基本制度。

• 《中华人民共和国会计法》共7章、52条。基本内容包括:总则、会计核算、公司企业会计核算的特别规定、会计监督、会计机构和会计人员、法律责任和附则。

• 国家统一的会计制度:国家实行统一的会计制度,根据会计法制定有关的规章、准则和办法,如《企业会计制度》、《企业会计准则》、《企业财务会计报告条例》、《事业单位财务规则》、《会计基础工作规范》、《会计档案管理办法》、《会计从业资格管理办法》和《行政单位会计制度》等。

• 会计核算的一般原则:共3项,即衡量会计信息质量的一般原则、确认和计量的一般原则、起修正作用的一般原则。

• 会计要素:资产、负债、所有者权益、收入、费用、利润。

b. 《企业会计制度》。

• 2000年12月29日财政部颁布《企业会计制度》,其主要内容包括正文、会计科目和会计报表两大部分,正文共分为14章160条。

• 财务三表:资产负债表(又叫作财务状况表,资产=负债+所有者权益)、利润表(一定时期内的盈利或亏损状况表,利润分为主营业利润、营业利润、利润总额和净利润)、现金流量表(现金指库存现金和随时可以支付的存款,现金流量指在一定时期内现金流入量、流出量和净流量的总称,本表将企业全部业务活动分为3类,即经营活动、投资活动和筹资活动)。

c. 税种与税率的知识。对于税种和税率,国家是在不断地调整的,同学们要了解这些知识,需要时可查阅相关文件的规定。

⑦ WTO规则和政府产业政策。

a. 我国对入世的承诺。

b. WTO的基本原则:民主原则;法制原则;市场经济原则;一切争端通过和平协商,不能诉诸战争;均衡和可持续发展原则。

c. WTO的四大宗旨:提高各国人民生活水平,保证扩大就业;扩大各国货物和服务的生产和贸易;坚持走可持续发展道路,保证对世界资源的最佳利用,保护环境和维持生态平衡;努力保证发展中国家尤其是不发达国家在国际贸易增长中获得与其经济发展水平相适应的份额和利益。

d. 反补贴与反倾销:反补贴就是反对政府对产业(尤其农业)的补贴措施,包括反补贴调查、产业损害的确定及救济、征收反补贴税等步骤及内容。反倾销是当代国际贸易中最重要的法律之一。反倾销不仅反对以倾销作为不正当的国际竞争手段,也限制滥用"反倾销"措施作为贸易保护主义的手段。

e. 加入WTO对我国社会的影响:首先是政府要尽快调整政策与法律,以适应市场经济的需要;要尽快转变政府职能,由管制到服务,由集权到放权,政企分开等。其次是加快思想观念转变,由官本位到权利本位,由地方保护主义到全球化思想,由习惯于区别对待到非歧视等。企业人员要了解WTO的各项竞争游戏规则,以便在竞争中获胜。

(3) 在机电系统中的应用

在机电产品(系统)的设计和运行过程中都要遵守人类社会的道德要求和国家的法律法规,使科学技术更好地造福人类。

2. 工程经济

"工程经济"是在各种工程项目中用经济学的观点和方法对项目进行分析和评价,从而使项目在经济上获得最大利益的一门学科。在市场经济中,决定是否开发设计一个新产品的是市场,而非开发者。因此,同学们应当对市场经济下的需求、价格和供给三者的关系有深刻的认识,以便确定是否开发新产品。当决定开发新产品以后,还要用性价比对产品进行功能优化,以降低产品的成本,使其在市场上具有竞争力和生命力,这样开发设计者才能集中精力开发这一新产品。因此,通过对"工程经济"这门课程的学习,同学们能够掌握必要的经济学知识,为新产品开发设计服务。

本课程的知识要点如下。

(1) 关于市场经济的知识

① 市场经济。

a. 市场:市场是买方和卖方相互作用并共同决定商品或劳务价格和交易数量的一种机制。在市场体系中,每种物品(即商品)都有价格,价格代表了买方和卖方相互交换商品的条件。在市场中价格协调着生产者和消费者的决策;较高的价格可以刺激生产者增加生产,但同时也抑制了消费者的购买;相反,较低的价格可以鼓励消费者消费,但同时也抑制了生产。可见,价格在市场机制中起着平衡的作用。

b. 市场经济:如上所述,一个国家的经济问题(即产品生产与分配问题)由市场来解决的经济制度叫作市场经济。市场经济是一种主要由个人和私人企业决定生产和消费的经济制度,它通过需求、供给、价格、市场盈亏、刺激和奖励的一整套体系来决定生产什么、如何生产和为谁生产。市场经济的绝对情况是政府不管的自由放任经济,它容易造成经济危机,所以在世界上,目前没有一个完全的市场经济国家。

c. 混合经济:与市场经济相对的是指令经济(即计划经济),我国在改革开放以前实行的就是计划经济,产品生产与分配都由政府按计划执行。改革开放以后我国的经济体制改为社会主义市场经济,它是一种混合经济体制,即关乎国计民生的产品的生产由国有企业开展,这样国家控制着价格,保证人们的正常生活需要,其他商品的生产由市场起作用。尤其是我国加入 WTO 以后,市场经济起主要作用,因此,同学们必须熟悉市场经济的规律。

② 市场经济中商品生产的规律。

市场经济中商品生产的规律是指由市场需求、市场供给和商品价格互相协调的商品生产规律。现说明如下。

a. 市场需求及其需求量与商品价格的关系:市场需求就是所有人需求的总和。市场需求量与商品的价格有密切的关系。通常我们看到,在相同条件下,一种商品的价格越高,人们购买的数量就会越少;反之,商品的价格越低,人们购买的数量就会越多。将商品价格和市场需求量的关系用一条曲线表示,如图 4-11 所示,二者之间为反比例关系。

b. 市场供给及其供给量与商品价格的关系:市场供给就是所有厂家生产的同一商品的总和。厂家生产商品的数量与其价格也有密切关系。通常价格越低,厂家觉得利润越少,则该商品生产得就越少;相反,若价格越高,厂家觉得利润越多,则该商品生产得就越多。将商品价格和市场供给量的关系用一条曲线表示,如图 4-12 所示。

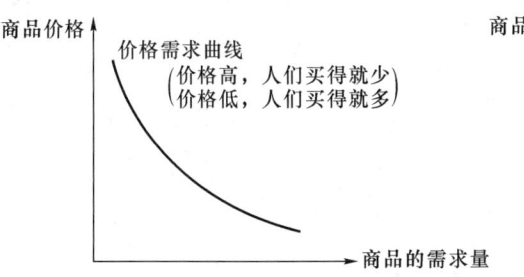

图 4-11 价格与需求量的关系曲线

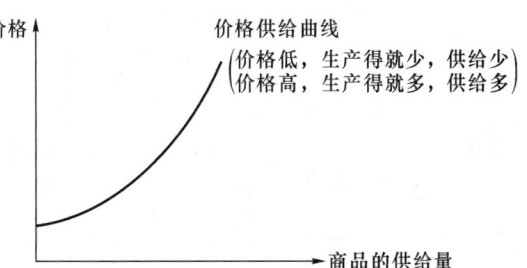

图 4-12 价格与供给量的关系曲线

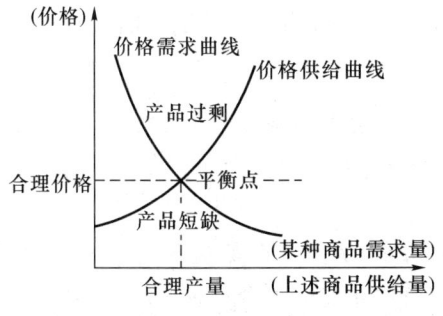

图 4-13 商品供给与需求的平衡图

c. 供给与需求的平衡:如果将图 4-11 与图 4-12 重叠到一起,则可以得到图 4-13。随着商品价格的调整(变化),需求量将沿着价格需求曲线变化,而供给量则沿着价格供给曲线变化,两条曲线在"平衡点"相交。该平衡点表明,商品的价格调整到平衡点的位置时,所生产的产品将全部被买光,即供给量等于需求量。当然这是理想状态,实际上是很难达到的。

在这里介绍价格、需求与供给的关系,就是想让同学们了解市场经济的特性,在自己设计生产新产品时一定要考虑为生产出来的产品制定一个合理的价格。否则,不是利润减少(价格低时),就是卖不出去(价格高时)。

d. 影响需求与供给的因素:上面介绍的"供给与需求的平衡"是理论上的理想状态,实际情况并非如此,真正影响供给与需求的因素除了价格外,还有很多,现介绍如下,在设计产品时请予考虑。

• 影响需求的因素:消费者的平均收入、人口规模、相关商品的价格(替代关系)、消费者的爱好与偏好、特殊因素(如气候、环境影响等)。

- 影响供给的因素:技术水平(决定成本)、投入人力与物力价格、相关商品价格、政府政策、特殊因素(如气候、环境影响等)。

(2) 成本分析的知识

讲成本分析有两个目的:一个是设计新产品要进行成本核算;另一个是为价值工程(产品功能优化)打基础。

① 成本分类:按经济职能分为生产成本(直接材料、直接人工、制造费用)、销售成本和管理成本。成本按习惯分为固定成本与可变成本。

总成本＝固定成本总额＋可变成本总额＝固定成本总额＋(单位可变成本×产量)

② 产量-成本-利润之间的关系(叫作量-本-利关系):

利润＝销售收入总额－成本总额

利润＝销售单价×销售量－(固定成本总额＋单位可变成本×销售量)

可写成下面的公式:

$$P = px - (a + bx)$$

上述公式中的利润是指税前会计利润。若计税后利润,则可将税加在可变成本中。

③ 量-本-利分析:将上述公式 $P=px-(a+bx)$ 用图 4-14 表示,可以清楚地看到,总收入线 px 从 0 点开始线性成正比增长,卖一个多一个收入。总成本线 $a+bx$ 从固定成本总额 a 开始,生产一个多一个可变成本 bx;总成本线也是线性成正比增长的。由图 4-14 可见,一个都卖不出去,固定成本是不会少的,所以此时亏本。当卖出商品的量达到保本量时,总收入线与总成本线相交于保本点,收入与成本相抵无利润。如果卖

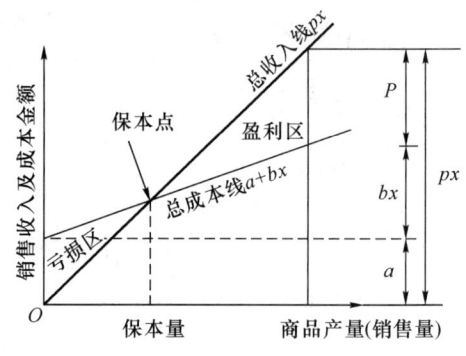

图 4-14 量-本-利关系图

掉的商品的量超过保本量,则总收入超过总成本,已开始有利润。

④ 由成本分析可以学到两点:第一,成本构成要素及其计算方法;第二,要开发设计一个新产品,必须有预期的保本量,需求量不超过保本量时是不能开发的。

(3) 价值工程的知识

价值工程是从性价比的观点确定产品的必要功能,从而使产品达到价值最优的思想。因此,"价值"是我们在概念设计阶段进行方案比较与优化时的一个目标。

① 价值的含义。价值,通俗地说,就是产品的性价比。其用产品的功能与成本的比值来表达,如果产品具有高的功能和低的成本,就认为该产品是价值高的产品。用公式表示即

$$价值(V) = \frac{功能(F)}{成本(C)}$$

企业在生产经营中,要注意使用户以较少的费用得到产品中的必要功能。

- 公式中的功能是指产品的用途或产品应起的作用。一个产品往往有许多功能,有的是必要的,有的是不必要的,必要与不必要的功能都要付出成本代价。因此,要想使产品价值高,就必须抓住产品的必要功能,忽略不必要的功能,从而使成本降低。

- 公式中的成本是指产品全生命周期的成本。产品全生命周期是指产品从研制、生

产、销售、使用直至报废回收为止的整个生命周期。在该生命周期中所发生的与产品有关的各项费用之和便是产品全生命周期成本,即

$$全生命周期成本＝生产制造成本＋使用成本$$

② 价值工程的含义。价值工程是以产品价值(即功能与成本的比值——性价比)最高为优化目标的一个设计方案优化过程。在这一优化过程中,通过功能分析,找出哪些是必要的功能,哪些是不必要的功能;想办法以最低的产品全生命周期成本,可靠地实现产品的必要功能;也可以反过来说,在满足产品必要功能的前提下,寻求产品全生命周期成本最低。可见,无论是选择哪一个思路其结果都是使产品的价值最高。

③ 实施价值工程的基本步骤(即优化步骤)。

a. 选择价值工程对象:选择新产品或价值大而用户意见多的老产品。

b. 收集情报资料:关于产品(价值工程对象)设计或使用的资料;资料要完备、可靠。

c. 产品功能分析:明确产品功能要求(用户、企业、社会环境3个方面的);对各功能给予定义;进行功能分类(必要功能和不必要功能);功能整理(从系统分析的角度明确各功能之间的关系,建立一个功能系统图)。

d. 产品功能评价:在实现必要功能的前提下,找出目前价值最低的功能作为"改进对象"。因此,要能定量地给出每一个功能的价值估值(有经验估计法和功能比重分配法)。

e. 提出改进设想:找出与"改进对象"有关的载体(机械零部件或电子元器件),对该载体给出几个改进方案,使其价值变高(功能强,成本低)。

f. 分析与评价方案:对于上述几个方案,通过计算价值进行比较,找出价值最高的。

g. 试验、检查、评价效果:对于所选最优方案,必须进行实际的试验,严格地检查每一步,效果确实好,才能采用。

(4) 在机电系统中的应用

① 在产品策划阶段,要估计产品的需求是否达到保本量,达不到保本量不要开发设计。

② 在概念设计阶段,应用"价值工程"理念,以产品价值最高为优化目标选择方案。

③ 在产品生产期间,从供需平衡的观点出发制定产品的价格,确定产量。

3. 企业管理

"管理"一词大家并不陌生,它能使杂乱无章的事物变得井然有序,使事物顺畅地运动(作)而尽快达到其目的(地)。平常说的"向管理要效益"就是这个道理。然而"管理"并不那么简单,它既是一门科学,又是一门艺术。"管理"和复杂的社会融合在一起,它不再像数理化那么单纯、那么严谨,而往往是社会环境和人的因素起主要作用,所以"管理"要特别注意以人为本,充分调动人的主观能动性是"管理"的关键,从这个意义上说,管理是一门"艺术"。但"管理"毕竟是一门科学,它有自己的体系与规律,我们在本课程中重点介绍"管理""科学"的一面。

一般来说,企业本身是一个"生产系统",如飞机、汽车制造厂,空调、冰箱制造厂,啤酒、可乐制造厂等。从系统的观点来说,它输入的是资源(人、财、物),输出的是产品,企业的作用是将输入的"资源"变换(处理)为"产品"(这就是"工作对象"和"物质流")。为了使这一"变换"井然有序,而且投入少,产出多,就需要一个"宏观操控者",这个"宏观操控者"就是"企业管理"。它的作用是采集并利用企业和社会上的各种信息,组织调控企业内部的整个生产过程,使之有条不紊地运作,达到投入少、产出多的目的。从这个意义上讲,"企业管理"系统实际上是使企

业宏观生产过程能正常运作的"操控者",而它传递的信息就构成了生产系统"信息流"。这样,我们就很清楚地认识到,"管理"的核心内容就是"信息",而这些信息是通过它们的载体——资源(人、财、物)和产品得到的,经过管理系统处理后,又反过来控制那些载体按照预先规定的程序运作。因此,我们应该知道"管理系统"到底应当管什么、怎么管、评价指标是什么、其中有什么规律性的东西。下面我们就上面的问题加以介绍。

本课程的知识要点如下。

(1) 基本知识

① 企业管理的定义:在特定的环境下,对企业所拥有的资源(人、财、物)进行有效的计划、组织、领导、控制,以便实现既定的企业目标的过程。对其解释如下。

a. 管理是服务于企业既定目标实现的一系列有意义、有目的的活动,这些活动构成了从输入资源到输出产品的整个生产过程。

b. 上述的一系列活动是相互关联、连续进行的,实现对生产过程的计划、组织、领导和控制职能。

c. 管理的对象是资源(人、财、物)和产品,确切地说是这些资源和产品的信息。

d. 管理的任务是控制生产过程中的各种活动,如获取资源,并利用它们生产出产品。

e. 管理目标是效率和效果(产品),用最短的时间,生产出最优的产品,实现投入少、产出多的目标。

f. 管理是在一定的外部环境下进行的,它服务于一个开放系统,该系统不断和外部环境相互影响、相互作用。因此一种管理理念和方法(即管理模式)不是万能的、通用的,而要审时度势、随机应变、因势利导。

② 管什么:上述定义已告诉我们管理资源(人、财、物和它们的信息),即按照预定的目标,协调人、财、物的关系,通过信息交换,控制它们的运作(或变换)以最快的速度和最高的效率完成预定目标(产品)。

③ 怎么管:上述定义已告诉我们从时间和空间上用协调和控制等方法管理。

a. 时间因素考虑的管理:从宏观上说,就是计划。计划就是对企业未来的活动进行筹划,内容包括研究活动的条件、制订活动的目标和策略、编制各项活动的行动计划等。从微观上说,就是充分利用"工作时间"(纯粹用于生产或工作的时间),缩短"多余时间"(由于设计原因、工艺规程及制造方法产生的多余时间),避免"无效时间"(由于管理不善或作业者原因产生的无效时间)。

- 具体到人的管理,第一个就是确定每个岗位(或工位)的劳动定额(时长);第二个就是做好岗前培训,使每一个人都是熟练工种,工作中不会因为技术不熟练而误工;第三个就是做好爱岗敬业的教育工作和对工作热情的激励工作,使每一个人都积极主动地发出他的光和热。

- 具体到财的管理,那就是加快资金的周转与回笼。

- 具体到物的管理,那就是采用供应链的管理理念,由需求(订单)"拉动""物"在生产过程中的移动或变换的速度,减少物在生产过程中停滞或存储的时间。

b. 空间因素考虑的管理:从客观上说,就是"组织"。组织就是为保证企业制订的计划和目标能顺利实现而进行的组织结构设置,在相应的空间内配备人员和设备,投入资金和物料,在同一时刻分工合作,共同完成同一任务。从微观上说,就是"现场管理"。现场管理首先是在空间上对人、财、物、设备进行合理的配置(叫作"定置管理"),然后根据现场的实际需要对其配置不断地进行调整和优化,使人与物、人与场所、物与场所之间的关系非常协调,省时省力地进行生产。

c. 调控因素考虑的管理:调控可以说是管理的核心任务,从宏观上说,就是"领导"和"控制"。"领导"就是管理者利用企业赋予的职权指挥、沟通、协调、影响和激励企业成员为实现目标而努力工作。"控制"就是督促、限令企业各部门、各环节都能按规定的"计划"进行正常工作,保证按时交出优质产品。可见,"控制"的作用是固定的,是硬性指标,必须按时完成(合同法);而"领导"的作用是灵活的,是润滑剂,在这里就能充分体现出领导的管理艺术,他能够想出什么办法指挥、沟通、协调、影响和激励本企业的所有员工,使他们能保质、保量地按时或提前交出产品。从微观上说,就是控制人的活动和财与物的使用。企业内每个人都有自己的岗位和职责(空间的),也都有自己的工作定额(时间的);企业内每一件物品都有自己的用途、存储地点和输送路线(空间的),也都有存储和输送的时长(时间的);企业内的资金都是专款专用的(空间的),也都有占用时长(时间的)。管理的调控作用就是建章立制,从时间和空间上协调企业内各部门、各环节(实质是人、财、物)使其在企业的各项活动中,按布局规划和生产计划有条不紊地运作起来。

由上述可见,管理的核心内容就是从时间、空间和质量等方面对企业的各项活动进行调控。

④ 管理的评价指标:管理的定义已告诉我们评价指标是效率和效果。效率是生产率;效果是产品物美、价廉、优质、供不应求,给企业创造最大利润。具体做法是,降低成本,提高质量与产量。从管理的角度看,我们应当把这些评价指标分解到企业有支配权的人、财、物、时间和空间(即企业的各部门和各生产环节)上。具体做法是,首先制定人、财、物的标准,然后从时间和空间两方面加以调控。

a. 人员标准:人员标准是定岗、定责、定时。定岗就是为企业的全部工作设置岗位;定责就是对每个岗位的工作规定职责范围、技术(业务)水平;定时就是规定每个岗位的工作定额。上述"三定"工作是根据国内外的实践经验或科学实验确定的。

b. 财务标准:企业资金周转有序,产品售后资金回笼快,每个部门需要用钱时马上就有。要做到这一点必须根据企业各部门的资金使用情况找出规律,做一个详细的资金周转图,保证企业按时开支、按时进料、按时运货、按时缴税等。

c. 物资标准:物资有两类,一类为原材料,另一类为设备。原材料类的标准是有效利用,减少消耗;设备类的标准是设备使用率和设备完好率(即设备使用率高且经常处于好用状态)。对于原材料的消耗主要是由大料上下零件毛坯件时的下脚料和冷加工时的切屑。要减少下脚料,在下料前就要进行布局计算;要减少切屑,就必须采用合适的工艺方法。

d. 有了上述标准以后,管理者就可以依照标准调控人员的活动,控制资金的周转和物资的使用。下面的工作就是从时间和空间两方面调控人、财、物的活动,使企业得到最大效益。

⑤ 科学管理的基础知识:上面根据管理的定义介绍了一些相关的知识。除此之外,同学们还应当了解下面的一些科学管理的基础知识。

a. 生产率分析与提高生产率的方法:介绍生产率的定义,分析、计算方法,以及如何对生产率进行管理、提高生产率。

　　b. 物流的基础知识：介绍物流的概念、物流的构成（物质流、能量流与信息流）、供应链管理、物流系统的优化，物流承载系统（结合机电一体化系统简介），物流信息系统（结合管理网简介）。物流的特点是：它不创造物质，只是在物质的流动过程中有效地规划利用空间和时间降低成本，从生产到消费的全过程争取最大效益。

　　c. 现场管理的基础知识：介绍定置管理和5S活动的理念，以及现场管理的思想。

　　● 定置管理是利用系统分析的思想和工业工程的方法，分析人、机、物与场所之间位置的相互关系，进行合理的布局，实现生产要素的最佳组合，达到提高作业效率、安全文明生产的目标。

　　● 5S活动是指对生产现场各生产要素经常地进行整理、整顿、清扫、清洁和提高职工素质的活动。

　　● 现场管理就是在现场定置管理的基础上采用5S活动对生产和工作现场的人、机、料、环境、信息等各种生产要素进行合理配置与优化，通过计划、组织、协调、控制与奖惩，使它们都达到良好的运行状态，从而实现优质、低耗、高效、安全的目标。这是一种动态管理思想。通过这样的管理，可以消除各种浪费（主要是时间浪费和空间浪费），优化劳动组织，实现均衡生产。它加强了基础工作，优化了专业管理，改善了设备管理，治理了现场环境，保证了企业的生产效率和效益。

　　d. 全面质量管理和质量控制的基本知识：质量是一个产品或一个企业的生命。质量好，企业有信誉，产品就有销路，该企业就能生存下去，并发展壮大。否则，产品滞销，企业倒闭。为使产品和企业在用户中有一定的信任度，国际上提出了质量认证制度，在使人们都得到满意的产品的同时，杜绝了浪费。下面详细介绍有关知识。

　　● 质量定义："反映实体（即产品）满足明确或隐含需要能力的特性的总和"（ISO 8402的定义）。

　　● 产品质量：反映产品满足顾客明确的或隐含的需要的一种能力。

　　● 质量特性：产品质量特性包括产品的适用性，安全、可靠性，结构工艺性，经济性，环境性与宜人性。适用性指产品的功能或性能（如运动、速度、精度、能力）是否符合用户的使用要求；安全、可靠性是指产品在使用过程中是否能保证人身安全，质量是否稳定、可靠；结构工艺性是指产品的结构设计是否便于制造、拆装、维护、维修、保存、可携带；经济性是指产品的价格和使用成本是否低廉；环境性与宜人性是指产品对环境变化是否敏感，使用时是否对环境造成污染，外观是否美观大方，操作是否符合人机工程学的要求，使人感到舒适、轻松。

　　● 质量的形成、职能和职责，具体如下。

　　■ 质量的形成：产品质量是在从市场调研开始、经产品设计、制造直到产品售后服务的这一全过程中形成的。因此，它可分为市场调研质量、设计质量、制造质量和使用质量。

　　■ 质量职能：包括市场调研质量职能、设计质量职能、制造质量职能和使用质量职能。市场调研质量职能是指在市场调研阶段由客户需求和市场趋势对产品提出的质量要求；设计质量职能是指设计阶段给出的技术文件（规范）足以保证所使用的材料、加工工艺及设备能制造出符合市场调研质量要求的产品；制造质量职能是指通过对生产过程中人、机、料、法、测量和环境等变量的控制，生产出符合设计质量要求的产品；使用质量职能是指在客户使用产品的过程中一直符合当初客户提出的质量需求。

- 质量职责：为保证产品质量对企业各层次、各部门和各类人员在质量管理活动中所应承担的任务、责任、权限等的具体规定。
  - 质量管理："确定质量方针、目标和责任，并借助质量体系中的质量策划、质量控制、质量保证和质量改进等手段来实施的全部管理职能的所有活动。"这是国际标准化组织（ISO）给出的定义。
  - 全面质量管理："以质量为中心，以全员参与为基础建立起来的一种目的在于让用户长期满意，组织（企业）成员及社会获利的管理方法"。全面质量管理的特点是：全面的（不仅管产品质量，还管与产品有关的企业工作质量和工程质量）、全过程的（调研、设计、制造、售后）、全员参与的（全体员工参与）、多种方法的（工作程序法、价值分析法、系统分析法、优选法及现代化检测手段和计算机应用）管理。
  - 全面质量管理的基础工作：要推行全面质量管理，企业必须做好以下基础工作：质量教育（质量第一，人人有责等）、标准化工作〔企业员工掌握并应用国际标准（ISO）、国家标准（GB）、部颁标准等〕、计量工作（量具、仪器齐备无缺，质量稳定，示值准确一致，人员能正确使用）、质量信息工作（有产品质量和产、供、销各环节的质量信息）、质量责任工作（明确规定企业内每个部门和每个员工的质量责任）。
  - ISO 9000 族标准：这是国际标准化组织（ISO）1986—1987 年正式颁布的国际质量管理标准，在 1994 年和 2000 年有部分修订或合并。这些标准已全部作为我国执行的标准予以公布，同学们要了解它们，以便在质量认证时应用。ISO 9000 族标准名称如下。
- 1994 年公布的标准如下。

基础标准（5 项）：ISO 8402、ISO 9000-1、ISO 9000-2、ISO 9000-3、ISO 9000-4。

核心标准（7 项）：质量保证标准（3 项），即 ISO 9001、ISO 9002、ISO 9003；质量管理标准（4 项），即 ISO 9004-1、ISO 9004-2、ISO 9004-3、ISO 9004-4。

支持性技术标准（9 项）：主要有 ISO 10005、ISO 10006、ISO 10007 等。

- 2000 年修改的标准如下。

ISO 4000:2000 取代 1994 年版 ISO 8402。

ISO 9001:2000 取代 1994 年版 ISO 9001、ISO 9002、ISO 9003。

ISO 9004:2000 取代 1994 年版 ISO 9004-1。

ISO 19011:2001 对原 ISO 10011、ISO 14010、ISO 14011、ISO 14012 进行合并。

ISO 10012：是原 ISO 10012-1 和 ISO 10012-2 的合并修订本。

注：以上标准全部被采纳为我国的国家标准，总编号为 GB/T 19000—1994。

- 质量保证和质量体系的建立：质量保证和建立质量体系是 ISO 9000 族标准的核心内容，也是企业实施全面质量管理的目的和关键。所谓质量保证是对某一产品或服务能满足规定的质量要求提供适当信任所需的全部有计划和系统的活动。而质量体系则是为实施管理所需的组织结构、职责、程序、过程和资源的综合体。质量保证的重点是为产品的质量提供信任，而建立和健全质量体系是企业向外提供质量能力信任的基础。质量体系的建立一般要经历质量体系的策划与设计和质量体系文件的编制两个阶段。
- 质量认证：质量认证是一种国际流行的评定企业及其产品可信度的方法。质量认证分为产品质量认证和质量体系认证，前者的认证对象为产品，后者的认证对象是质量系统。

当然两种认证都是质量社会监督的重要形式。产品质量认证的依据是产品标准和相应的技术要求;质量体系认证的依据是 ISO 9001:2000 这一项质量保证标准。上述两项质量认证工作都是由一个独立的、第三方权威机构根据相关标准(ISO)按一定程序进行的。世界各国实行的质量认证制度有 8 种形式,其中第五种认证制度最完善,它既包含了产品质量的认证,又包含了质量体系的认证。

· 过程质量控制:质量控制是为达到质量要求所采取的作业和行动。前已述及产品质量控制分为 4 个阶段,即产品调研阶段的质量控制、产品设计开发阶段的质量控制、产品制造阶段的质量控制和售后服务阶段的质量控制。在这 4 个阶段中,市场调研阶段是根本。产品的质量水平是由用户需要和企业的主客观条件决定的。要满足用户的需要,还得看看国内外同类产品或近似产品的质量水平,分析国内现有技术人员和技术装备能否达到那样的水平。设计开发阶段给出的技术文件(图纸、设计说明书)是对用户质量要求的落实。产品制造阶段是对产品质量的保证。售后服务是对产品质量的保持与改进。

· 产品制造过程中的质量控制:要保证产品的质量必须抓住生产过程,主要做好三方面的工作,即生产技术准备(包括人员、物资、能源、设备、工艺、计量仪器等的准备,质量控制系统设计,质量职责确认,设计生产组织方案和认证工艺装备等)的质量保证、现场文明生产的管理和制造过程的质量控制。

· 过程质量控制的基本工具有两类,一类是检测工具和仪表,另一类是数据分析处理工具。第一类工具有几何量和物理量的测量工具,这些内容在相关的课程中已作介绍;第二类工具主要是数理统计的内容,包括统计分析表、排列图、因果图、直方图、控制图及相关分析等。这些内容有的在数学中讲过,有的需结合实际问题介绍。

(2) 几种典型的管理模式

① 标准化产品的大量生产管理模式:这种生产管理模式以美国福特公司为代表。19 世纪末 20 世纪初,工业产品"供不应求"(这是这种模式的社会条件),福特公司生产 T 形汽车就采用这种生产管理模式。其特点是"大而全",为了保证公司大生产的原材料供应和运输,公司还投资原材料产品和物流产业,满足了社会对大量产品的需求。

② 精益生产管理模式:这种生产管理模式以日本丰田公司为代表。20 世纪 70 年代,工业品市场已由"供不应求"转为"供过于求"(这是这种模式的社会条件),丰田公司对福特式大生产做了重大改进,其基本原则就是"企业应该减肥",消除一切形式的浪费(如其他行业投资),用以持续改进生产系统,以全新的原则、观念和技术,实现用户的最大满意度。该模式的最大特点是强调人在生产和经营中的主导作用,重视对员工的培养,重视建设良好的企业文化,树立"同呼吸、共命运"的观念,通过团队工作,建立 QC(质量控制)小组,企业推行合理化建议制度和目标管理方法,最大限度地调动所有员工的积极性和创造性。精益生产区别于大生产模式的两大特色就是"准时制生产"(JIT)和所用工具"看板"。准时制就是在需要产品的时机生产出所需的品种和数量,不允许提前生产和超额生产。生产活动由需求驱动,实行由后道工序拉动前道工序的拉动式生产,通过"看板"完成这一过程。采用"现场管理"的方法,消除各种不创造附加值的无效劳动(如消灭一切非增值活动,消灭所有停滞和等待,没有废品、缺陷和返修,不做不满足或超越用户需求的工作)。"看板"是指导生产流程的一系列卡片。从最后一道工序开始,按照反工序的顺序,步步向前追溯,直到原材料准备部门,都按照看板进行生产和运送。各工序都严格按后一工序所需品种、数量、时间进行生

产,同步进行,保证后一工序在需要的时刻取得必要的品种和数量。

③ 敏捷制造管理模式:这种生产管理模式以英国马丁公司为代表。它产生的背景是人们对产品的"个性化需求"。敏捷制造是"多品种、变批量、具有敏捷性的制造模式"。"敏捷"的含义是"聪明、机智和快速"。这种生产模式能满足用户对产品的高质量、高性能和个性化的要求;它以革新的组织与管理机构、柔性技术(如数控机床)和掌握熟练技艺的有知识的人员为支承。敏捷制造管理模式的理念是:以竞争能力和信誉度为基础,选择合作伙伴,组成虚拟公司;以知识、技艺和信息为重要的财富,将人与信息投入生产基层;伙伴之间基于信任分工协作,为同一目标共同奋斗,以增强企业(虚拟公司)整体的竞争能力;以满足用户(包括潜在用户)的满意度为产品和服务质量的评定标准与获取报酬的依据。敏捷制造管理模式的主要特征如下。

a. 组织机构的特征:根据订货需求建立相应的组织机构和虚拟公司,企业间(合作伙伴)动态合作;企业内部以团队形式高度协同工作,上级给团队适当放权;企业内改金字塔式为扁平式组织。可见机构具有临时性和灵活性。

b. 人员管理特征:建设良好的企业文化;实行以人为中心的管理;尊重每个员工的人格,对他们进行高质量的职业培训,使每个人都熟练掌握技艺;引入激励机制,充分发挥每个员工的积极性和主动性。

c. 柔性技术特征:产品设计一次成功;以终身保障和免维修的设计制造保证产品质量;生产准备快速;采用快速重组制造系统(一般为数控制造系统);采用互联网和企业内部网络进行管理或组织生产;企业整体集成。

④ 项目管理的管理模式:项目管理就是在完成项目的各项活动中,运用各种知识、技术、工具和方法,来计划、组织、指导和控制项目的进度、成本、质量和人力资源等各要素,以满足用户需求并实现项目目标的过程。

a. 项目:项目就是在一定时间内需要完成的某项任务。大项目如修建三峡大坝,小项目如开一次国际会议。项目的基本特征:第一,有明确的三维目标,即项目要求、时间安排和成本预算;第二,具有一次性,即每个项目只执行唯一的一次;第三,有资源保证,即项目的完成有资源(人、设备、资金、物料和信息等)的保证和有效的管理控制;第四,项目的实施是有组织的活动,即任何项目的实施都是有组织的群体活动。

b. 项目管理三要素:第一,团队,即要求项目的小组成员都有明确的目标、共同的价值观,始终关注客户的要求,能与客户、供应商和分包商实现共赢;第二,工具和技术,即有科学的管理工具和网络技术,能给项目做完整的计划,进行工作分解、责任分配和效益分析;第三,流程,包括项目管理过程、项目管理信息系统、项目变更控制系统、项目阶段性审批程序、项目绩效评估过程等。

c. 项目管理的目标:通过有效使用与控制人力、物力、财力、信息等资源,确保在规定时间内和上级批准的预算内达到质量性能要求,最终使用户满意。

d. 项目管理过程:项目管理的生命周期是概念形成、研究开发、实施控制、移交收尾。它可分为4个阶段,即启动项目、计划项目、实施跟踪与控制项目和收尾项目。

上述几种典型的管理模式各有优缺点,各有适用条件,有时可能要结合起来用。同学们要掌握其精髓,抓住其本质,在工作中灵活应用。

(3) 在机电系统中的应用

管理理念的更新和科学技术的进步是相辅相成的。科学技术的进步会使新的管理思想萌生,而新的管理思想又会促使科学技术进步。例如,有了加工中心就可以采用柔性技术满足人们对产品的个性化需求,从而提出敏捷制造、准时制生产等理念,做到按需生产、个性化服务;在这种管理理念的指导下,智能车间、智能工厂就提上了日程,极大地推动了设备及生产线的自动化与智能化,加速了机电一体化技术的大发展与广泛应用。可见,先进的管理思想对科学技术有统领作用。因此,同学们在学习科学技术的同时,一定要学好管理科学,并用它来指导自己的研发工作。

① 在产品策划阶段就要用先进的管理思想去思考。例如,用"系统生命周期管理""绿色制造""供应链""产业链"等理念指导产品策划。在产品策划时就要考虑材料的选择与利用:一是对自然界造成重大破坏的材料不能用;二是可用材料要在"产业链"中得到充分利用。在策划时还要考虑"绿色制造",产品不能对环境造成污染,若有污染必须想出防治污染的办法,否则不能策划该产品。在产品策划时还要考虑到产品报废,产品报废以后最好能回收利用,不要对环境造成污染。

② 在决定开发设计产品以后,可以采取"虚拟公司"的形式强强联合组成团队,按照项目管理和全面质量管理的理念管理项目,使项目按预期目标、按计划有条不紊地推进。

③ 在样机试制阶段,可采用"准时制生产模式"指挥生产,用"质量管理"方法监督生产,使产品保质保量准时生产出来。

④ 在产品被销售以后,要用"全面质量管理"的理念做售后服务,并不断改进产品的设计。

4.2.15　实践类模块

实践类课程是培养学生掌握专业技术和解决工程实际问题的一组课程。实践类课程有3种,第一种是课程实验,第二种是实习,第三种是课程设计和毕业设计(图4-1)。

1. 课程实验

课程实验分两类,一类是验证理论的实验,另一类是培养学生实践能力的实验。

(1) 验证理论的实验

该类实验一定要随着课程来安排,可以在讲理论之前做,可以在讲理论之后做,也可以边讲边做。其目的是使学生通过观察实验现象明白理论所揭示的自然规律的本质。

(2) 培养实践能力的实验

该类实验一般是为了教会学生某种专业技术,或使用某些测量工具、仪器仪表,同时培养学生分析、解决实际问题的综合能力。这类实验有综合性实验、设计性实验和创新性实验。

(3) 要求

同学们一定要认真做这两类实验,且尽量多做,为实践打基础。

2. 实习

实习包括金工实习、电装实习、机制工艺实习和专业实习。

(1) 金工实习

金工实习常安排在第一学年末,让同学们到车间去实地了解机械加工的知识,如机械加工的工种(冷加工:车、铣、刨、磨、冲、钳等;热加工:铸、锻、焊、热处理等;特种加工:线切割、电火花等)、机械加工的技术装备(冷加工:各类机床及它们用的刀具、量具和工装夹具;热加工:铸、锻、焊、热处理的设备和工具或辅料)。让同学们知道各工种都能干什么,各种机床和设备都有什么用途,机械零件是怎么加工出来的,并学会数控机床的操作。

(2) 电装实习

电装实习也常安排在第一学年末,让同学们到实验室(最好到电子设备厂)去了解电路图是怎么变成实际电路的(布线、插元器件、焊装,了解电路板制作工艺),并会使用万用表、电烙铁等简单仪表和工具。

(3) 机制工艺实习

机制工艺实习常安排在工艺课前,让同学们到工厂车间去实际看一下机电产品到底是怎么一步一步制造出来的,使他们对工艺流程及流程中使用的技术文件(工艺过程卡片、工序卡片、机床调整卡片)有所了解。同时,了解一些典型零件(轴、箱体、机座、导轨、齿轮、丝杠等)的加工工艺过程、典型机电产品(最好是数控机床)的结构及其工作原理、机电产品的装配工艺过程,并知道装配过程中产品精度的保证方法,参观一些先进加工技术设备。

(4) 专业实习

专业实习通常安排在第三学年末,让同学们到企业(一般为大的制造企业)中了解该企业的管理机构和生产活动。关于管理机构,主要是了解一个企业应当设立哪些部门、每个部门的职责和有关的规章制度,以便让学生在毕业前就对企业的管理系统有个概括的认识。关于生产活动,主要是让同学们参观产品的生产制造系统,以及从输入原材料到输出成品的整个生产工艺流程,使同学们对生产制造系统的组成、布局和各项生产活动的组织落实有一个明确的认识,知道该企业属于什么样的生产管理模式,知道该企业生产线的技术水平和产品水平,同时也为专业课学习打下基础。

3. 课程设计和毕业设计

课程设计和毕业设计是培养同学们设计实践能力的实践课。它包括机械类设计和测控类设计。具体如下。

(1) 机械原理课程设计

本课程安排在"机械原理"课程之后,旨在培养同学们对执行机构和传动机构进行原理性设计的能力。结合一个简单机械系统的设计,让同学们初步掌握运动方案设计(方案比较),机构选择,机构的运动、动力分析,机构运动的原理图设计与绘制等能力。注意所选的简单机械系统最好包括连杆、凸轮、齿轮、轴等常用典型机构。最后要求同学们交一份设计说明书。说明书的内容应当包括运动方案论证与选型、所选机构运动分析、动力分析的计算结果及它们的结构简图、机构运动简图、系统内机构的运动循环图。

(2) 机械设计课程设计

本课程安排在"机械设计"课程之后,旨在培养同学们对执行机构和传动机构的实际设计能力。最好结合机械原理课程设计的结果继续做下去。同学们应当继续完成以下4项工作:第一,使用有关标准、规范和手册,给出上述简单机械系统("机械原理"课程设计的结果)中各零件的结构尺寸(或标准件型号),并利用机械手册中的经验公式,对这些零件进行工作能力(强度、刚度等)校核,当尺寸和材料都确定以后,绘出该系统的装配图;第二,给所设计的机械系统选择一个电动机,并给出相关计算步骤与结果;第三,画2~3张零件图,要求按国标画,且最好是画不同类型的零件;第四,撰写设计说明书一份,包括上面的所有分析、计算步骤与结果。

(3) 机制工艺课程设计

本课程安排在"机械制造基础"课程之后,旨在培养同学们根据图纸组织实施加工制造的能力。通过该课程的学习,同学们应掌握以下3个方面的能力:第一,熟悉工艺规程设计的步骤(产品装配图和零件图的图样分析;确定毛坯类型及其制造方法;拟定零件加工工艺路线,零件加工工序设计;编制工艺规程文件);第二,结合一个典型零件给出工艺路线(选择基准、选择加工方法、划分加工阶段、安排加工顺序),选定各工序所用的设备(包括刀具、量具、工装、夹具),进行工序设计(说明工序中各工步的顺序与内容,确定各工序的加工余量,确定尺寸链,计算工序尺寸与公差,确定切削用量,确定各主要工序的技术要求和验收方法,计算工时定额);第三,编制全套工艺规程文件(包括工艺过程卡、工艺卡、工序卡、工序质量表、工序操作指导卡、设备清单,以及所用工具、量具等)。

(4) 测控电路课程设计

本课程安排在"模拟电子技术"和"数字电子技术"课程之后,旨在培养同学们设计测控电路并给予实现的能力。让同学们设计一个中型的数字电路系统(可结合测控系统选其中一个单元电路),通过该系统的设计使同学们掌握以下3个方面的能力:第一,具有利用EDA软件、采用从上到下的设计思路设计大中型数字电路的能力;第二,借助集成电路手册,掌握中小型集成元器件的功能和使用方法,并能为所设计的电路系统选择元器件;第三,能按照电路系统图,将所选的元器件组装成实际电路,并调试成功使其正常运行。

(5) 测控系统课程设计

本课程安排在"检测技术与信号处理"、"控制工程"和"计算机控制技术"之后,旨在培养同学们具有设计并实现一个实用的测控系统的能力。让同学们结合所选项目的实例(控温、控压、控速、控位移、控力等)设计并实现一个闭环控制系统,培养同学们以下5个方面的能力:第一,树立系统的概念,掌握测控系统设计的步骤和方法,能设计一个测控系统;第二,会选择或设计控制器并给出完整的系统控制电路图;第三,会选择传感器、电子元器件和微处理器,按照测控电路图组装成实际的测控系统;第四,能根据控制算法编写控制程序和微处理器接口驱动程序;第五,能将所编软件安装到硬件系统中并调试成功。

(6) 毕业设计

毕业设计是四年级下半年的综合实践环节,历时3个月。每个同学都应当独立地做一个项目(一个中小型的机电一体化系统),结合这个项目按本书图3-1所示设计步骤进行项目设计。通过毕业设计,培养学生以下几方面的能力:第一,机电融合的能力,这是同学们综合运用本专业各种知识的能力,即能用系统工程的思想,采用系统分析和并行设计的方法,给出一个真正的、机电融合的、优化的机电一体化系统的设计方案;第二,具体设计计算的能力,即能用所学过的理论,对自己设计的广义执行子系统和检测控制子系统进行原理分析和工作能力计算;第三,制作实现的能力,即能将自己设计的系统制作成样品,并操作使用。

在毕业设计时很多同学都在外出找工作,没有认真做毕业设计,真是太可惜了。同学们经过三年半的学习,如何将所学的专业理论与技术应用于解决实际问题,这是一道坎(平时说学生大学毕业后不具备解决实际问题的能力,就是没迈过这道坎),而毕业设计环节就是通过毕业设计实践,引领学生迈过这道坎。毕业设计没有认真做,则很难迈过这道坎。所以希望同学们抓紧一切时间,做好毕业设计。

另外,有的毕业设计的题目不合格。机械电子工程专业学生的毕业设计应当进行机电一体化系统的设计训练,这里强调的是一定要达到"系统"的水平,即既有机、电,又有综合(融合),否则达不到综合训练的目的。建议教学主管部门审核毕业设计的题目(尤其是内容),达不到要求的不用。

关于如何搞好各实践环节,作者的建议将在附录中介绍。

4.2.16 选修类模块——人工智能类课程

在 2.4.2 节中已阐明,机电一体化系统已进入人工智能时代。现在,人工智能已在机电一体化系统中得到广泛应用,因此在本课程中,有必要对人工智能核心知识作比较系统的介绍,以让学生对人工智能有个初步了解,引导学生走进人工智能的大门。

由于教育部的专业标准中还没有把人工智能列为机械电子工程专业的必修内容,所以在这里列一个选修课模块予以介绍。

为了精准地选择本专业的学生应当掌握的有关"人工智能核心模块"的内容,以便更有针对性地设置一些选修课,下面我们先介绍与"人工智能"有关的一些概念及原理。

1. 人工智能概述

(1) 为什么研发人工智能?

为了生存和发展,人们必须不断地从事体力劳动和脑力劳动,生产人们赖以生存的物质和文化产品,以满足人们物质生活和精神生活的需要。同时人们也一直在研发工具和机器,使人们从繁重的体力劳动和脑力劳动中解放出来。通过三次工业革命,人们发明了各种各样的机器,这些机器已基本上代替人们从事体力劳动;现在人们希望机器能代替自己从事脑力劳动,最终把人们从脑力劳动中解放出来。要实现这一理想,就必须研发人工智能。

(2) 人工智能概念的描述

"人工智能"是 1956 年香农等 10 位学者在"达特茅斯人工智能研究会议"上研讨的计算机科学尚未解决的一个问题(会上讨论了人工智能、自然语言处理和神经网络等问题)。自那以后,人们一直在不断地探索人工智能的含义及其实现。时至今日,可以这样来描述人工智能的概念,即能够用计算机解决人脑所能解决的问题,而不在于你采用什么方法。

(3) 人工智能的判别方法——图灵测试

计算机是否能够具有人工智能?电子计算机的奠基人阿兰·图灵在他 1950 年发表的论文《计算的机器和智能》中给出了判别方法(叫作图灵测试),即幕后有一个人和一台计算机,让一位裁判在幕前与幕后的人和计算机进行交流,裁判给人和计算机同时出一个题目,人和计算机都给出答案以后,如果这位裁判无法判断与自己交流的对象是人还是计算机,则说明这台计算机具有了与人同等的智能。当时,计算机科学家们给出的测试题目范围是语音识别、机器翻译、文本的自动摘要或写作、国际象棋对战、自动回答问题。

(4) 如何实现人工智能

① 人类的智能活动是如何实现的?

要想解决人工智能问题,首先必须明白人类的智能活动是怎么实现的。

人类智能活动的实现路径在图 2-9 中已清楚地展示出来。由图 2-9 可见,人们解决一个问题的智能活动是伴随着"信息"的运动完成的。由"感觉器官"(眼、耳、鼻、舌、皮肤)获取与该问题有关的"信息"(视觉、听觉、嗅觉、味觉和触觉),经"传导系统"(神经系统)将"信息传递"到"思维器官"(大脑),思维器官对传来的信息进行"认知"以后,就利用已掌握的"知识"(如办事经验、社会和自然科学的原理、生产技术、判别事件的规则和方法等),对"信息"进行分析与综合,给出解决问题的"决策";有了这个"决策"以后,再由"传导系统"(神经系统)将"信息传递"到"效应器官"(手或脚),最后,由"效应器官""执行信息",完成"智能行为",将问题解决。

根据上面的分析,在这里可明确3点:其一,"信息及其运动"是人们完成智能行为的"主体";其二,现在人类已有的各种"知识"是"决策"的依据;其三,要实现人工智能,对计算机来说,要驾驭好"信息及其运动",还要会应用人类现已具有的"知识",做出"决策"。

② 实现人工智能的技术思路的演变。

实现人工智能的技术思路有两条:一条是沿着"仿生学"方向发展的思路;另一条是沿着"数据驱动"方向发展的思路。

自1956年提出人工智能的概念以后,人工智能沿着"仿生学"(叫"鸟飞派")的方向发展,那时研究的内容主要是语音识别和机器翻译。例如,语音识别主要做两方面的工作:其一,让计算机尽可能地模拟人的发音特点和听觉特征;其二,利用仿生学的方法理解人所讲的完整语句。前一项工作叫作"特征提取";后一项工作是像人一样,基于语法规则和语义规则"分析语句"。这一工作到20世纪70年代才达到识别百十来个单词(识别率只有70%)的水平。

1972年,贾里尼克开始研究语音识别问题。他改变了技术思路,他认为,语音识别不是仿生学所说的那样的人工智能问题,而是一个通信问题。他认为,人的大脑是"信息源",从思考到找到合适的语句再到通过发音说出来,是一个"编码过程";经媒介(声道、空气或者电话线、扬声器等)传播到听众耳朵里,是一个经过长长的"信道"的"信息传递"问题;听话的人听懂它,是一个"解码过程"。这样,他就利用信息论中的两个数学模型分别描述了信源和信道。至于语言识别需要从语音中提取什么特征,他认为,数字通信采用什么特征,那么语音识别就采用什么特征(这就是基于统计方法的数字通信原理)。就这样,他带领团队,经过4年的努力,开发了一个基于统计方法的语音识别系统。当时,该系统就已经达到相当高的水平,它识别单词的规模已达到两万多个,而识别率也达到90%。从此,他开创了一个采用统计方法解决智能问题的新途径。这就是称为"数据驱动"的方法。下面专门介绍用"数据驱动"方法实现人工智能的技术思路。

③ 人工智能"数据驱动"方法的技术思路。

"数据"(信息)的运动遵循"数据通信原理";"数据"运动的数学模型为马尔可夫链;预测(决策)方法是数理统计;决策原则是以"相关性"替代"因果关系"。具体做法:首先将与欲决策的问题有关的(历史的或现在的)海量信息数字化,使其变为"数据",然后利用大数据技术,对上述海量"数据"进行统计、分析、归纳、综合,通过"机器学习"将其变为"知识";最后根据欲决策问题的具体信息(数据),利用相关决策算法(模式识别或相关概率)进行智能决策。

④ "数据驱动"方法要做的工作。

将信息全部数字化;建立欲决策问题的数学模型;选择决策算法(模式识别或相关概率);建立大数据平台;采用并行计算技术。

2. 信息的概念及其运动特性

由上可知,欲研究人工智能,就必须知道信息运动的特性。

(1) 什么是信息

① 信息论中的定义:信息论中关于信息有广义与狭义两种解释。

a. 广义解释:信息是把信息的形式、内容等全都包含在内的,最广泛意义上的信息,如通指描述事物及其运动的音讯、消息。

b. 狭义解释:专指信息技术中常用的信息,把描述事物的一切符号、记号、信号等表述信息所用的形式或载体叫作信息。这个解释实际上是把信息的形式或载体与它的内容分割开来。

② 人工智能中的定义:在人工智能中采用的是狭义的定义。在用计算机对信息及其运动进行分析时,我们将信息做了如下两次抽象。第一次是"物理抽象",即无论什么事件(社会性的或自然性的)的信息(用概念去描述特征)都以符号、记号、信号等表示,它们是信息的载体,然而这些载体已不再含有物理意义。第二次是"数学抽象",即将上述信息载体(符号、记号、信号等)都"数字化",使其变为"数据"。这样,当研究信息的运动规律时,其研究对象已变为"数据"。

可以说,在人工智能中,我们研究的是"数据"的运动。可见,贾里尼克的思路——"数据驱动"(人工智能是通信问题)是正确的。所以下面在确定本选修部分的相关知识和设置课程时都以"数据驱动"为中心。

(2) 信息系统的构成

信息系统由信源、信道和信宿构成。信源是产生信息的部分,信道是传输信息的部分,信宿是接收信息的部分。例如打电话时,发起通话的那一侧叫作信源,电话线叫作信道,收听通话的那一侧叫作信宿(可参考图4-16)。

信息在信息系统中运动,从信源出发,经过信道,最后到达信宿。

(3) 信息运动的特性——不确定性

信息的运动具有不确定性,我们以人类的智能活动为例说明如下。

首先说信源。例如,我们在进行机器人设计时,会绞尽脑汁地构思方案,吃饭、睡觉、走路时可能都在思考,很可能在某个时刻,突然会有一个奇思妙想,这时我们必须立刻把方案以草图的形式记录在纸上,否则,点子可能就会被忘掉,甚至再也想不起来。这说明我们的大脑产生的信息会丢失,具有不确定性。

再说信道。例如,在战争中,战士冲锋时,他正在全神贯注地端着枪向前奔跑,即便这时腿上受点轻伤,他也不会有感觉,而是继续冲锋。这说明伤口的疼痛并没有传到大脑,"疼痛"这个信息在传输过程中丢失了。信息在传输过程中受到干扰可能会丢失,说明信息在信道中传输也具有不确定性。

最后说信宿。例如,人会"忘事"。几个朋友到酒吧聚会,有一位朋友求你办一件事,你满口答应。但由于相聚甚欢,你并没有特意记住这件事。过几天朋友问你事情办得怎么样,你只好尴尬地回答:"抱歉,我忘了。"这说明信宿接收信息也具有不确定性。

信息(信号)在计算机网络中的运动也是如此,在传输协议中设置的重传机制就是弥补信息(信号)出错或丢失的方法。

信息具有不确定性,这是它的自然属性,是我们研究信息及其运动的依据。

(4) 对信息运动的分析

① 分析对象:信息携带者(载体)是具有不确定性的"数据"。

② 物理模型:在数据通信系统中运动的"信息系统"。

③ 数学模型:随机过程(马尔可夫链)。

④ 信息量的大小:由载体的"熵"决定(关于熵的概念后面介绍)。

⑤ 运动规律:不存在"因果关系",只有"统计相关性"。(详细内容在"应用信息论基础"课程中讲)。

(5) 信号系统与信息系统的区别

对于信号系统,我们的要求是"信号通过系统以后不失真",这在"信号分析与线性系统"课程中已讲过。对于信息系统,我们的要求是"信号携带的信息量尽量大"。这是因为不是所有信号都携带信息,或它携带的是重复信息(例如,摄像机对准一个静止图像进行扫描,第一次扫描已记录图像的信息,第二次以后扫描的信号没有任何新信息,是多余的)。

3. 知识的概念、形成及其应用

在人们的智能活动中,知识是智能决策的依据,是实现人工智能的基础,我们必须对知识有深刻的认识和比较全面的了解。

(1) 什么是知识

知识是人类有史以来,在认识世界和改造世界(社会活动或生产活动)的实践中所获得的认识和经验的结晶。

(2) 知识是怎么获得的

如上所述,知识是人类在认识世界和改造世界的实践中获得的。人类为了生存,必须通过体力劳动和脑力劳动改造周围的环境。通过上述活动,人们获得了大量的信息(有社会的,也有自然的),经过大脑对上述信息的分析与综合,逐渐形成了概念,找到了事物运动的一些规律,弄清了各类事物之间的相互关系,总结出判断事物发展、运动的规则,这就产生了我们现在知道的这些知识。

(3) 知识的种类

由上面的介绍可知,知识大体分为 4 类。

① 概念类:如描述事物各种特征的信息(各类事物的名称,物体的形状、尺寸、颜色、质量、味道等,动植物的名称、分类、结构等)。

② 规律类:如自然规律(质量守恒定律、能量守恒定律、牛顿三定律、基尔霍夫第一定律、基尔霍夫第二定律、动植物生长规律、气候变化规律等)。

③ 关系类:例如,天空中浓云密布,可能要下雨,这是云与雨的关系;春天植物要发芽、动物要出窝,这是气候与生物的关系;骤冷骤热人可能要感冒,这是天气与疾病的关系;核污染可能引起癌症,这是环境与疾病的关系;等等。

④ 经验类:例如,通货膨胀时调息;经济下行疲软,减税降费;洪水泛滥时,要疏而不是堵。

(4) 知识在智能中的作用

① 知识是鉴别、决策的依据。

a. 对事物进行鉴别时,一般依据概念类知识。例如,对于文字识别,我们根据文字图像的轮廓、各点的位置和灰度(这是特征)等的异同鉴别两个字是否相同。

b. 对问题进行决策时,一般依据规律类知识、关系类知识或经验类知识。例如,与该工程相关的规律类知识(科学原理、定律和技术)是最后确定设计方案的依据;在医生诊病时,确定病人得的什么病依据的是关系类知识,即医生首先观察病人的各种表象,然后再看这些表象与哪种疾病相关,分析、比较以后再确诊;在治理洪水时,用的是经验类知识,治理水害要疏而不是堵,这是人类长期实践的经验。

② 知识是创新的源泉。人们的奇思妙想都是由自己所处的环境和工作需要而产生的。而这个奇思妙想的实现则与自己掌握知识的广度与深度有关,也与自己的兴趣有关。没有知识(理论的或实践的)创新就是无本之木、无源之水。

4. 决策的概念、依据及其方法

① 什么是决策:决策就是对事物的鉴别方法,就是解决问题的方案。

② 决策的依据:如前所述,决策的依据是知识。

③ 决策的方法:

a. 识别比较。例如,文字识别是通过将待识别的字的特征与已有字的特征相比较而确定的。

b. 依自然规律。例如,农作物按农时进行播种、管理、收割。又如,按本导论所介绍的科学知识(原理、规律、技术)确定机器人的方案。

c. 依相互关系。例如,医生根据患者的症状与不同疾病的关系来确诊疾病。

d. 依经验。例如,疏通河道治水。

5. 人工智能的现状与展望

(1) 现状

自20世纪50年代提出人工智能以后,人们首先是用仿生学的原理对语音识别和机器翻译做了深入的研究,经过20年的努力,收效甚微。

20世纪70年代以后,人们将"数据驱动"和"超级计算"的方法用于人工智能技术,现已基本上解决了科学家们提出的"语音识别""机器翻译""文本自动摘要和写作""战胜人类的国际象棋冠军""自动回答问题"等5个智能问题。不仅如此,2016年Google推出的Alphago还以4∶1的战绩大胜人类顶级围棋高手李世石;2017年又以3∶0的比分打败了当时排名世界第一的柯洁。可见,人工智能已发展到了很高的水平。同时其应用范围也在不断地拓展。

那么,现在人工智能的水平到底如何呢?

① 从人工智能系统能为人们所做的事情来看。现在,尽管人工智能的水平已经很高,但它也只能达到模仿人的程度。也就是说,只有人类已经做过的事情它才能做;人类目前还不会做的事情,它绝不会做;它不具有人类的创新能力。就拿战胜了两个围棋高手的AlphaGo来说,它的智能(高超的棋艺)来源于它对能够找到的全部几十万人类高手对弈棋局的学习(这么多的对弈棋局是任何人类高手一辈子也学不完的)。在分析与综合了几十万盘棋局的数据(信息)以后,AlphaGo得到了一个统计模式,其使得它在不同的局势下该如何行棋有一个比人类更为准确的估计;同时,由于计算机的计算速度极快,可靠性高,又不怕疲劳,所以它显得比两位高手还聪明。

② 从人工智能系统所依据的理论和使用的技术来看。目前人工智能系统在硬件方面使用的是图灵计算机,它只能处理数据,不具有人脑的独创功能;在理论方面,人们将人工智

能系统视作一个数字通信系统,它处理数据时,依据的是信息论和数据通信原理;在技术方面,人工智能系统采用"人工神经网络"进行"机器学习",通过对海量数据(已有知识)的挖掘,寻找模式识别的分类(聚类)函数(线性或非线性)或输出数据的后向转移概率,从而完成智能决策。这就是"数据驱动"技术。

③ 具体成果。

第一,已建立大数据平台(包括大数据计算中心、分布式数据库、宽带网);第二,已有成熟的计算技术(包括分布式存储、并行计算);第三,已有成熟的理论依据(包括信息论和数据通信原理);第四,已有成熟的数学模型(如马尔可夫模型或隐马尔可夫模型、回归模型、最大熵模型等);第五,已有成熟的分类器(如线性分类器、人工神经网络分类器和模糊识别分类器等);第六,已有成熟的算法。

(2) 展望

① 应当集中精力利用人工智能技术来解决那些能够建立数学模型且有解的工程问题。这是因为,目前人工智能技术是利用图灵机(即目前所使用的计算机),在大数据的驱动下,采用统计模型和云计算实现的。根据数学的极限性,有些工程问题不一定能建立数学模型,即便能建立数学模型的,也不一定有解,据此,人工智能是有极限性的。故提出解决那些"能建立数学模型且有解的工程问题"。关于这一观点,吴军在他的专著《数学之美》中有很全面的论述,感兴趣的同学可以读一下。

② 至于仿生智能的研究,那要看人类对大脑活动的研究成果和实现人工智能的手段的研究成果而定,作者不敢妄议。

6. 人工智能所涉及的基本知识

以计算机代替人脑,利用人类已有的知识解决人工智能问题,目前有两个思路:一是利用分类器对输入计算机的大量信息进行分类或聚类,应用模式识别的方法,找出我们所需要的信息,作为决策依据;二是利用后向转移概率由输出信息找到输入信息,从而达到用计算机代替人脑工作的目的。结合前面介绍的一些内容可见,人工智能技术主要涉及以下3个方面的知识。

(1) 确定模式与分类器

由图2-8可知,人类智能活动的关键是"决策"能力,而决策依赖的是"知识"。就目前人工智能已达到的水平而言,只能利用人们现在已有的知识(经验)研究被观测对象的属性并预测其流动趋势。因此,我们必须做好两方面的工作。

第一,建立各类事物的模式,即将同类事物抽象成一个模板。例如,对于汉字,同一个字既有篆书、隶书、楷书、行书和草书等,又有颜体、柳体、赵体等,那么现在我们将它们抽象为仿宋体并作为模板,出版印刷,在进行汉字识别时,都以仿宋体为标准进行判别。

第二,找到判别模式类别的分类器,如前面讲的线性分类器、人工神经网络分类器、模糊分类器等。在寻找分类器时,要注意根据被判别对象的不同,确定其中的函数和参数。有了分类器就可以进行模式识别,进而进行决策。

(2) 超大数据集的存储、处理与运算

如前所述,既然是利用人类已有的知识进行判别,就必须把要用的信息全部都搜集到,从而通过训练(机器学习),使分类器具有精准、可靠的判别力。因此,我们遇到的是处理"大数据"的问题。数据之大,由前面介绍的AlphaGo与李世石的围棋赛,就可见一斑。

(3) 数据的运动(传输)与输出结果的判别

在上述两方面的知识都具备了以后,要实现人工智能,还必须让数据运动起来,以快速、准确、可靠地传递信息,并正确地判断输出结果。这就必须介绍信息论和数据通信的一些内容。

7. 课程设置

根据上面的介绍,对本专业来说,应当设置4门选修课。
- 人工智能技术导论:对人工智能技术作一个概括性的介绍。
- 模式识别:内容可包括两部分,一部分是模式的建立及其分类、聚类的方法;另一部分是分类器的设计。
- 大数据技术:内容可包括两部分,一部分是分布式存取与并行计算的数据处理方法;另一部分是现有软件。
- 应用信息论基础:内容可包括两部分,一部分是有关信息的一些概念和信息运动所遵循的原理;另一部分是信息运动的原理在数据通信中的应用,如编码和解码(即对输出结果的判断)。

(1) 人工智能技术导论

本课程是人工智能技术入门课程,其目的是向学生介绍人工智能技术的概貌,使学生对人工智能有一个整体的概括性的了解。具体内容如下。

① 什么是人工智能(见上文)。

② 智能活动的基本模型(见图2-8)。对模型解释如下。

a. 信息的概念及其运动特性(见上文)。

b. 知识的概念、形成及其应用(见上文)。

c. 决策的概念、依据及其方法(见上文)。

③ 如何实现人工智能(见上文)。

a. 实现人工智能技术思路的演变。

b. 人工智能"数据驱动"方法的技术思路。

c. 数据驱动方法要做的具体工作。

④ 人工智能技术的现状(见上文)。

a. 已建立大数据平台。

b. 已有成熟的理论依据。

c. 已有成熟的数学模式。

d. 已有成熟的分类器。

e. 已有成熟的算法。

⑤ 对人工智能技术的展望(见上文)。

(2) 模式识别

前已述及,模式识别是"智能决策"的重要方法之一。本课程主要是向学生介绍经常遇到的具体事物的识别技术,使学生掌握应用计算机完成识别任务的基本原理、方法和实用技术。

模式识别的思路是:首先根据已有的大量具体事物的不同特征,通过分类(或聚类)方法,给它们建立各自的模式(即供比较用的、完美无缺的"数字标本");进行模式识别时,将描述待识别的具体"客体"特征的数据,通过分类器(存在计算机中)进行处理,找出它的模式,将该模式与已有的"数字标本"进行比较,从而识别出"客体"是哪一类具体事物。

由于学时有限,也由于本课程的目的是介绍模式识别的基本原理、方法和实用技术,所以这里只讲用"分类"(对"已知类别"的事物群的分类叫作"分类")方法去判断的识别方法,而对于用"聚类"(对"未知类别"的事物群的分类叫作"聚类")方法去判断的识别方法,同学们可以自学。鉴于上述思想,本课程应介绍以下内容。

① 什么是模式:描述事物特征或属性的编码,它是事物的"数字样本"。

② 模式的描述方法。

a. 特征的选取:不同的事物其特征是不同的,有的选择其"物理特征",有的选择其"结构特征"(或叫作几何特征)。例如,对于声音,可选其频率和振幅(声强);而对于文字,可选它的几何结构。原则是要选那些最能把不同事物分开的特征作为模式的特征。

b. 描述方法:有"定量描述"的(如声音用采样点的数值描述),即用矢量描述,矢量中的每个元素都代表着事物的不同特征;也有"语言"描述的(如文字的结构以形式语言说明),句子中的每一句话都有不同的"文法",一个文法表示一类特征。

③ 模式的识别方法。模式的描述方法不同,其识别方法也不同。

a. 对于"定量描述"采用的是"统计模式"识别法。

b. 对于形式"语言"描述采用的是"句法模式"识别法。

④ 模式识别的依据。"依据"是模式(事物的特征)对事物的"分类"。模式类别相同的事物,则是同一类事物。若待识别客体的模式与样本的模式属于同一类,则该客体就是样本所代表的事物。

⑤ 如何"分类"?

a. 对于"定量描述"的事物采用"判别函数"来分类。

b. 对于形式"语言"描述的事物,采用"句法分析"来分类。

⑥ 分类器的设计。

分类器是"分类"(模式识别)的工具,它是一套软件,现介绍几种常用的分类器。

a. 线性分类器。

• 判别函数:是以特征值(即矢量中的元素)为度量的一个线性代数不等式,如$g(\boldsymbol{x})=2w_1x_1+w_2x_2+\cdots+w_nx_n\geqslant 0$。

• 判别准则:若$w_i(i=1,2,\cdots,n)$已知,则将待识别客体的特征值$x_i(i=1,2,\cdots,n)$代入$g(\boldsymbol{x})$中,当$g(\boldsymbol{x})>0$时是一类,当$g(\boldsymbol{x})<0$时是另一类。

• 如何确定w_i:将已知类别的一系列事物的"观测值(即x_i)"代入上述判别式中,建立一个方程组,反解出w_i(这就是学习过程)。w_i确定了,判别函数就确定了,可以用它去分类。请注意,该判别函数只能判别求出w_i的那一类事物。若识别其他类的事物,则需重新确定w_i。

• 求解w_i一般用迭代法(梯度下降法)。

b. 贝叶斯分类器。

• 判别函数:是依据贝叶斯决策理论确定的判别函数,其有4种形式,这里只介绍一种。用特征值(随机变量)的后验概率表示的判别函数为$g(\boldsymbol{x})=p(w_1|\boldsymbol{x})-p(w_2|\boldsymbol{x})$,用$g(\boldsymbol{x})>0$或$g(\boldsymbol{x})<0$去分类。其中,$p(w_i|\boldsymbol{x})$是后验概率,$w_1$、$w_2$各代表一类特征值,$\boldsymbol{x}$代表

全部特征值。当 $p(w_1)$ 与 $p(w_2)$（是每一类的先验概率）、$p(x|w_1)$ 与 $p(x|w_2)$（是一个类的条件概率）都已知时，由它们可以求出后验概率，从而得判别函数。

- 判别准则：当 $g(x)>0$ 时，待识别客体属于 w_1 类；当 $g(x)<0$ 时，待识别客体属于 w_2 类。
- 先验概率和条件概率通常取正态分布。
- 对判别函数好坏的判别：用最小错误或最小风险原理来估算。

c. 人工神经网络分类器。
- 判别函数和判别准则与线性判别函数一样。其关键也是求系数 w_i。
- 求 w_i 的方法：利用神经网络求 w_i（结点连线的权值就是 w_i）。
- 选用网络：可选用 BP 网或 Hopfield 网。

d. 模糊分类器。该分类器的设计思路实际上很像人们对待观测对象分类时所采用的经验（估计）判别法。首先，确定待观测对象与某一标准模式（即样本）的相似度（叫作隶属度），然后再根据某些判据（叫作模糊律），确定该观测对象属于哪一个模式类（由经验确定）。模糊分类器设计的关键问题是寻找合适的隶属度函数和简单准确的模糊控制律（即判别准则）。这要凭经验。

(3) 大数据技术简介

大数据技术是人工智能的基础。本课程应当向学生介绍两部分内容：第一部分是大数据的概念和大数据的运动过程；第二部分是大数据运动过程中已有的支持软件。为了节省学时，下面结合《大数据技术原理与应用》这本书中介绍的软件系统介绍大数据的运动过程（即数据的搜集→数据的存储→数据的处理→数据的显示）。

对于本专业的学生来说，只需对大数据技术中的一些概念、大数据的运动过程有一些定性的了解，重点是掌握大数据的分布式存储、数据处理与并行计算技术，利用已有软件，能从海量数据（信息）中寻找我们所需要的知识，并依据这些知识进行智能决策，解决人工智能问题。

① 大数据简介。

a. 何谓大数据：大数据是指承载各类信息的海量数据集，它不仅数据量大，而且具有下面 4 个特点。

- 体量大。例如，一个人的基因图谱的数据量就在上百 GB 到 TB 量级。
- 多维度。其指对事物（观测对象）特征描述的"立体性"。要从不同的角度（多维度）描述，以备在不同分类或寻找事物关联性时使用。
- 完备性。所采集的数据应当是在没有任何约束或限制条件下自然呈现的，这样才能反映事物的本来面貌。
- 时效性。其指提供数据的及时性。例如，城市交通疏堵管控就需要路况信息及时更新。

在人工智能技术中，只有具有上述特点的数据才能挖掘出有用的信息，从而做出正确的决策。

b. 数据的种类。

- 静态数据：即已经客观存在的数据的集合，如已经存档的文件、资料、实验数据等，或不需要实时处理的数据。

- 动态数据：也叫作流数据，是指随着时间的延长，在数量上无限的一系列动态数据的集合，如展示交通疏堵状态的信息。
- 图类数据：以大规模图或网络的形式呈现的数据，如社交网络、导航图等。有一些是非图结构的大数据，常常将它们转换为图模型以后再进行处理分析，如数据结构。

c. 大数据的运动过程。大数据的运动过程如图 4-15 所示。

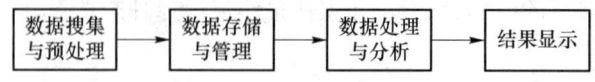

图 4-15　大数据的运动过程图

d. 对图 4-15 的说明如下。
- 数据搜集与预处理：指采用各种手段搜集数据，并把它们变为可用状态。
  - 搜集数据时应注意的问题：由"数据驱动"实现智能，是以自然状态的海量数据为依据的，它与数理统计不同（数理统计是用有代表性的抽样数据为依据）。因此，在搜集数据时必须注意以下几点：无目的性；不找具有代表性的样本；在不经意间完成数据的搜集。
  - 数据预处理的方法：数据的种类不同，预处理的方法也不同，下面按上述 3 类数据分别加以介绍。对于静态数据，可以利用 ETL 工具将分布的异构的数据抽取到临时中间层进行清洗、转换等操作，将其变为可用状态，并存储起来。对于动态数据，可以利用分布在各处的搜集器（agent）将数据传给聚集器（collector），由聚集器汇聚以后直接传给流计算平台，进行实时计算。对于图类数据，可以将任何格式的文件输入图处理模型，它会自动生成图，并执行图计算。
- 数据存储与管理：上述 3 类数据都要存储起来，不同的是，静态数据、图数据是在"数据处理"之前存储，而动态数据（流数据）是在"数据处理"之后存储。它们的存储形式是"列表"。因为数据量超大，所以存储服务器多达几十万台，甚至上百万台，有时这些服务器不在一个地方，这时必须利用分布式文件系统（HDFS）和分布式数据库（如 HBase）对海量数据进行存储和管理。由于数据量超大，在存储过程中，仍须注意两个问题：节约内存空间；确保数据安全。
- 数据处理与分析：对于上述 3 类数据，其处理分析方式是不同的。现分述如下。
  - 静态数据的处理与分析：在人工智能中机器学习与数据挖掘所用数据就属于这一类。由于这类数据存储在分布于各处的服务器中，所以对这些数据的分析与处理，必然要采用并行方法，即将欲处理的海量数据分成块，分别由不同的计算机同时计算，以便快速给出结果。现在这项工作已可以由软件完成，目前广泛使用的软件是，在分布式文件系统支持下的 MapReduce 并行编程模型。其能很好地支持机器学习和数据挖掘算法，是人工智能技术的好帮手。在此，在进行此项工作时还应注意以下几点：不是所有数据都能并行计算；对矩阵进行分块时，最好使各子块大小一样；要以数据→知识→智能的思路进行数据挖掘；经验表明，大量数据与简单模型所得结果往往比少量数据与复杂模型所得的结果要好。
  - 动态数据的处理与分析：流数据被搜集汇聚以后直接传给分布式实时处理系统 Storm，经 Storm 系统处理后，为人们提供实时查询服务，它的响应速度是毫秒级。除了实时查询以外，它还可以用于许多领域，如实时分析、在线机器学习、持续计算、远程 RPC、数据提取加载转换等。其中，在线学习和持续计算是人工智能技术中要用的。

■ 图类数据的处理与分析：在此，图类数据的处理与分析是专门针对大型图的计算而言的。现在已有基于 BSP(整体同步并行计算模型)实现的并行的图处理系统 PreGel，它对大型图可以采用分布式、并行计算的方法进行处理与分析。它可以完成的工作有图遍历、求最短路径、网络权重(PageRank)估算、节点值聚合计算等，可以用于人工神经网络的计算。

• 结果显示：分析结果可以是输出的数据，也可以是输出的图表。目前将数据变成图表已很容易，有许多现成的工具可用，如信息图表工具、地图工具、时间线工具、高级分析工具等。

② 大数据技术的实现。要实现大数据技术，就要做好两项工作：第一项是搭建大数据硬件平台；第二项是开发支持软件。

a. 大数据硬件平台：大数据硬件平台就是大数据计算中心和宽带网。大数据计算中心是将普通计算机作为节点构成的计算机集群，包括服务器、宽带网、环境控制设备、监控设备及安全装置。它的特点就是服务器特别多，一般的服务中心就有几十万台，大一点的中心有一二百万台。我国目前在各地都建了大数据中心。

b. 大数据支持软件：大数据技术与以前计算机技术的不同之处在于分布式存储和并行计算。这就是前面介绍过的"数据存储与管理"和"数据处理与分析"。在本课程中应当重点向学生介绍大数据存储和处理的核心软件(以《大数据技术原理与应用》中介绍的软件为例)。

• 静态数据处理系统软件(包括数据处理与存储)：静态数据系统处理架构叫作 Hadoop。它的核心软件是分布式文件系统 HDFS 和分布式编程模型 MapReduce，另外还有一些配合使用的功能组件，如分布式数据库 HBase、不同数据库之间交换数据的 Sqoop(ETL)、数据挖掘库 Mahout、数据流处理软件 Pig 等。在此，可重点介绍 HDFS、MapReduce 和 Mahout 的功能(分布存储，并行计算)。

• 动态数据处理系统软件：毫秒级响应的动态处理系统是 Storm。Storm 由流 Streams、源 Spouts、导向筛 Bolts、流运行图 Topology 和流分组 Stream Groupings 组成。在此，可以简单介绍 Storm 处理流数据的思路及各组成部分的功能。

• 图类数据处理系统软件：图类数据处理系统 PreGel 是一个分布式并行计算的图处理模型。在此可介绍 PreGel 的设计思路及它的功能。

• 小结：通过本课程的介绍可知，人工智能技术所用的机器学习方法在大数据中都已有软件可用，只需我们针对自己的问题编写应用程序即可调用。但应注意，要针对不同种类的数据(静态数据、动态数据、图类数据)选择合适的软件系统。

(4) 应用信息论基础

前面已经介绍过，目前人工智能系统是一个以"电脑"(计算机)代替人脑的"数据通信系统"。但它不是普通的数据通信系统，而是一个具有人工智能的数据通信系统。它既具有普通数据通信系统的特征，又具有人工智能的特征。因此建立一个人工智能系统需要解决以下 5 个方面的问题。

一是要建立一个庞大的数据通信系统硬件平台——大数据平台。该平台是一个很复杂的计算机网络平台，其构成在"大数据技术简介"中已讲过。

二是要给信号足够的能量，以保障信号(信息)在系统中顺畅地运动。这个问题在"电路分析基础"中讲过。

三是要保证系统有足够宽的与输入信号相匹配的通频带,使输入信号不失真地传输过去。该问题在"信号分析与线性系统"中讲过。

四是要保证系统有足够的信道容量(以后讲),并对信号进行科学的编码,使系统传输的信息量尽量大且可靠。这是本课程要讲的。

五是要赋予系统以"智能"。该问题在"模式识别"和"大数据技术简介"中已讲过。

由上面的叙述可知,人工智能系统由 4 个物理模型演变而来,即电路系统→信号系统→信息系统→人工智能系统。同学们在学习过程中要将各门课程讲过的物理模型有机地联系起来,并加以综合应用。

有关人工智能的问题前面已介绍过了,下面介绍如何建立一个"信息系统"(通常叫作"数据通信系统")。下面分为 3 部分进行介绍:一是数据通信系统简介;二是信息量的估算;三是编码技术与信道容量估算。

① 数据通信系统简介。

a. 数据通信系统及其信号传输模型。该模型如图 4-16 所示,它给出了数据通信系统的物理构成及信号传输的一般逻辑。

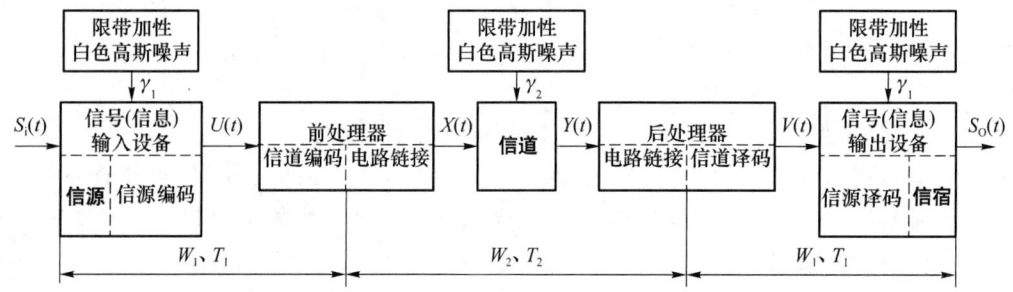

图 4-16　数据通信系统及其信号(信息)传输模型

图中各符号的含义:

- $S_i(t)$——信源输入信号(语音、图像、文字、传感器信号等)。
- $U(t)$——信源输出的信源编码信号,它也是信道编码器的输入信号。
- $X(t)$——信道编码器输出信号,它也是信道的输入信号。
- $Y(t)$——信道输出的信号,它也是信道译码器的输入信号。
- $V(t)$——信道译码器输出的信道信号,它也是信源译码器的输入信号。
- $S_o(t)$——信源译码器输出信号,由信宿转变成原输入信号(语音、图像、文字、传感器信号等)。
- γ_1——在数据通信系统中,除了信道子系统以外,其他各子系统的信噪比(即信号平均功率与噪声功率之比)。
- γ_2——信道子系统的信噪比。
- W_1——在数据通信系统中,除了信道子系统以外,其他各子系统的通频带宽。
- W_2——信道子系统的通频带宽。
- T_1(信号传输时间)——信号在数据通信系统中除信道子系统以外的各子系统中传输所用的时间。
- T_2——信号在信道子系统中传输所用的时间。

b. 设计通信系统所要做的工作。
• 针对信号：第一，输入信号的功率(P)要足够大；第二，要选好编码(0,1)的类型、码字的长度和编码方法，以使所携带的信息量最大且可靠。
• 针对系统：第一，要有足够宽的通频带(W)；第二，系统的噪声(γ)尽量小，以使传输过去的信息量最大。
• 针对传输时间(T)：传输速率(R)要小于信道容量(C)，即使传输速率与信道容量匹配。

② 信息量的估算——信号的熵。编码的好坏要用信号携带的信息量评判，而信息量的估算是由信号的熵决定的，下面介绍各类编码所要估算的熵。

a. 信源编码的熵。
• 离散信号的熵——香农熵：

$$H(\boldsymbol{X}) = -\sum_{x=1}^{N} p_i(x_i) \log p_i(x_i)$$

式中，$H(\boldsymbol{X})$是离散信号的熵，$p_i(x_i)$是离散信号x_i的概率分布，x_i是离散随机信号分量。

• 连续信号的熵：

$$h(x) = -\int_{-\infty}^{\infty} p(x) \log p(x) \mathrm{d}x$$

式中，$h(x)$是连续信号的熵，$p(x)$是x的概率分布，x是连续随机信号。

• 联合熵与条件熵：在传输一篇文章时，有的句子前后文字是无关的，这时可将它们看成互相独立的多元随机变量，该句子的熵叫作"联合熵"$H(\boldsymbol{XY}\cdots)$，由联合概率分布计算，它估算了该句子携带的信息量。在传输一篇文章时，有的句子是成语谚语，前后文字之间有关系，不能乱搭配，这时所求的句子的熵叫作"条件熵"$H(\boldsymbol{Y}|\boldsymbol{X}\cdots)$，用条件概率分布来计算，它能估算成语的信息量。

• 关于熵的说明：
■ 熵是一个重要而难理解的概念，可看后面"关于熵的说明"。
■ 熵$H(\boldsymbol{X})$是随机信号概率分布的函数，它揭示了随机信号的不确定性，也估算出了随机信号所携带的信息量的大小（熵大，信息量大）。
■ 只有熵（信号的状态）不断变化时，信号才会携带信息（直流信号很难传递信息）。
■ 熵最大原理是用于求解未知概率分布规律的，表述如下：欲求的概率分布一定是使随机变量满足约束条件的所有分布规律中使熵最大的那一个。这是随机变量的运动趋势决定的。

b. 信道编码的熵——互信息。
• 互信息的定义：设信道输入信号为$\boldsymbol{X}(t)$，输出信号为$\boldsymbol{Y}(t)$（参看图4-16），若信道无任何干扰，则输出信号$\boldsymbol{Y}(t)$就是输入信号$\boldsymbol{X}(t)$。此时携带过来的信息量（熵）就是$H(\boldsymbol{X})$。然而，信道中的各种设备一定会有噪声，所以$\boldsymbol{Y}(t)$就与$\boldsymbol{X}(t)$不完全一样了。那么，这时我们在输出端可以得到关于输入端输入序列[$\boldsymbol{X}(t)$]的多少信息量呢？

从输入信号$\boldsymbol{X}(t)$方面来说，$\boldsymbol{X}(t)$携带的信息量是其熵$H(\boldsymbol{X})$，因输出$\boldsymbol{Y}(t)$是由$\boldsymbol{X}(t)$传过来的，包含了$\boldsymbol{X}(t)$的一部分信息（熵），其减少了的$\boldsymbol{X}(t)$的信息量是条件熵$H(\boldsymbol{X}|\boldsymbol{Y})$。此时输出端得到的关于输入端的信息量应当是

$$H(X;Y) = H(X) - H(X|Y)$$

从输出信号 $Y(t)$ 方面来说,$Y(t)$ 应当具有信息量 $H(Y)$;由于 $Y(t)$ 是由 $X(t)$ 传输过去的结果,$H(Y)$ 中的一部分是受约束于 $X(t)$ 的,因此 $H(Y)$ 所减少的这一部分信息量就是 $Y(t)$ 的条件熵 $H(Y|X)$。这时从输出端得到的关于输入端的信息量应当是

$$H(X;Y) = H(Y) - H(Y|X)$$

在以上两式中,$H(X;Y)$ 是一个量,只是说法不同。$H(X;Y)$ 就定义为"互信息",它就是当我们输入 $X(t)$ 而输出 $Y(t)$ 时,所得到的信息量(即信道传输过去的信息量)。在以上两式中,$H(X)$ 由 $X(t)$ 的概率分布 $p(x)$ 计算,$H(Y)$ 由 $Y(t)$ 的概率分布 $p(y)$ 计算,$H(X|Y)$ 由条件概率 $q(x|y)$ 去计算,$H(Y|X)$ 由条件概率 $q(y|x)$ 去计算。所以 $H(X;Y)$ 也用 $I(p,q)$ 表示。

- 离散信号和连续信号都有互信息,使用时注意选用公式。

c. 误码重传时,两次传输信息量差异性的量度——鉴别信息。

- 鉴别信息的定义:设有一个随机信号 $X(t)$,第一次传输时它的概率分布为 $p_1(X)$,而在重传时,其分布概率为 $p_2(X)$,则两次传输信息量的差异可由其"鉴别信息" $I(p_1,p_2;X)$ 估算。而

$$I(p_2,p_1;X) = \sum_{k=1}^{k} p_2(a) \log \frac{p_2(a_k)}{p_1(a_k)}$$

式中,$X(a_1,a_2,\cdots a_k)$ 是随机信号,p_1 为第一次传输时的概率,p_2 为重传时的概率。

- 对鉴别信息的说明。
    ■ 由鉴别信息可以估算出两次传输结果偏向于第二次传输的程度,偏差越小越好,据此估算,可调整系统,使之更利于传输。
    ■ 最小鉴别原理:这也是求未知分布规律的原理之一。表述如下:若有一随机信号 X,第一次传输时其概率分布为 p_1,在满足一定条件下,求其第二次传输时的概率分布 p_2,这时可用泛函 $I(p_1,p_2,x)$ 最小的原理去求。

③ 信号的编译码技术与信道容量的估算。

a. 什么是编码?用 N 个(如 $N=8$)码元(0,1)组合的码字替代信源输入的信号(如语言、文字、图像传感器信号等)的方法叫作编码。但这里说的编码不是信号形式的转换(如将模拟信号转换成数字信号的编码),而是指用事先编好的码字(如 N 个 0,1)代替信源输入的数字信号。

b. 为什么要编码?——快速、安全、准确地传递信息。在我们传输的信号中,有许多"冗余信息"〔如在记录人打太极拳的一段录像中,人的影像是在不断变动的,而其背景(如树木、房屋等)是不变的,所以每帧的背景都一样,在传输这个人的运动信息时,只传一帧的背景就够了,其余各帧的背景信息是多余的〕。对于传输信息来说,这些冗余信息不必都传,只传一次即可。剔除冗余信息的方法就是图 4-16 所示的"信源编码"。另外,信号在系统中传输时,系统会产生各种噪声影响所传信号的准确性。为了更好地抵抗噪声对信号的干扰,就采用了图 4-16 所示的"信道编码"。总之,编码的目的就是快速准确地传递信息。而"安全"是由加入"密码"解决的,这里就不介绍了。

c. 什么是译码?如图 4-16 所示,信源经过两次编码以后,在系统中传输的就是抽象的 (0,1)信号流,已失去了原来信源信号的物理意义。为了准确地还原信源信号的物理特性,

就必须将每一种编码进行"逆操作",这种逆操作就叫作"译码",即将(0,1)表示的码字还原成信源信号的原有物理状态。

　　d. 信源编码:信源输入的信号是各种各样的,有离散信号,也有模拟(连续)信号,有随机信号,也有确定信号,这些不同信号的编码方法是不同的,下面分别介绍。

　　• 按熵的不同算法选择不同的编码方法:信源编码的目的就是要使信号携带的信息量尽量大,因此就要估算信号的熵(即信号携带的信息量);信号的随机特性不同,其熵的算法也不同。在信源信号中从随机特性的角度来看,存在 3 种模型。

　　■ 已知分布规律的平稳随机过程:对于一般的信源信号,大多选用这一模型,采用的是基于统计原理的统计编码。下面我们将重点介绍。

　　■ 分布规律未知的平稳随机过程和非平稳随机过程:对于这种模型采用的是通过"组合熵"计算组合信息的方法计算信息量。编码方法叫作"通用编码"。

　　■ 确定信号:对于输入确定信号的模型〔如用(0,1)码组成的计算机程序〕,采用"算法熵"计算"算法信息量",其编码方法有"LZ 编码"。

　　• 信源信号的统计编码方法(主要针对概率分布规律已知的平稳过程)。

　　■ 等熵编码(也叫作无失真编码):对于离散的信源信号,一般采用等熵编码方法。其原理是:使源字(如信源的 N 个字母)的熵等于码字〔如 N 个(0,1)码〕的熵。源字的熵由源字的概率分布计算,而码字的熵由码字的概率分布计算。针对输入"源字"中各码元(指源字中的各个字母)的相关性而言,若各码元是独立的(即无相关性),则有无记忆等长编码(即所有码字长度都相同)和无记忆变长编码(即每个码字的长度不一定相同)。变长码是为了适应具有不同概率分布的源字;若各码元有相关性,则有基于马尔可夫链的最优编码。针对"码字"数据结构的不同,有"分组码"和"树状码"。

　　■ 压缩熵编码:模拟信源信号应采用压缩熵编码方法。对于模拟信源信号,我们先将它们"数字化"以后再将其作为信源进行编码。在上述的数字化过程中,所得到的数字信号(数据)已经不是原来的精确信号了,所以在传输过程中,已没有必要保证它不失真,只需保证这些数据不超过某一限值的失真度即可。另外,模拟信号随机性很大,其熵(不确定性)也很大,不利于信息的处理,所以要想办法通过编码将信号的熵降下来,以减少不确定性。故采用"熵压缩"的原理编码,即在保证不超过一定的失真度的条件下,将编码后输出信号的熵压缩到最小。在本课程中,可以介绍"变换编码"(实用的熵压缩分组编码)和"预测编码"(实用的熵压缩树码)。

　　■ 编码注意事项。要确定合适的码字长度,以适应不同类型的源码。要找码字中的"典型序列",即将所谓"好码"作为码字。因为码字是由 N 个码元(0,1)排列构成的,它们的个数很多,有些"码字排列"的概率分布好(0、1 变化快,即熵变化快),有些码字排列的概率分布不好(多个 0 或多个 1 相连),概率分布好的,就是好码,即"典型序列",这些序列所携带的信息量大。

　　e. 信源译码。

　　• 对于等熵编码,译码时可以采用编码的逆操作,无失真地复原源字(源字母序列)。

　　• 对于压缩熵编码,没有译码器。编码器的输出被直接送往信宿,在这种情况下,信源字母序列与码字母序列的差异就是熵压缩编码引入的失真。以失真最小的方式来译码。

　　f. 信道编码。

- 信道：信道是指信号传输的通道，一般如图 4-16 所示。信道通常由终端设备、线路设备、电缆(光纤、微波)等物理实体组成。然而，在信息论中，有输入、输出点的物理单元都可以视为一个逻辑信道，例如，前面讲过的熵压缩编码器或放大器，都可以视为一个信道，如何确定信道，由研究者的需求而定。
- 信道编码原理：信道编码的依据是香农编码定理，该定理指出，设 R 是信息传输的速率，C 是离散无记忆信道的信道容量，$\varepsilon>0$ 是任意小的数，则只要 $R<C$，就总存在码字长为 N、码字数为 $M=2^{NR}$ 的分组码，使译码的平均差错概率 $P_e<\varepsilon$。这里，R 就是前面说的信号在系统中的传输速率，C 是信道允许的信道容量(即允许的传输速率)，M 是在速率为 R 的条件下，能编成长度为 N 的码字的总数。该原理的核心意思是，只要你保证信道中信号的传输速率 R 低于信道的最大允许容量 C(即允许的最大速率)，就能编出 $M=2^{NR}$ 个长度为 N 的码字。注意，M 这个数是很大的，要选其中的"好码"作为编码，即由该编码的分布概率计算的信道容量尽量达到 C。
- 传输速率 R 的确定。
    - 根据工作需要确定传输速率 R。例如，传输动态图像或数控机床的控制信号速率最好在每秒百兆比特以上。这时就要根据所需要的速率 R 选用能够传输百兆速率 C 的硬件来构成系统。
    - 根据已有的硬件系统的允许容量 C 决定系统的传输速率 R。允许信道容量 C 可根据传输线是双绞线、同轴电缆还是光纤查表而得。
- 信道容量的估算。
    - 数字信道的容量：对于离散信道，通常采用"典型数字信道"模型进行估算。"典型数字信道"是指平稳、对称、无记忆的离散信道，该信道输入和传输的信号是经信源编码器编码后的(0,1)型脉冲码元。上述信道的信道容量的估算公式为 $C=2w\log M$。式中，C 是信道容量，w 是系统的通频带宽，M 是码元数进制，如 $M=2$。
    - 模拟信道的容量：对模拟信道通常采用"功率受限的限带加性白色高斯噪声信道"模型进行估算。根据香农定理，其估算公式为：$C=w\log(1+P_s/P_N)$。式中，C 是信道容量，w 是系统通频带宽，P_s 是输入信号的平均功率，P_N 是加性白色高斯噪声信号的平均功率。
- 在编码时应考虑的几个问题。
    - 系统要有合适的传信速率 R(也叫作信号传输速率)。
    - 系统要有足够的信道容量 C(允许传输速率)。
    - 传信速率 R 与信道容量 C 要匹配。
    - 要依据 R 与 C 确定码字的总数 M 和码长 N。
    - 要减少误码率，其措施是：第一，建立"联合典型序列对"；第二，在码字中加入纠错码；第三，调整码字长度或传输速率。
- 信道编码的具体方法：主要介绍分组编码(线性码或循环码)和卷积码的编码方法及其用途。

g. 信道译码。在信道中，由于设备多、线路长，码字在传输时，说不定在什么环节就会出现差错。因此，译码时我们只好借助于输入、输出信号的转移概率判断它们之间的对应关系。具体做法是：利用前向转移概率(或后向转移概率)取最大值的方法选出对应输入信号的输出信号(最大似然法则)。若转移概率不知，可用最大熵原理或最小鉴别原理来估算。

④ 关于熵的说明——熵、热力学第二定律及它们在通信系统中的应用。由于熵本来就是热力学中的一个概念，且热量可以测量（即热量是可见实物），因此如果我们能在热力学中将熵的概念、熵与不确定性的关系、熵与概率分布的关系、熵与热流量的关系都理解透，并将其引申到信息系统中，将对我们分析信息系统大有裨益。为了便于理解，在这里先举一个我们熟悉的热传导的例子，然后再抽象出相关的概念和原理。

a. 分子热运动的例子——热传导。现有一个中间有闸板的水槽，闸板一边装的水温度高，另一边装的水温度低，当我们把水槽中间的闸板拿掉以后，用两个温度计测量，会发现两个现象：第一个是宏观的，槽内温度发生了变化；第二个是微观的，水分子的运动状态（速度大小与方向）在不断地变化。宏观上，高温水的温度逐渐降低，低温水的温度逐渐升高，当二者的温度相同时，就不再变化。微观上，刚拿掉闸板时，高温的水分子绝大部分会向低温处流动，低温的水分子绝大部分会向高温处流动，而往其他方向流动的水分子很少。这表明，此时水分子运动（速度大小和方向）的"类型（数）"很少，也就是说"状态数"很少。随着水分子的对流，高水温降低，低水温升高，此时则没有开始那么多的水分作双向对流，而是向侧向流动的水分子逐渐增多，且侧向的方向与速度都不一样。这个阶段槽内水分子运动（速度大小和方向）的类型数逐渐增多，或者说"状态数"增大。当槽内的水温各处都相同时，达到了热平衡，槽内的水分子都在做毫无约束的自由运动了，可以说，几乎每一个水分子都有自己的一种运动类型，处于"无序状态"，此时，"状态数"最大。这也说明：水分子运动的"状态数"，在自然过程中总是向着无序性（即熵）增大的方向变化。

b. "熵"的概念（熵函数）——对"状态数"的描述。上述例子中所说的描述分子热运动状态类型的"状态数"在热力学中就叫作"熵"。于是熵就成为描述分子热运动类型（数）多少的一个状态量。熵越小，表明分子运动的类型越少；熵越大，表明分子运动的类型越多。可见，分子做完全无序运动时（类型无限多），熵最大。

c. 对熵的分析。

• "熵"是随着温度变化（热量流动）而"不断变化的量"。

• "熵的大小"体现了分子热运动状态"不确定性"的大小。熵越小，分子热运动的类型数越少，则我们越容易判断分子运动的方向和速度的大小，说明运动的不确定性小，反之亦然。

• 熵的大小决定了全部水分子在该熵值（该状态数）状态下的概率分布规律，且该概率分布规律 p 是随着熵 s 的变化而变化的，如图 4-17 所示。

• 对图 4-17 的说明：第一，图中横坐标代表水分子热运动某一瞬时的微观状态，纵坐标代表该瞬时各微观状态的分子出现的概率（即该状态的分子数与分子总数的比值的极限）；第二，分布图下所覆盖的横坐标宽度代表了该瞬时分子运动的状态数（熵）；第三，图 4-17 展示的是无穷多个分布图，每一张图表示分子运动的一组状态及该状态（s）下的概率分布，这些图从左至右其状态数 s 逐渐增大，一直到无穷大，其中图 4-17(a)、图 4-17(b)、图 4-17(c) 是不同瞬时的代表，正是这一系列图描述了水分子热运动过程中，每个瞬时的概率分布与该瞬时状态数 s 的函数关系，即 $p(s)$。若已知 s（一张图的横坐标值），则可求出 $p(s)$，即 s 所对应的图中的 $p(s)$；反过来，若已知 $p(s)$，也可求出 s（熵）。这就是《概率论》中由概率分布函数 $p(s)$ 求熵的原理，熵的大小可以由概率分布函数来求。图 4-17(c) 代表热平衡状态时的概率分布，可以说一个分子一个状态，且等概率，此时熵达到最大。

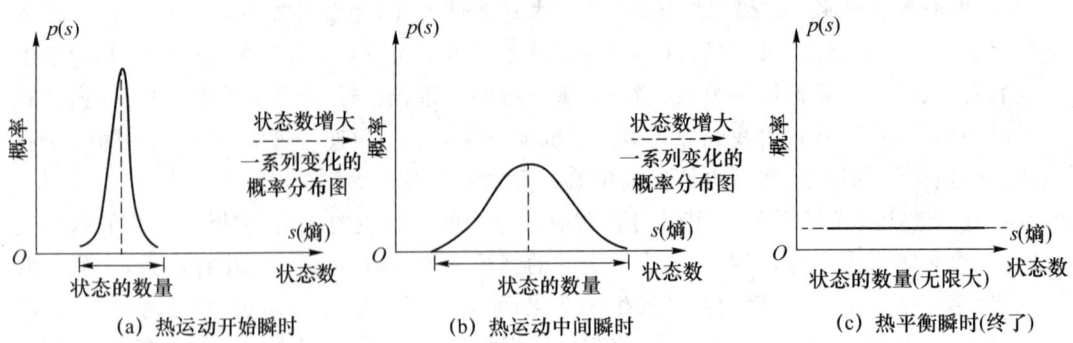

图 4-17 水温变化时每个瞬时水分子热运动的状态数(熵)及其概率分布的变化图

d. 熵与热流量的关系——热力学第二定律。
- 克劳修斯公式：

$$S_2 - S_1 = \int_{T_1}^{T_2} \frac{\mathrm{d}Q}{T}$$

- 对上式及其中各符号物理意义的说明。
  - $\mathrm{d}Q$ 是分子热运动过程中宏观热量变化的微量。
  - T 是宏观状态的绝对温度，T_1 是起始绝对温度，T_2 是终了绝对温度。
  - S_1 是起始状态的熵值，S_2 是终了状态的熵值。
- 克劳修斯公式的物理意义及其应用。
  - 该式表明，在水分子热运动的自然过程中，由状态1到状态2系统熵的增量 $S_2 - S_1$ 等于该系统在两个状态之间热量变化量的总和 $\left(\int_{T_1}^{T_2} \frac{\mathrm{d}Q}{T}\right)$。该式将分子热运动的微观状态(分子运动的状态数熵)与其宏观状态(热量流动或者说温度变化)联系起来，它描述了二者动态变化之间的关系，只有熵不断地变化，才能不断地传导热量。反过来说，只有水分子不断地传导热量(即温度不断地变化)，熵才能不断地变化。
  - 由公式可知，若我们已测得两个状态之间的热量，则可估算出这两个状态之间熵的变化量。反之亦然，我们可以由熵的增量去估算热量的增量。
  - 由公式还可知，若在相同的时间间隔内，熵的变化量大，则它热量的变化量也大。

e. 小结。
- 熵的大小可以由随机信号(水分子的运动速度)的概率分布估算。
- 熵描述了随机信号(水分子的运动速度)的不确定性，熵越大，不确定性越大。
- 熵的变化量体现了随机信号(水分子的运动速度)所携带热量的变化量，熵的变化量越大，则水分子所携带的热量变化量越大。

f. 熵的概念与克劳修斯公式在信息系统中的应用。
- 信息系统与热系统的相似性：信号的运动相似于水分子的运动。
- 热系统中水分子的运动是一个随机变量，信息系统中携带信息的电信号的运动也是一个随机变量；两个随机变量在运动过程中状态数(熵)在不停地变化，我们可以依据热系统熵的增量估算热量，相应地我们也可以依据信息系统熵的增量估算信息量。在信息论中就是用熵去估算信号所携带的信息量。

- 热系统中同一段时间间隔内水分子的熵变化大,则传导热量就多;在信息系统中电信号的熵变化大(分布概率变化大),则其携带的信息量也应当大。这就是信号编码时判断好码的依据。

g. 分析信息运动的思维方法。同学们在过去的学习中面对的是物质构成的系统,由于物质运动遵守质量守恒定律和能量守恒定律,所以这样的系统有输入必定有确定的输出。对于这样具有"因果关系"的思维逻辑(智能决策),大家已习以为常。但是,这种思维逻辑在分析信息系统时却行不通了,因为信息在系统中运动时具有不确定性,"因果关系"已不复存在,代替"因果关系"的是信息之间的"相关性"。因此,在分析信息系统时,我们的思维方法必须有一个根本的转变,时刻记住,信息在运动过程中,有"因"不一定有"果",而是用输出与输入的"相关性"(相似度)大小来判断它们是不是同一个信息,所应用的估算工具则是概率论。

第 5 章　方案设计实例

为了使同学们对机电一体化系统(产品)的方案设计有比较详细的了解,也为了完成本课程布置的作业,现举两个例子。

第一个例子是第 2 章介绍的收集机器人(作为单机自动化的代表),第二个例子是生产光电产品的自动化装配生产线(作为系统自动化的代表)。

在介绍的过程中,按图 3-1 中"概念设计阶段"的步骤去做,请同学们复习一下第 3 章的相关内容。

5.1　收集机器人的方案设计

5.1.1　客户需求

这是大学生机器人大赛的一个项目。要求做 3 个机器人,一个收集机器人负责搬运松糕,两个协助收集机器人工作的机器人。这两个机器人中一个是自动行走机器人,它可以驮着收集机器人由竞赛起点走到离货架 1 m 远处,然后将其放在地上;另一个是人工驾驶机器人,它可以把放在地上的收集机器人举起以抓取高层货架上的松糕。此处只介绍收集机器人的设计方案。

1. 收集机器人的工作任务

将松糕从货架上取下,送到储物筐内,花费的时间越短越好,时间最短者为冠军。

2. 对收集机器人的要求

① 收集机器人首先由自动行走机器人驮到离货架 1 m 远的地面上,然后自动行走到放货架的平台旁,并登上 20 cm 高的台阶。

② 收集机器人自动调整自己在台阶(平台)上的位置,取下货架上的松糕,并将它们搬运到平台另一端的储物筐内。

③ 收集机器人的尺寸限制。在启动点,机器人的长不能超过 1 m,宽不能超过 1 m,高不能超过 1.3 m。比赛开始后,它可以在直径 2 m 的圆柱形空间内(俯视)伸展,伸展高度不能超过 1.3 m。

3. 工作对象描述

工作对象是松糕。松糕呈圆柱形,直径为 20 cm,高为 15 cm,其底面中央处有一个销孔,以便将松糕固定于货架平台的销钉上,限制松糕在平面内移动。

4. 环境描述

环境如图 5-1 所示。在室内平整的场地上有一个正八边形的平台,平台高 20 cm;在平台中央放置一个货架,货架分 3 层,每一层上都放有待取物品(松糕)。平台及货架尺寸如图 5-1 所示。

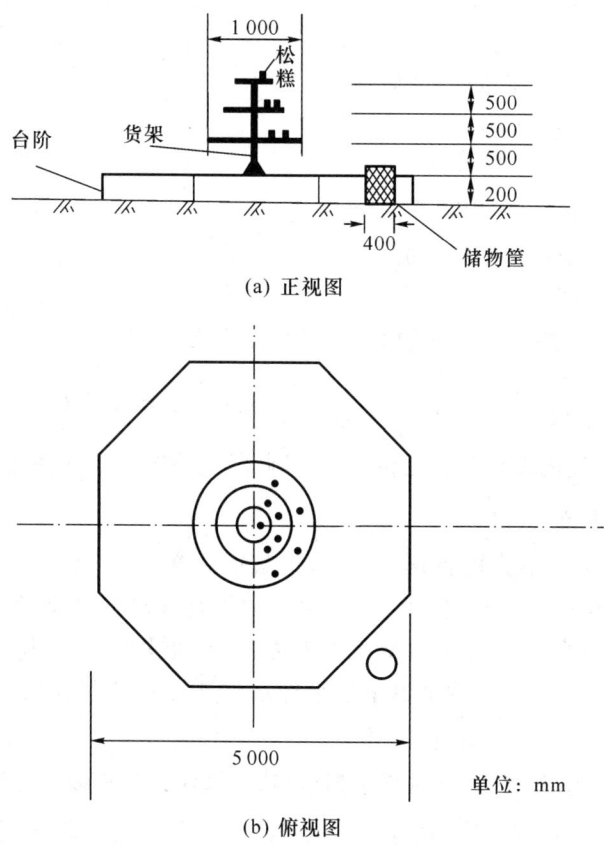

图 5-1 比赛场地环境布置图

5.1.2 总体功能需求分析

收集机器人首先沿规定路线自动向前行走 1 m,登上高 20 cm 的台阶,然后在台阶上自动调整位置,用机械手将货架上的松糕取下,最后在台阶上走到储物筐旁,把松糕放到储物筐内。

下面根据系统工程的思想、系统分析的方法和概念设计的步骤进行具体设计。

5.1.3 总体功能分解

① 工作对象:松糕(圆柱体)。

② 物质流:松糕流动(运动)路线与状态为,首先被从货架上取下(先垂直向上移动脱离开销子,接着水平移动到货架外),然后送到(移动到)储物筐旁,最后放到储物筐内。

③ 根据"物质流"(和竞赛要求)分解收集机器人的"动作"。

a. 按大赛要求,沿规定路线前行 1 m。
b. 登上台阶(高 20 cm)。
c. 在台阶平台上自由行走(移动与转动),调整机械手与松糕的相对位置,以便抓取。
d. 手爪抓住松糕。
e. 手臂将松糕上移。
f. 将手臂移出货架。
g. 走向储物筐(搬运松糕至储物筐旁)。
h. 调整位置,将松糕(手爪)对准储物筐。
i. 放开手爪,松糕落入筐内。
j. 回到货架旁。
k. 重复抓取搬运松糕的过程,直到搬完为止。

④ 收集机器人的动作分析与归纳。
a. 行走动作:可前后移动,可原地转动,可上台阶。
b. 抓取动作:可抓住,可上下垂直移动,可转出货架,可放开。

5.1.4 确定广义执行子系统的功能模块及方案论证

对广义执行子系统的设计要求是:重量轻、刚度好、动作灵活、速度快。

1. 由"动作"初选执行机构

① 初选"原地旋转机器人的行走机构"作为收集机器人的"行走机构"。这是一个很成熟的旋转行走机构,但必须做两方面的修改:其一要能直行;其二要能上台阶。

② 初选"手臂、手爪机构"作为收集机器人的"抓取机构"。这是比较成熟的抓取机构,但必须做两方面修改:其一手臂要能够上下垂直移动;其二手爪能抓紧、放开,还能在手爪平面内微调位置。

2. 执行机构和驱动装置(广义执行子系统)功能模块分解与设计方案论证

在初步确定了执行机构以后,就可以进一步将功能模块进行细分,要同时按设计要求考虑驱动(原理)模块和传动模块(如果必要),并进行方案比较。

(1) 行走机构功能模块的分解与方案论证

前已述及,初选"原地旋转机器人的行走机构"作为收集机器人的行走机构,下面介绍如何确定方案。

① 原地旋转主功能模块:这个模块选的是"旋转机器人的行走机构",如图 5-2 所示。该机构是很成熟的,所以不必再进行方案论证就确定下来。下面简单介绍其结构。该旋转机器人的行走机构有 3 个轮子,3 个轮子的轮面都在一个圆周上,它们的轴线互成 120°,3 个轮子都装在六边形的铝合金架上(为了轻便,选铝合金),且都由直流步进电动机驱动(为了灵活控制机器人行走的方向和位置)。

② 直线行走辅助功能模块:因为 3 个轮子的轮面呈 120°放置,要想直行需解决两个问题,一个是驱动问题,另一个是斜轮的摩擦力问题。

a. 直行驱动问题可以将后轮旋转 90°作为驱动轮。这就要求设计一个旋转机构,在机架上焊一个铝合金套,套的轴线垂直于机架平面,套里装一根轴(即垂直滑动导杆),该轴的下端与后轮固定[图 5-3(b)]。垂直滑动杆的轴线与后轮轴的轴线垂直,且过轮面与轮轴线的交点。90°旋转机构的驱动用气缸,选气缸是因为气缸比液压缸轻,比液压缸和电动机速度快。

b. 对于减小前进摩擦力的问题,有现成的方案,目前已广泛采用"全向轮",即在轮毂上装许多段硬塑胶圆套[图 5-3(b)],当小车前后移动时该硬塑胶套管会绕着轮毂旋转,不影响前后行走的速度。

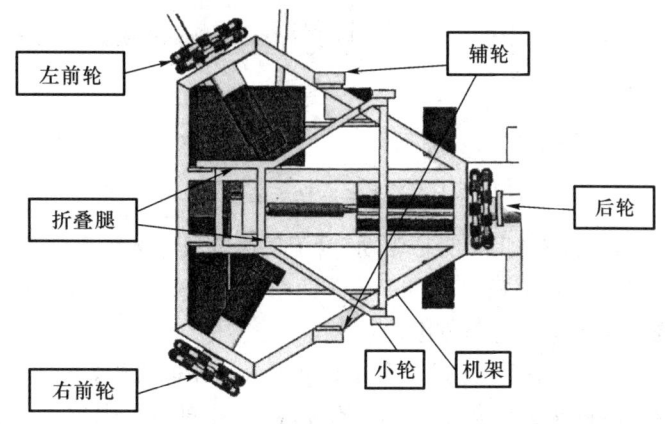

图 5-2 原地旋转行走机构结构图(从底面向上看的仰视图)

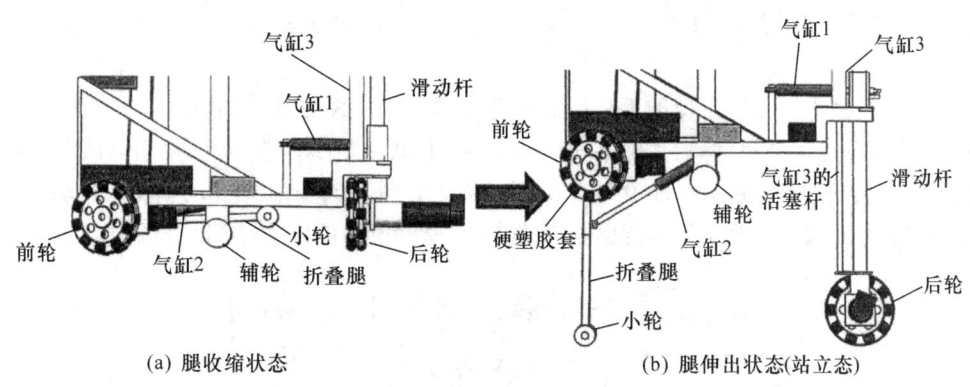

图 5-3 上台阶与直线行走机构结构图

③ 上台阶辅助功能模块。

a. 上台阶方案:上台阶可有两个方案,一个是人工驾驶机器人将收集机器人托起再送到台阶上,另一个是在收集机器人身上安装举起和行走机构。由于运行时间长短是竞赛的绝对标准,考虑人工驾驶机器人托起再送上台阶太耗费时间,不如让收集机器人直行 1 m 后,接着就上台阶行走快,所以选用后一个方案。

b. 将收集机器人举起的机构:该机构分两部分,一部分是前轮处安装的折叠腿机构,另一部分是将后轮上装的垂直轴转变为一个滑动杆,它既可在气缸 1 的驱动下旋转 90°,又可在气缸 3 的驱动下沿铝合金套上下移动 20 cm(用气缸而不用液压缸或电动机的原因同前)。折叠腿的设计参考飞机起落架原理,如图 5-4 所示。收集机器人"站立"态[图 5-3(b)]时,该机构处于图 5-4(a)所示状态,此时连杆有两个"死点"("机械原理"课程中会讲),该折叠腿在小车前进时能稳定工作(腿的下端装了小轮,以便于行走);折叠腿收起时,是图 5-3(a)所示状态

〔后轮方向应和图 5-3(b)一样〕。折叠腿的驱动由气缸 2 完成〔图 5-3(b)〕。采用气缸的原因是其速度快,无污染,同时可用前面的气源。

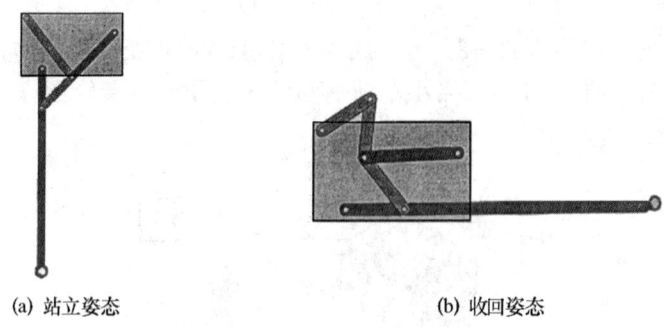

(a) 站立姿态　　　　(b) 收回姿态

图 5-4　折叠腿结构原理图

c. 上台阶时的前行机构:此时前轮驱动,为了使收集机器人不至于摔下台阶(因此时后轮已收起),特在机架下面中部稍后的位置装了两个辅轮(图 5-2 和图 5-3)。

(2) 抓取机构功能模块分解与方案论证

前已述及,初选"手臂、手爪机构"作为收集机器人的抓取机构,下面介绍如何确定方案。

① 手臂功能模块:由于三层货架上都放有松糕,需要机械手去拿,且要求抓取时间尽量短,所以最好是三层同时抓取。但由于货架顶层太高,而机器人的高度又有限制(1.3 m),只能考虑第一、二层的松糕同时取,第三层(顶层)的松糕单独取的方案,因此手臂模块确定为 3 个,如图 5-5 所示。

a. 3 个机械手臂方案论证如下。机械手臂有两种。一种是柔性的,像人的手臂一样有几个关节,其优点是运动灵活,可以做各种自由运动;其缺点是刚性差,运动控制算法复杂,运动速度较慢。另一种是刚性的,一般没有关节,其缺点是自由度少,只做简单的移动或转动;其优点是刚性好,运动速度快。为了使速度更快,更好控制,选择刚性机械手臂(即图 5-5 所示方案)。

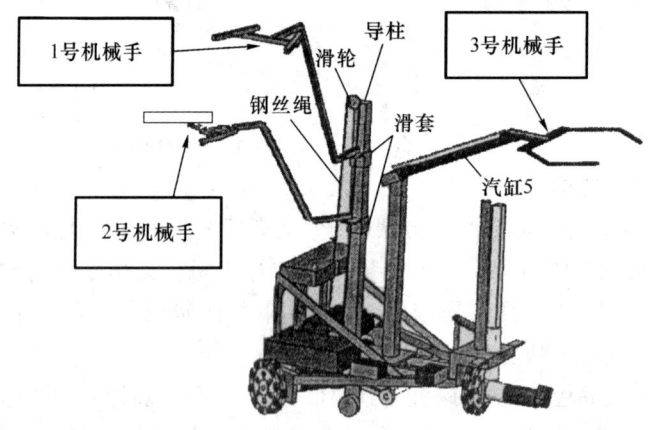

图 5-5　机械手结构图

b. 1 号、2 号手臂机构设计。对 1 号、2 号手臂的动作要求是:上下移动(松糕脱销),水平移动(移出货架)。这两个动作分解如下:上下移动由机械手臂上下移动完成;水平移动由小车行走完成。这样机械手臂就可以设计成只有上下移动 1 个自由度的机构,图 5-5 所示正是这样的机构。1号、2号手臂都焊在滑套上,滑套由钢丝绳牵引带着两个手臂一起沿着垂直导柱上下滑动,钢丝绳由电动机驱动,位置更好控制一点。为了使1号、2号机械手臂之间的距离能微调,1号手臂与钢丝绳固接,而2号手臂采用弹簧离合器与钢丝绳连接。

c. 3号手臂机构设计。对3号手臂的动作要求是:上下移动,水平移动,手臂伸长。这3个动作分解如下:上下移动、水平移动都由人工驾驶机器人完成;手臂伸长由手臂自己完成。这样手臂只有1个自由度的伸缩运动。

采用上述方案的原因是:收集机器人很矮,货架顶层很高,解决的办法是,人工驾驶机器人将收集机器人托起,托起后高度仍然不够,所以再让3号手臂伸长一点。因为已经用人工驾驶机器人将收集机器人托起了,为了节省时间,往上移动松糕的动作也一起由人工驾驶机器人完成。完成上述动作以后还要把收集机器人放下,放下之前,必须将3号手臂移出货架(否则是放不下的),所以前两个动作(上下、水平移动)都由人工驾驶机器人完成,这样节省了时间。

手臂的伸缩机构采用的是套筒式的滑动机构。为了轻便,选用了碳纤维伸缩鱼竿,用气缸推动鱼竿伸缩,速度很快。

综上所述,3个手臂的工作过程如图5-6所示。

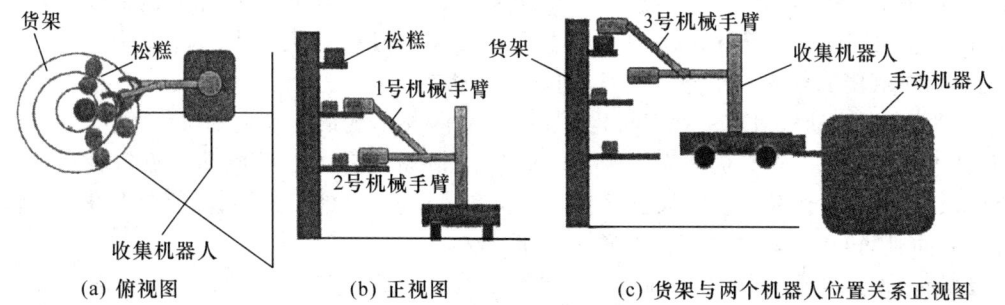

(a) 俯视图　　　　(b) 正视图　　　(c) 货架与两个机器人位置关系正视图

图5-6　收集机器人机械手工作过程

② 手爪功能模块:3个机械手的手爪功能都是一样的。它们的动作是微调水平面的位置与抓紧、松开。为了很好地完成这3个动作,选用了一个五杆机构,如图5-7所示。

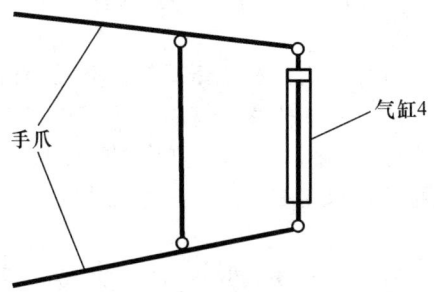

图5-7　两自由度抓取执行装置

该机构具有两个自由度。4个铰链使两个手爪可以在机构的平面内微动,便于调整手爪与松糕的相对位置,方便抓紧动作。当气缸充气时,两个手爪同时向内转,抓紧松糕;当气缸放气时,两个手爪同时向外转,放开松糕。

3. 小结

至此,已确定了所有"执行机构"(有的还有"传动机构")和"驱动装置",可以构成各"广义执行子系统"了。同时,确定了"能量流"和运动信号的传输路径,为详细设计阶段建立"闭合流线",进而建立"自动控制系统"做好了准备。

5.1.5 确定检测控制子系统的功能模块及方案论证

检测控制子系统是根据"物质流"的"动作逻辑"建立的,动作逻辑的每一步几乎都对应一个执行机构(可能有重复对应的),所以每一个"执行机构"都是一个"被控对象",每一个"被控对象"都应当配一个"控制器",以及检测"物质流"动作信息的"传感检测器","被控对象"、"控制器"和"传感检测器"就构成了一个"自动控制单元"。"控制器"和"传感检测器"则构成该"自动控制单元"的"检测控制模块"。将所有检测控制模块按"物质流"的动作逻辑组合在一起,则构成了机电一体化系统的"检测控制子系统"。该"检测控制子系统"就是机电一体化系统的"操控者"。按动作逻辑编写的控制程序(控制信号的顺序)则是"信息流"。收集机器人检测控制模块确定过程如下。

1. 寻找"动作"对应的"执行机构"(即"被控制对象")

下面按 5.1.3 节收集机器人"动作"分解的结果来寻找 5.1.4 节中已经确定的执行机构。

① 收集机器人"前行"1 m:由于收集机器人是由自动行走机器人运过来的,本身呈"站立"态〔图 5-3(b)〕,给它一个指令信号,则后轮驱动就可前行。

结论:"前行"动作对应的执行机构是后轮。需要给后轮的驱动电动机一个启动指令。

② "登上"台阶:收集机器人走到台阶前时是"站立"态,上台阶的动作靠后轮驱动和惯性完成。要做的动作是:先"收回折叠腿",前轮和辅助轮上台阶,紧接着"后轮上升",后轮上台阶,并同时"转 90°",3 个驱动轮呈图 5-2 所示状态。

结论:"收回折叠腿"动作对应的驱动装置是气缸 2;"后轮上升"动作对应的驱动装置是气缸 3;"转 90°"动作对应的驱动装置是气缸 1。

"收回折叠腿"需要给一个信号指令;"后轮上升"与"转 90°"紧跟着"收回折叠腿"的动作,可用时序延时方法控制。

③ 在台阶上"自由行走",走到货架旁"定位",以便抓取松糕:"自由行走"靠 3 个驱动轮调整速度,"定位"靠地标。

结论:"自由行走"动作的执行机构是 3 个驱动轮。驱动信号沿用上面的时序信号,"定位"信号可以用地上的白线和标志板加传感器完成。

④ 手爪"抓住"松糕:"抓住"靠的是手爪,需要给一个控制指令。

结论:"抓住"动作对应的执行机构是"手爪及其驱动气缸"(图 5-7)。驱动信号可以由传感器发出。

⑤ 手臂将松糕"上移":1 号、2 号机械手臂一起"上移",3 号机械手臂自己"上移"。1 号、2 号机械手臂由电动机驱动钢丝绳牵引"上移",3 号机械手臂自己将手臂"伸长",加上人工驾驶机器人托起"上移"。

结论:1 号、2 号手臂"上移"动作对应的执行机构是"钢丝绳及其驱动电动机"。"上移"开始和结束都需要给控制信号。3 号手臂"伸长"动作对应的执行机构是伸缩鱼竿和驱动它的气缸。该动作需先给一个控制信号。同时,3 号手臂"上移"动作对应的执行机构是人工驾驶机器人的"托起"机构,它是由人控制的。

⑥ 将手臂"移出"货架：1 号、2 号手臂"移出"货架由小车行走完成，它的执行机构同③。3 号手臂"移出"货架由人工驾驶机器人完成。

⑦ "走"向储物筐：1 号、2 号手臂拿松糕时，"走"向储物筐方案同③。3 号手臂拿松糕时，由人工驾驶机器人送到筐边。

⑧ "调整位置"，将松糕对准储物筐：1 号、2 号手臂拿松糕时，由地标和传感器指挥并协调 3 个驱动轮的转速，使收集机器人到达筐边，再由定位传感器控制它调整到指定位置（即放下松糕的指定位置）。3 号机械手臂拿松糕时，由人定位。

结论："调整位置"动作的执行机构同③，"定位"控制方法在③的基础上再加一边沿检测传感器。

⑨ "放开手爪"：松糕落入筐内，按抓紧的反向动作。

结论："放开手爪"动作的执行机构是"手爪"。张开指令由⑧中的定位信号给。

⑩ "回到货架旁"：该动作是收集机器人自己走到抓取位置。

结论："回到货架旁"动作的执行机构是"3 个驱动轮"，由地标控制，同③。

2. 对机构和动作进行归纳并找出信息流

将上文所述的工作归纳在表 5-1 中。

表 5-1　机构、功能、信息

机构名称（被控对象）	完成的动作	控制信号或指令
后驱动轮及电动机	①	给后轮电动机启动信号
折叠腿与气缸 2	②	给气缸 2 充气信号
滑动杆与气缸 3	②	给气缸 3 充气指令
滑动杆与气缸 1	②	给气缸 1 充气指令
3 个驱动轮及它们的电动机	③	在规划好的路线上行走，定位。需给寻迹、定位信号或延时指令
3 个驱动轮及它们的电动机	⑥	在规划好的路线上行走，定位。需给寻迹、定位信号或延时指令
3 个驱动轮及它们的电动机	⑦	在规划好的路线上行走，定位。需给寻迹、定位信号或延时指令
3 个驱动轮及它们的电动机	⑧	在规划好的路线上行走，定位。需给寻迹、定位信号或延时指令
3 个驱动轮及它们的电动机	⑩	在规划好的路线上行走，定位。需给寻迹、定位信号或延时指令
手爪及气缸 4	④	给抓取信号，气缸 4 充气
手爪及气缸 4	⑨	给放开信号，气缸 4 放气
手臂 1、2 及电动机	⑤	给上升信号，电动机起动、停止

在表 5-1 中把控制信号（或指令）与被控对象联系起来〔这是测控信息流与被控对象的位移信号（息）流的交点，即控制信号输出点〕，下面可以寻找信息流了。由控制信号输出点往回找到发出该控制信号的传感器，则由该传感器经控制器（包括电气模块）到控制信号输出点就构成了一条信息流，从而就有了一个检测控制子系统。由表 5-1 可见，收集机器人共有 6 条信息流，从而有 6 个检测控制子系统。

3. 确定 6 个检测控制子系统的功能模块及方案论证

首先根据表 5-1"控制信号或指令"栏的要求选传感器，然后根据控制需要，由一个或几个传感器组成一个"传感检测模块"，并确定"控制模块"，此项工作即完成。检测控制子系统的设计要求仍然是：重量轻，反应快，抓取搬运用时最少。

(1) 确定信号采集方案并选择传感器

根据设计要求,在选择传感器时要考虑其重量要轻,检测时反应要快,用量要少。因为传感器的信息是经控制器处理后发给驱动控制器(图 2-1)的,所以能用时序延时控制的连续动作一律由计算机(控制器)生成的时序信号来控制,这样将大幅缩短反应时间。另外,尽量选用光传递的传感器,因为光传得快,抗干扰能力强,反应也灵敏。基于上述思想,下面按表 5-1 的顺序介绍每个检测控制子系统的信息采集方案和传感器的选取。

① 后轮电动机启动信号:收集机器人是被自动行走机器人驮到离货架 1 m 远处的,竞赛要求这 1 m 必须由收集机器人自己走。自动行走机器人必须先把收集机器人放到地上,然后退出并走到别处。如果我们在收集机器人内侧装一个光电开关,自动行走机器人插入时光被挡住,光电开关断电,后轮不转;当自动行走机器人退出时,则光线通过,光电开关通电,后轮转。这是最省时间的办法。

结论:后轮电动机启动选光电开关。

② 给气缸 2 充气(折叠腿收起)和两个前轮转动的信号:收集机器人往前走,首先就遇到台阶,如果在收集机器人机架前沿装"边沿检测传感器",则马上就会检测到边沿,发出一个信号,我们可以利用这一检测信号作为给气缸 2 充气和两个前轮转动的信号。

结论:为气缸 2 充气和两个前轮转动选用"边沿检测传感器";为了保险且反应快,决定前沿装两个传感器〔图 5-8(a)〕。

③ 给气缸 3 充气指令(滑动杆上移):因为这个动作是紧跟在折叠腿收起后面的,机器人走得很快,有惯性,所以利用"边沿检测传感器"的信号,由计算机(控制器)给出一个时序延时信号指挥气缸 3 充气即可,这样省时间。

④ 给气缸 1 充气指令(后轮转 90°):与上面的道理相同,可以用一个比上面的信息时延稍长一点的时序信号作为气缸 1 的充气指令。

⑤ 给 3 个驱动轮调速的信号:这 3 个信号是为了解决收集机器人在货架台上沿规划的路线行走和定位的问题。通常是用在机器人上装上传感器(霍尔元件、颜色传感器、超声波测距、激光测距等)而在地面或边框上作标记(磁条、色带、反射声音或光的挡板)的方法来实现。按照重量轻、反应速度快的原则,可以选用色带和颜色传感器、挡板(边框)和激光测距传感器。

结论:收集机器人行走和定位选择两个颜色传感器和一个激光测距传感器。对应颜色传感器,地面上用白色的色带;对应激光测距传感器,在货架台的边缘往上做一块条状挡板。传感器位置如图 5-8(a)所示,颜色传感器向下,探测白色色带,激光传感器向侧面,测量它与挡板的距离。

"定位"是由程序规划的路线决定的。3 个轮子停转是由"定位"信号决定的(由程序决定);3 个轮子的启动信号由别的机构动作连带发出,后面会讲,请注意看。

⑥ 使手爪抓紧同时令手臂 1、2 上移的信号:可以在手爪的连杆上安装一个感知传感器(如电容式传感器),当手爪接近松糕时,发出一个信号,令气缸 4 充气,手爪抓紧(像洗手池上的自动感应阀门);同时给驱动手臂上移的电动机一个启动信号,使手臂 1、2 在钢丝绳牵引下开始上移。

结论:手爪抓紧与手臂 1、2 上移选择感知传感器〔图 2-1 和图 5-8(a)〕。

⑦ 使手臂 1、2 停止上移同时启动 3 个驱动轮转动的信号:可以采用限位器,也可以采用传感器。限位器是机械按键式的,快速按键有冲击,有声音,不太灵敏,所以选的是颜色传感器。

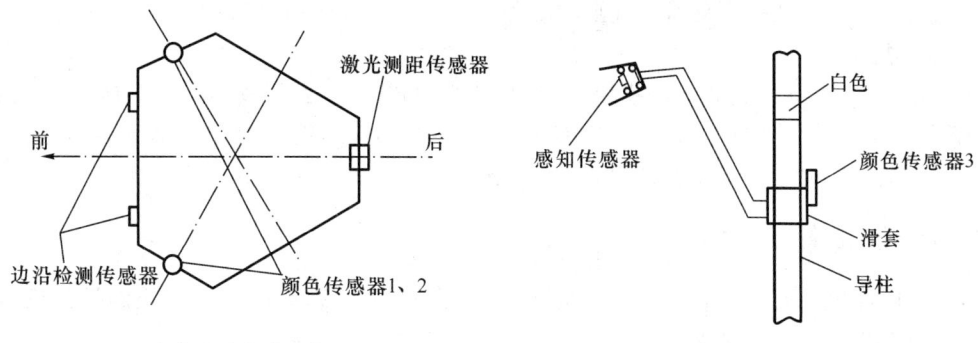

图 5-8 传感器位置布置图

结论:为手臂1、2停止上移同时启动3个驱动轮转动,选择颜色传感器,将它安装在手臂的滑套上,白色涂在导柱上,其布置如图5-8(b)所示。当颜色传感器到白色色带位置时,发出一个信号,牵引钢丝绳的电动机停转,同时给3个驱动轮的电动机一个启动信号。3号手臂伸长动作可由人工机器人将它托起的动作控制。

⑧ 使松开手爪同时让收集机器人返回取松糕位置的信号:在上一步3个驱动轮电动机启动以后,收集机器人将在机架下面的两个颜色传感器和机架侧面激光测距传感器信号的导引下,按程序规划路线走到储物筐旁,由机架前框下的两个"边沿检测传感器"确定投放松糕的位置。当"边沿检测传感器"检测到储物筐旁平台的边沿时,发出一个信号,该信号起3个作用:第一,使机器人停止运动;第二,使手爪松开,松糕落到储物筐内;第三,通过延时时序信号启动3个驱动轮的电动机,使收集机器人返回抓取松糕的位置。

在这个环节里,没有新的传感器,只需将控制程序改一下。

(2) 确定传感检测模块

① 收集机器人行走1m启动指令模块:由"光电开关"及其附属电路构成。

② 收集机器人上台阶,折叠腿收回,两个前轮启动,后轮转90°连续动作指令模块:两个边沿检测传感器及其附属电路。

③ 收集机器人在台阶上按规划好的路线(控制程序)行走的寻迹指令模块:颜色传感器1、2,激光测距传感器及它们的附属电路(注:在图2-1中,颜色传感器叫作寻位传感器,而激光测距传感器叫作定位传感器)。

④ 抓取松糕同时让手臂1、2上移的指令模块:感知传感器及其附属电路。

⑤ 手臂停止上移,同时启动3个驱动轮转动的指令模块:颜色传感器3及其附属电路。

⑥ 收集机器人走到储物筐旁定位,同时松开手爪,然后启动3个驱动轮转动的指令模块:"边沿检测传感器"及其附属电路。该模块与上台阶时的模块相同,但被控对象不同,应当构成两个不同的自动控制单元。

(3) 确定控制模块

6个检测控制子系统可以共用一个控制器(图2-1),控制器可以由ARM系统开发而成,也可以选用现成的控制器。本机器人选的是stm32。

(4) 确定电气模块

① 电机驱动器:由电磁继电器(或电子式的)及其附属电路组成,接在控制器与电动机之间。

② 气缸驱动器:由电控(电磁)气压阀及其附件组成,接在气缸与高压气瓶之间。

注:在图 2-1 中电机驱动器与气缸驱动器合在一起叫作驱动控制器。

4. 小结

至此,在确定了各"传感检测模块"、"控制模块"和"电气模块"后,就可以构成各"检测控制子系统"了。同时,明确了"信息流"和检测控制信号的传递路径,为详细设计阶段建立"闭合流线",进而建立"自动控制系统"做好了准备。

5.1.6 给出最后方案

在 5.1.4 节、5.1.5 节中已对广义执行子系统和检测控制子系统各模块的设计进行了论证,最后确定的方案如图 2-1 所示。

至此,概念设计阶段结束,下面该进行详细设计了,由于所需的知识目前还没有学,详细设计留给同学们以后完成。

5.2 某光电产品自动化装配生产线的方案设计

这个例子是应某工厂要求将手工装配生产线改为自动化装配生产线的初步设计方案。在这里介绍给同学们,旨在让同学们基本了解自动化系统的设计方法。

人工生产线改为自动化生产线的目的有两个:一个是提高劳动生产率;另一个是减轻工人的劳动强度,这也是自动化生产线设计的指导思想之一,一定要以人为本,注意应用"人机工程"课程所讲过的内容。

大多数自动化生产线的设计都是在人工生产线的基础上进行的,所以自动化生产线上的许多动作都是按仿生原理,模仿人的动作设计的。然而,机械不是人,没有人手那么灵活,所以通常将人的动作进行分解,即将复杂的运动分解为简单的平动、转动的组合,最后由机械的不同简单运动的组合完成原来由人完成的动作。这是自动化生产线设计的指导思想之二,也是同学们充分发挥主观能动性和丰富想象力的创新过程。

下面同学们可以通过例子体会一下上述设计思想是如何体现的。

5.2.1 客户需求

为一个光电产品设计一条自动化装配生产线。

1. 装配对象

装配对象为一种光电产品,如图 5-9 所示,其结构配件按照从内至外分解,如图 5-10 所示,大部分零部件之间通过卡扣连接,外海绵垫通过双面胶贴在镜头组件边框上,保护膜直接贴附在镜头上。

2. 手工装配工艺

目前该光电产品由人工在流水线(生产线)两侧进行装配。人工装配流程如图 5-11 所示,在每一个装配工位完成一个工艺规程,每个工艺规程有多个工艺动作,这些工艺规程及工人的工艺动作见"光电产品组装工艺详解",该详解中有工人装配和检验等动作的视频。

3. 客户对自动化装配的要求

① 替代人工进行装配,整个生产线人工越少越好。

② 生产节拍为 3 秒/个,即每小时的产量不少于 1 200 个。

图 5-9 某光电产品

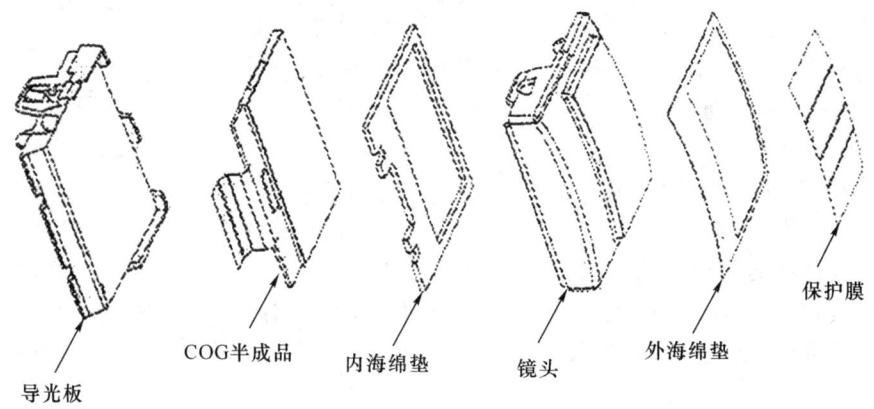

图 5-10 图 5-9 所示光电产品的零部件分解图

③ 整体成本不能太高。

5.2.2 总体功能需求分析

根据机械动作的特点,重新安排人工装配流程,将其变为适用于机械化自动化装配的生产线。该生产线是一个机电一体化系统,既然是系统,就应当用系统分析的方法进行分析。

1. 准备工作

(1) 认真、仔细地观察人工装配流程(观看现场实际操作及其录像)

首先确定该装配流程中有几个"物质流"及其流向。然后确定每个流中有多少个工位,每个工位的工艺规程是什么,每个工艺规程有多少个工艺动作,每个工艺动作是如何实现的,怎样上料(输入),又怎样下料(输出),每个工艺动作有什么要求,工艺动作的幅度如何等,为后面动作分解做准备,为设计广义执行子系统做准备。

(2) 记录整个人工装配流程中生产一件产品的时间

记录产品在每个工位的生产时间,记录每个工艺动作的生产时间,为后面设计自动化装配生产线的速度和同时装配的个数作准备。

2. 对人工装配流程的分析与分解

(1) 对人工装配流程的分析

由图 5-10 和图 5-11 可知,人工装配流程中关键的一步是"组装扣壳"。前一步是关键件的质量检查和准备工作,这一步往后是产品质量的检查与产品的保护工作。一般的装配工艺顺序都是如此,记住这一思路(抓住关键环节向前后推),以备今后应用。下面对图 5-11 作较详细的分析。

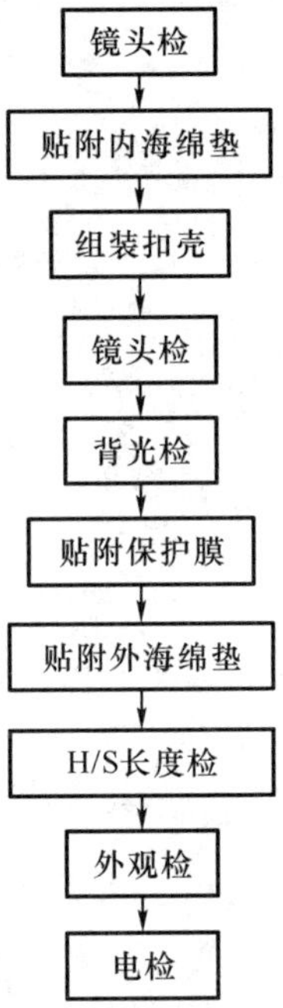

① 镜头检:这是"质量管理"思想的体现。镜头无疑是该产品的关键部件,在装配前对它进行检验(该镜头加工完肯定已检验过)对保证产品的质量是非常重要的,同时也能避免浪费(若镜头质量不合格,则整个组装工作都是浪费)。

② 贴附内海绵垫:这是装配前的准备工作。准备工作越充分,则组装工作越顺利。这一步是把内海绵垫贴在镜头内凹面一侧的边框上(图 5-10),并送到组装工位备用。其实准备工作不止这一项,还应当对被组装件 COG(贴附在玻璃上的芯片)半成品和导光板进行处理(图 5-10,这在人工装配流程图 5-11 中没有写)。

a. 对 COG 半成品的处理:将其两面的保护膜撕掉,并送到组装工位备用。

b. 对导光板的处理:清洁一下,并送到组装工位备用。

图 5-11 人工装配流程

③ 组装扣壳:这是组装工作的关键一步,由图 5-10 可见,这一步是将镜头(已贴内海绵垫)、COG 半成品(已撕掉两面的保护膜)和导光板(已清洁)压装在一起,再由预留的扣件将三者固定在一起。

④ 镜头检:这是产品组装完成后的正常检测,这一步主要是看镜头外观。

⑤ 背光检:这也是产品组装完成后的正常检测,这一步主要是检查镜头通光情况。

⑥ 贴附保护膜:这一步是将旧的保护膜撕掉贴上新的,以保护镜头。

⑦ 贴附外海绵垫:将外海绵垫贴在镜头凸面边框上。

⑧ H/S 长度检:用尺子量镜头尺寸。

⑨ 外观检:检查产品外观有无质量问题。

⑩ 电检:给产品通电,看显示屏的显示效果。

(2) 对人工装配流程动作的分解

由上面的分析可以将人工装配流程分解为如下的物(质)流和工位。

① 装配物流图:装配工作是将零件构成部件,再将部件总装成产品的过程。这个过程是个物流汇总的过程。在本例中,3 个流(镜头、COG 半成品和导光板)汇总成一个流(光电产品),如图 5-12 所示。

② 装配工位图:由图 5-12 可见,该人工装配流程有如下工位。

a. 镜头物流有两个工位:一个是镜头检测,另一个是贴附内海绵垫。

b. COG 半成品有一个工位:撕去两面的保护膜。

c. 导光板有一个工位:清洁。

d. 产品有 7 个工位:组装扣壳、镜头检测、镜头背光检测、贴附外海绵垫、H/S 长度检测、外观检测和通电检测。

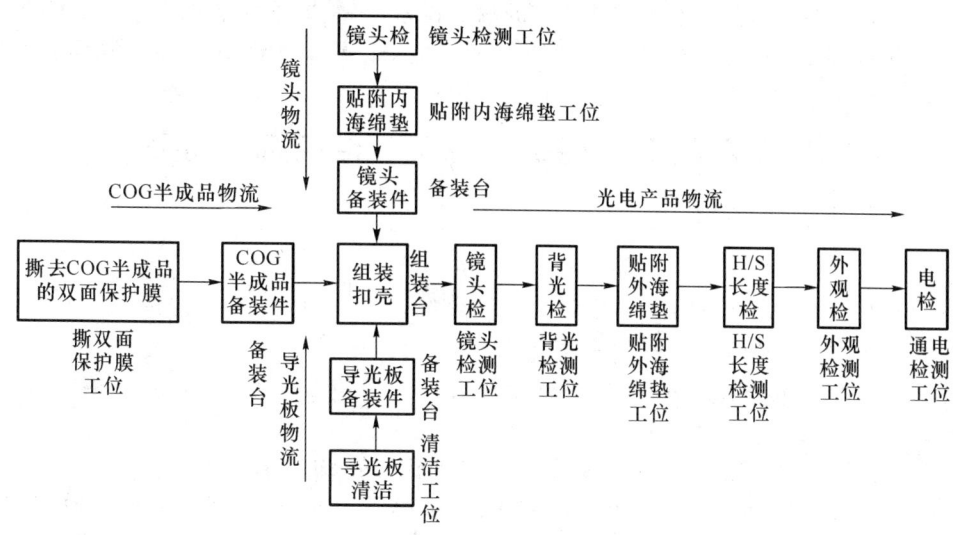

图 5-12　人工装配流程的物流图与工位图

可见,图 5-12 描述了该光电产品组装的总体功能需求。

5.2.3　总体功能分解

这一步的目的是将图 5-12 所示人工装配流程转变为自动化装配生产线,其主要工作是用机械的简单动作(平动和转动)代替人手的复杂动作。所以这项工作的关键是将图 5-12 所示各工位人的动作分解为移动和转动,以便设计相应的机构完成被分解的简单动作,最终将这些机构按组装工艺流程组合在一起,就构成了自动化装配生产线(即机电一体化系统的广义执行子系统)。顺便说一句,这里将动作分解为最简单的平动与转动,是为了使机构设计简单,节省成本,若动作复杂就得设计成多自由度机器人,那样成本将大大提高。

1. 准备工作

(1) 工位调整

由图 5-10 可见,镜头的厚度较大,且凹面较深,贴内海绵垫时机械行程较长,不如将该内海绵垫贴在 COG 半成品的凸面方便,故将该工位由镜头物流移到 COG 半成品物流中。其他工位不用调整。

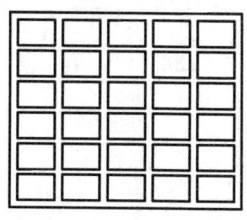

图 5-13　放置产品的工装

(2) 工装设计

将人工装配变为自动装配,必须有工装,它相当于人用手先拿住被装件,然后再去组装。根据装配件的大小和估计的装配速度,将工装设计为方形的托盘,托盘被分割成 5×6=30 个小格子,每个小格子内放一个产品(或配件),在小格子框上做一些卡扣之类的活动件,将产品(或配件)固定住,以便装配加工。托盘上下都可以加盖子(或者说底板),以便装配时承受压力。该工装的样子如图 5-13 所示。(注意:镜头与 COG、导光板的工装不都是一样的。)

（3）输送设计

自动生产线各工位之间必须有装配件的输送设备，否则就不能实现自动化。输送设备可以用连续输送设备（辊子、链板、皮带等运输机），也可以用柔性输送设备（自动导引小车），根据产品特点决定选用辊子运输机（如图5-14所示）。

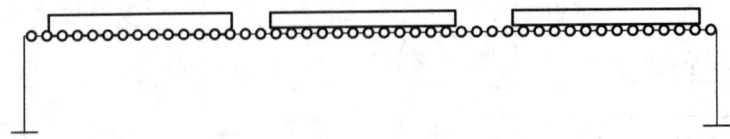

图5-14 辊子运输机示意图

2. COG半成品物流工位分解（图5-15）

① COG半成品自动送料ⓐ₁：将装在工装里的COG半成品凸面（图5-10右侧面）朝上推入装配线，如图5-15(a)所示。

② 撕凸面保护膜ⓐ₂：将COG半成品凸面（图右侧）的保护膜撕掉。

③ 贴内海绵垫1ⓐ₃：将内海绵垫贴在COG半成品凸面的边框上（贴一半）。注意：在该工位旁要有内海绵垫的送料装置。

④ 贴内海绵垫2ⓐ₄：将内海绵垫贴在COG半成品的凸面边框上（贴另一半）。

⑤ 翻转ⓐ₅：使COG半成品凹面（图5-10左侧面）朝上。

⑥ 撕凹面保护膜ⓐ₆：将COG半成品凹面的保护膜撕掉。

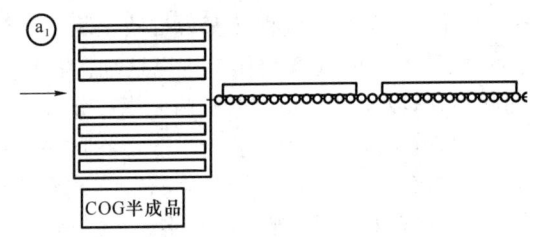

(a) COG半成品上料工位图

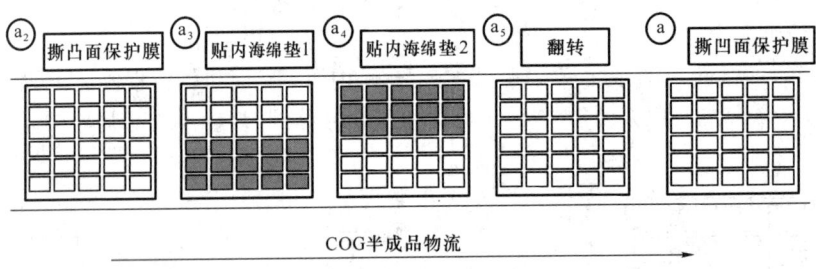

(b) ⓐ₂~ⓐ₆ COG各工位示意图

图5-15 COG半成品物流及工位图

3. 镜头物流工位分解（图5-16）

① 镜头自动送料ⓑ₁：将装在工装中的镜头凸面朝上（图5-10中的镜头）推入装配线。方法同图5-15(a)。

② 镜头检ⓑ₂：用摄像头照镜头凸面（即图5-10中镜头的右侧面）看组装前有无质量问题。

③ 翻转、镜头检(凹面)ⓑ₃:先将上面的镜头翻转使凹面朝上,然后用摄像头照镜头凹面,看组装前有无质量问题。

4. 组装扣壳物流工位分解(图 5-16)

① 将 COG 放入镜头ⓑ:先将上述镜头(检查无质量问题的)送到ⓑ工位,再将两面都撕掉保护膜的 COG 半成品放入已在工位ⓑ的镜头中。注意,此时镜头与 COG 半成品都是凹面朝上的。

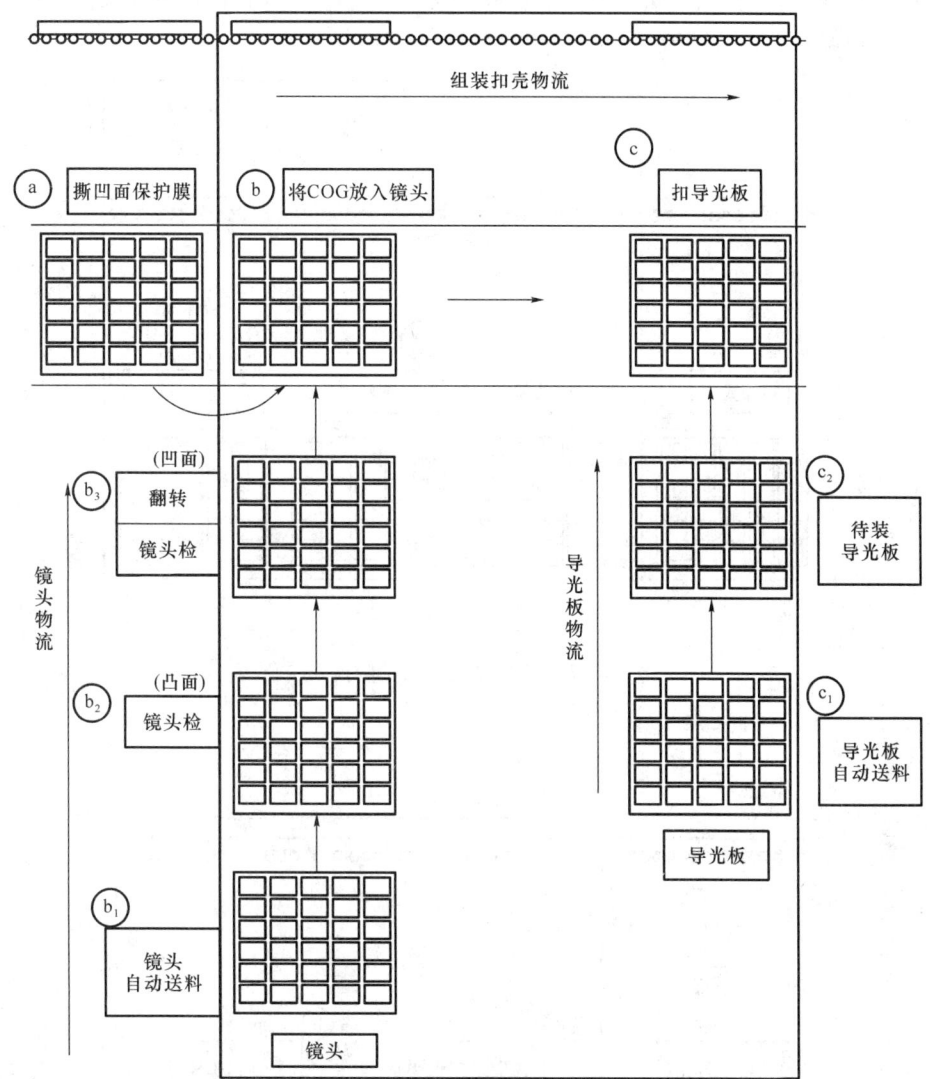

图 5-16 组装扣壳物流及工位图(含镜头物流和导光板物流)

② 扣导光板ⓒ:先用自动送料机ⓒ₁将导光板送到待装台ⓒ₂上,然后再用机械手将它们取出放到镜头与 COG 半成品的上面,最后将三者紧扣在一起。

** 注意:ⓒ工位完成后,镜头凹面朝上。以下称上述组装品(镜头、内海绵垫、COG 半成品和导光板已卡扣在一起)为"产品"。

5. 产品质量检验与保护物流工位分解(图 5-17 至图 5-20)

① 镜头检(凹面)ⓓ:用摄像头照镜头凹面,看组装后镜头有无质量问题(图 5-17)。

② 翻转ⓔ：将产品翻转半周，凸面朝上。

③ 镜头检、背光检（凸面）ⓕ：先看镜头凸面组装后有无质量问题，然后在镜头下面（即凹面）用灯光照射，看镜头透光情况（亮度与均匀度）。

④ 撕旧保护膜ⓖ：将镜头上的旧保护膜撕掉，因为装配过程中可能损坏或弄脏（图5-18）。

⑤ 贴新保护膜ⓗ：首先要解决新保护膜供料问题，然后再将新保护膜贴上。

⑥ 贴外海绵垫1ⓘ：首先解决外海绵垫供料问题，然后贴一半产品的外海绵垫（图5-19）。

⑦ 贴外海绵垫2ⓙ：贴另一半产品的外海绵垫。

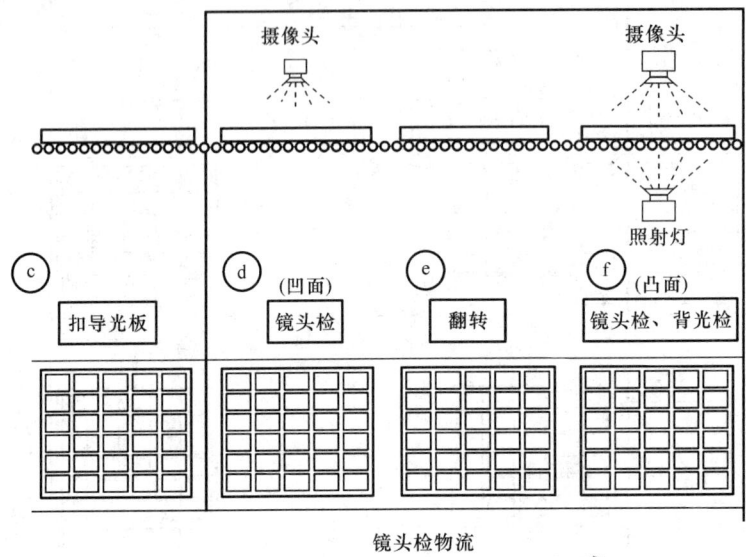

图5-17 产品质量检验之镜头检物流及工位图

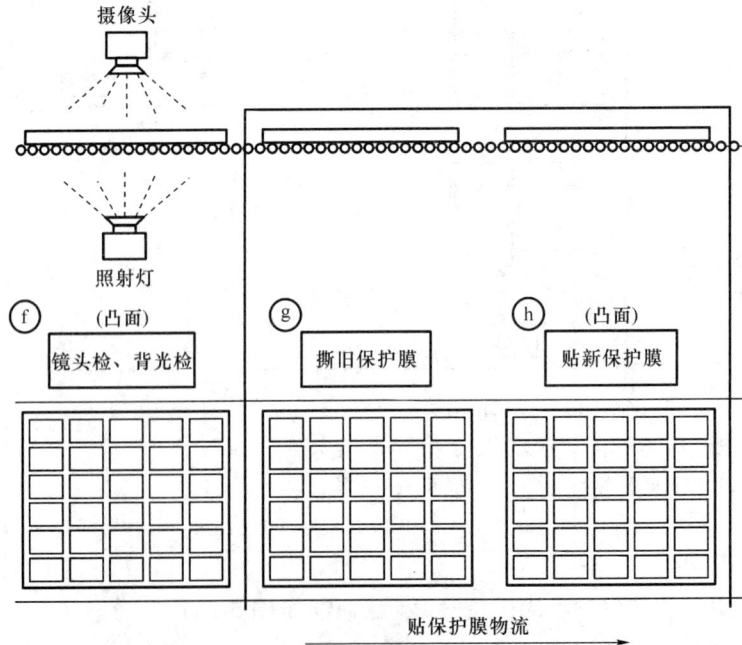

图5-18 镜头保护之贴保护膜物流及工位图

⑧ H/S长度检ⓚ:检验产品长度(图5-20)。
⑨ 电检ⓛ:给产品通电检验,看显示屏是否正常显示。
⑩ 外观检ⓜ:看产品外观是否有损坏,将不合格产品剔除。

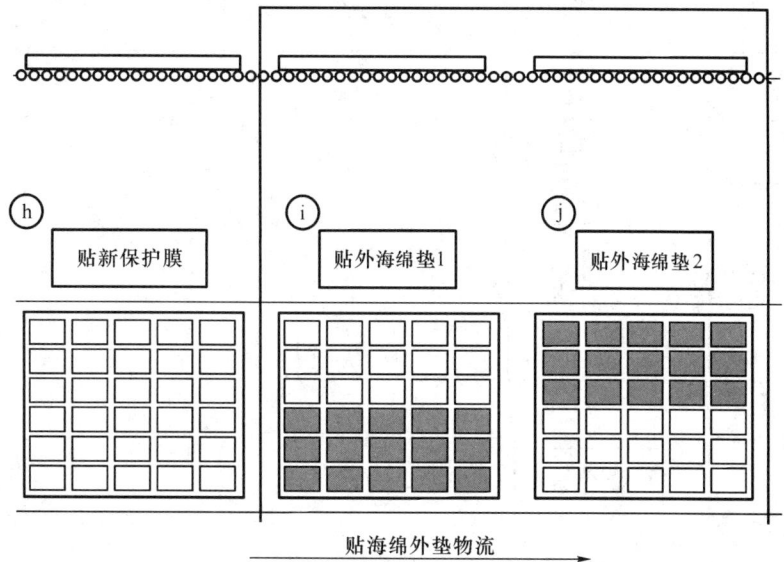

图5-19 产品保护之贴外海绵垫物流及工位图

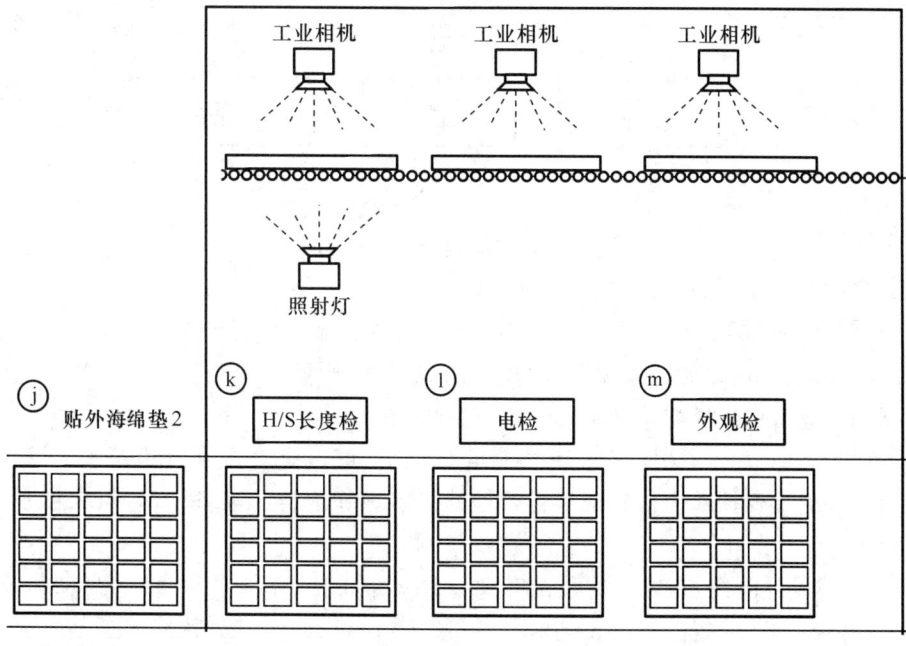

图5-20 产品质量检验物流及工位图

5.2.4 光电产品自动化装配生产线初步方案

根据前面功能分解的结果,可以构成图 5-21 所示方案。当然,这个方案不是唯一的,你可以尽情发挥你的想象力和创造力去构思别的方案,经过比较取"最优"的。

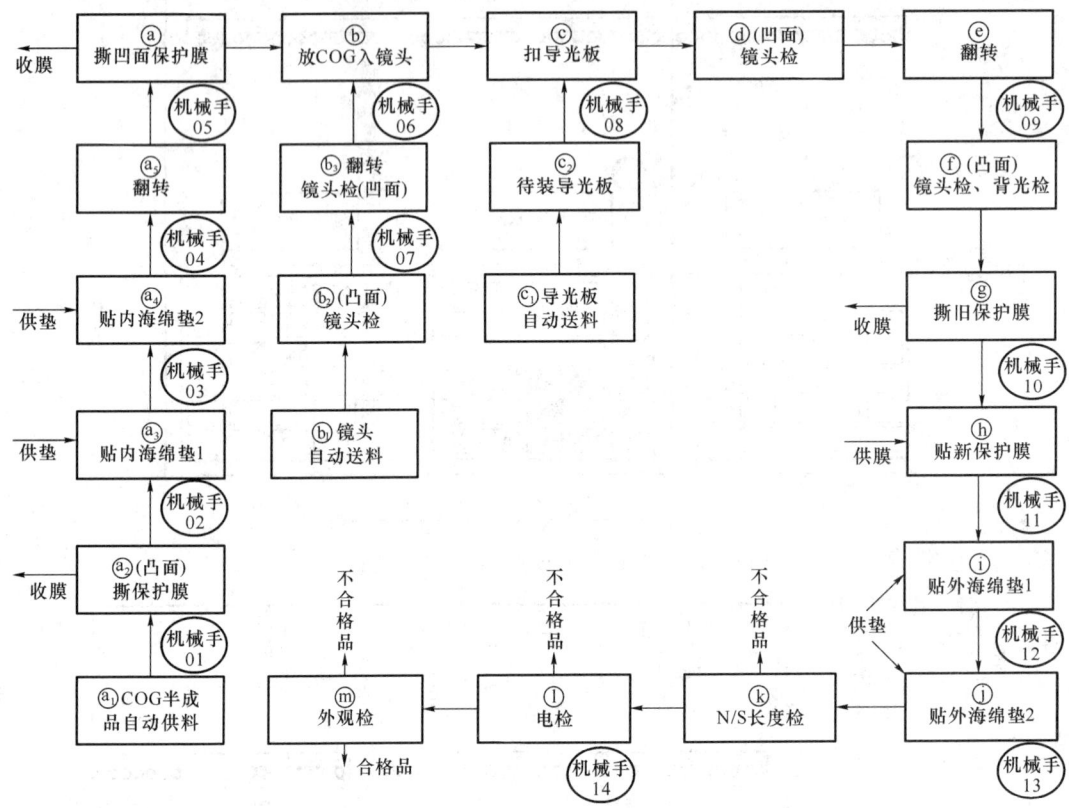

图 5-21 某光电产品自动化装配生产线初步方案示意图

对方案的几点说明如下。

① 图 5-21 只是某光电产品自动化装配生产线工艺流程的初步方案。当向用户提交这一方案时,还应当向用户做 3 点说明,即项目的成本、生产效率和交付时间。当然这 3 点说明的数据都是凭工作经验粗略估计的。

② 当上述初步方案被用户接受并签订合同以后,可以成立项目组转入正式设计阶段。此阶段项目负责人要按前面讲过的项目管理的内容做好项目的准备工作,以保证项目顺利进行。

③ 在正式设计阶段,首先根据装配需要设计每个工位(需要的工位)的自动化装置,然后将各工位的自动化装置按装配工艺流程(即图 5-21)组合在一起,就构成了某光电产品的自动化装配生产线。

④ 每个工位的自动化装置都是一个机电一体化产品。

这些产品都应当按 5.1 节的例子所介绍的步骤去做。由于同学们刚入学,所掌握的知识还不够,所以具体设计就不多讲了,这里只讲一下各工位自动化装置原理设计的指导思想。

因为部分同学们太"迷信"公式和具体计算了,所以在这里还是要强调一下原理设计(前面已说过几次了)。由 5.1 节的例子可知,原理设计是后面具体计算的基础。如果不知道用什么原理,那么怎么知道用什么公式呢?下面通过两个工位功能原理的设计,说明如何将仿生原理(模拟人的动作)与应用技术相结合。

a. 撕膜工位:人工撕膜有两种动作方式,一种是一个手指沿膜表面向一个方向搓,另一种是用拇指和食指先揭开一个角,然后往斜上方撕。

用机械模仿人的第一种方式有两种方法:第一种方法是用具有一定柔性且表面摩擦力较大的指状物体由 COG 半成品的一边移动到另一边;第二种方法是用一个轮轴可沿 COG 表面移动的滚动轮去除膜,轮子既滚动又移动从而将膜撕掉,并将撕掉的膜用吸尘器吸走。

用机械模仿人的第二种方式可以采用一个圆柱形吸桶。在桶的圆柱面上沿螺旋线方向打很多排小针孔,螺旋线与桶的轴线夹角为 1°~5°,桶内给予负压(即由一个气嘴往外吸气),当桶沿 COG 表面滚动时,可将膜吸到圆桶表面上;当托盘内 COG 的膜都吸掉以后,COG 移走(随自动线移动),再给予桶正压,将吸桶表面的膜吹掉。当然,实现这一动作要增加许多附属装置。

到底用什么方案,则要根据撕膜速度和制造成本而定。

b. 镜头检工位:人工检验的方法是,用眼睛看镜头表面有无瑕疵。该动作的分解是:人在头脑中先存了一个好镜头的模样,然后用眼睛检查每一个镜头,看它们的表面与好镜头影像的区别,基本无区别的就是合格品,区别明显的就是次品。这个区别就要定一个度(或标准),例如,镜头中央区绝对不允许有任何瑕疵,在边缘处,若有瑕疵的话不许超过 1%。

用机械代替人则可采用工业照相机去检查。用模式识别技术,先将好镜头的图像(数据)存在计算机中,然后用数码相机将每一个被检查的镜头的图像照下来,输入计算机中与所存储的好镜头的数据进行比较。在进行数据处理时注意分区比较:当镜头中央区的数据 100% 一致,而边缘处数据误差不超过 1% 时,则认为是合格品;若不符合上述条件,则认为是次品。

从上面两个例子可见,设计的依据是人工作时动作的分解,设计的思路是用什么原理来实现,同一个动作可以有不同的实现原理(如撕膜工位)。所以同学们一定要积累丰富的生活和生产知识(经验),这就是反复强调实践重要性的原因。

⑤ 工位的原理方案定了以后,就可进入详细设计阶段。这时就要用到我们给同学们安排的理论课和技术课的内容。希望同学们学好这些课,以便实现所设计的原理方案。在这个阶段,单机(各工位)的广义执行子系统和检测控制子系统要同时设计好。

⑥ 整个自动化装配生产线的自动控制问题。一般的自动化装配生产线都是通过计算机网络(Internet 或现场总线)实现自动化控制的(叫作集散控制系统),在设计时要注意以下几个问题。

a. 控制网内的各工位要有统一的时钟:因为自动化生产线上的每个工位都得按一定的节拍互相配合工作,若节拍乱了,则生产线上各工位的配合就不协调了。这个节拍就由时钟的脉冲数确定。

b. 每个工位的机构的动作都有准确的时间:自动化装配生产线上每个工位的机构动作都是有准确时间的。因为被组装的工件在生产线上是按一定速度移动的,它移动到某个工位,则这个工位的机构就必须马上动作,否则就会出事故。因此,必须按网络时钟,计算出每个工位机构的启动时序、停止时序(即有了工作时长);对应用(控制)程序,要计算出它的执行时长(这在"数据结构"课程中会讲),这样才能协调整个生产线的动作。在生产线中采用步进电动机作为驱动装置,就是为了便于时序控制。

当然,自动化生产线的设计并不是这么简单的,在这里只是讲些思路,起一个引导的作用,希望同学们在今后的课程学习中,注意学习相关的内容,以便今后应用。

第6章　机械电子工程专业发展方向展望

本章对机械电子工程专业发展方向进行展望,分两部分来讲,第一部分是对机电一体化的发展趋势的展望,第二部分是对我国机电一体化的发展规划的介绍。

6.1　机电一体化的发展趋势

2012年德国发布了"工业4.0",2015年中国发布了"中国制造2025",前几年英国提出了"再工业化",美国也计划了一场"工业复兴",可以说全世界掀起了一股促进制造业发展的浪潮,其瞄准的方向都是基于互联网的机械、电子、计算机与智能技术高度融合的智能机电一体化系统(产品)。根据上述各国发展规划的精神,机电一体化今后的发展为3个方面:一是设计理念的更新;二是机电一体化技术的发展;三是人才教育的改革。现分述如下。

6.1.1　设计理念的更新

智能制造技术的发展促进了产品个性化设计、系统生命周期管理和绿色制造等理念的实施与发展。

1. 需求驱动、个性化设计、用户参与、锐意创新是机电一体化技术和产品发展的趋势

为了生活而生产是人类生存的永恒主题。随着社会的进步、科学技术的发展,物质越来越丰富,现在已进入了个性化需求的时代。大规模生产已过时,应用高科技设计制造智能产品方兴未艾,其特点表现在以下几个方面。

(1) 需求驱动

生产的产品有人要,才能体现出产品的社会价值,才能促进社会的发展。若生产的产品无人要,就是浪费,对社会就无益而有害。因此,从人类社会发展的长远利益考虑,生产必须采取"需求驱动"的方式。只有生产出的产品既适用,又节能、环保、低耗,才能使人类社会持续发展。

(2) 个性化设计、用户参与、锐意创新

要使产品适用、节能、环保、低耗,就必须遵循"个性化设计、用户参与、锐意创新"的理念研发制造。

所谓个性化设计,就是针对用户个人的需求设计。将来生产的产品几乎都以单件为主。这是由于使用者的爱好、审美和用途的差异,即使是同一种产品,其功能、外形、尺寸、材料可能都不一样。例如,有人喜欢自动挡汽车,有人喜欢手动挡汽车;有人喜欢音响,有人不喜欢音响;有人喜欢越野车,有人喜欢高级轿车;有人喜欢红色,有人喜欢黑色。从当前的技术水平来看,完全可以进行个性化设计与个性化生产,以满足个人对产品的不同需要。

那么,怎样做好个性化设计呢?很简单,那就是"用户参与、锐意创新"。用户参与就是让用户参与到产品的开发设计中来,与设计者一起去"创新"。本来产品策划与设计就是设计者与用户沟通的过程。产品设计基本上就分为两类:第一类是对用户不满意的已有产品进行改进设计;第二类是对目前还没有的产品,设计一个新的。对于第一类产品,用户基本上是满意的,只是有一些不满之处,这时设计者与用户经过深入的沟通,按用户的要求改进即可。对于第二类产品,由于没有参照物,设计者与用户可以大胆创新。首先用户提出对产品的需求,然后设计者帮用户参谋,说明用户所需的产品可以用哪些原理和技术实现,同时还可以向用户介绍一些高新技术,使用户所提出的产品更智能、更好用,通过双方反复沟通,最后构思出一个用户满意的产品。现在电子商务如此发达,这一点是完全能够做到的。

2. 完善并发展"系统生命周期管理"的理念

"产品生命周期"是产品研发、生产、运行、回收整个过程的一个过程模型。它由三维要素来描述。第一维是以时间顺序描述的"产品生命周期",即形成创意(产品策划)、制订草案(概念设计)、拟订解决方案(详细设计)、生产机器(样机试制)、确保运行(改进设计)。第二维是"所跨学科",包括机械、电子、测控、智能、计算机软硬件和服务。第三维是"产业价值链"。

在产品的生命周期中,人们有许多工作要做。这些工作可以分为两类:一类是跨学科的技术工作(如机械、电工电子、测控、智能、计算机等),另一类是管理工作(如开发设计与生产的组织管理、营销管理、运维管理等)。由于计算机技术的高速发展,无论在技术领域还是在管理领域,人们在 20 世纪五六十年代开始就着手编制了许多工具软件,辅助人们工作,如 Matlab、CAD、CAE、CAM、CAPP、EDA、Simulink、ERP 等。

为了适应产品多样化和开发周期缩短的需求,到 1989 年前后,人们开始研发"产品生命周期管理"(PLM)软件。利用该软件可以追踪产品生命周期的各个阶段,并通过建模的方式模拟产品的生命周期,这样就可以在模型制作的基础上,通过相应的模型设置来掌握真实产品生命周期的所有阶段,从而在该软件工具的支持下,运行整个开发过程,在早期对产品进行建模,并将开发任务的大部分进行仿真。该仿真从需求分析开始到产品体系结构中的系统结构,最后到规范、验证和实现模型。为了提高工作效率,该软件特别做了两项工作:其一是将常用的机械零件和自控系统做成模型存到数据库中,可随时调用,以减少构建系统(产品)的时间;其二是在程序中统一语义与数据结构,以便整个软件在运行时共享数据,各阶段之间通信流畅。

随着产品个性化需求的高速增长和智能网络(有线、无线)技术水平的迅猛提高,在前几年有人提出构建一个"系统生命周期管理"系统(SysLM)。其思路是:将产品生命周期软件(PLM)和跨学科的技术开发软件整合到一起,以便共享资源、缩短开发时间。具体设想如下。

① SysLM 软件总体上分上、下两层:上层是系统生命周期管理(SysLM),由 PLM 改编而成;下层是自动化系统(Doors、SysML Editoron、Modelica and CAD、CAD、CAM 等系统集成)。上层包括需求结构(由用户需求分析确定)、性能结构、行为结构、系统结构、BOM (模型化的机械零件和自动控制模块)等软件模块。下层包括需求结构(需求管理工具)、系

统/功能结构(系统要求、系统工程行为、系统结构)、开发结构(上述自动化系统软件)等软件模块。

② SysLM 软件要解决的核心问题是建立顺畅的通信机制(包括每层内各个模块之间的通信和上、下层之间的通信)和共享数据。最好的方法是在整个系统内统一数据结构和语义;暂时做不到时,可以用 XML 语言做好接口。

③ SysLM 软件的运行流程是上、下层循环迭代。其具体步骤如下。

a. 应用上层软件,从使用的角度,根据需求结构、性能结构、行为结构和系统结构在 BOM 中选取合适的机械零件和自动控制模块构成一个用户要求的虚拟的机电一体化系统(产品),在本层内进行初步的分析评价以后给出一个用数据描述的系统(产品)的初步草案(相当于初步进行产品策划与概念设计)。

b. 将上述草案的数据导入下层软件中,再从自然科学的角度重新审视并修改该草案,对整个系统(产品)用自动化系统中的软件进行校核、检验(相当于详细设计)。

c. 将上述结果(数据)导入上层,重复上层的工作流程,进行方案的系统结构修改,修改满意后再将结果(数据)导入下层。

d. 重复上述迭代工作直到获得一个优化的最终方案。

e. 将上述最终方案交付生产,建造一个真实的物理系统(产品),同时还要进行实际的调试和检验(相当于样机试制)。

④ 对 SysLM 软件的功能还有 3 个设想。

a. SysLM 不仅包括设计、制造和检验,还包括原材料采购和出厂后的运行维护〔即 SysLM 中还安装了故障检测模块,运维人员可以随时通过该模块了解系统(产品)的运行状况,适时维护;或由售后人员通过计算机网络远程维护〕。

b. SysLM 在进行系统架构设计时应为产品生命周期的不同阶段提供量身定制的工具,这些工具应按照项目(产品)参与者(机电设计师、控制程序设计师、可视化程序设计师、维护技师)的任务和工作方式来选用。

c. SysLM 是开放式的,在系统生命周期内所有工作人员都共用该软件(数据是共享的),并且允许参与者把自己做好的构件或插件存在系统内,以便共享,免得别人做重复工作,浪费资源。

3. 切实贯彻绿色制造的理念

"绿色制造"理念是针对环保和低耗问题对制造业提出的要求。

绿色制造是产业可持续发展的前提,也是人类长期生存的保证。随着工业的发展,环境越来越差,资源越来越少,为了未来子孙的生存,从现在起必须加强环境保护,节约资源。具体到机电行业,我们在搞产品开发时,就应当考虑产品在制造和使用过程中的环境保护与低耗问题,这也是提出"系统生命周期管理"的初衷。绿色制造的具体要求如下。

① 注意研发绿色产品。产品要做到轻量化(省材)、低耗(节能、节水等)、易回收利用(不污染)。

② 注意人力资源共享。在项目开发时充分利用社会资源,请各方(国内外)专业人士参加研发工作,做到省时省力。

③ 注意知识资源共享。在软件工具中要建立开放式数据库,将每个人的创新设计都存到数据库中,使每个人的劳动成果都能复用,节省人力资源。

④ 注意材料资源共享。要推行产业链的循环生产方式,注意我们为产品所选材料的上下游的应用。

⑤ 注意环境保护。在研发产品时,注意所选材料无害化,使用的能源低碳化,产品的废物资源化。能做到余热回收、水循环利用、重金属污染减量、脱硝、脱硫、除尘。

⑥ 产品生产时使用绿色生产工艺,如清洁高效的铸造、锻压、焊接、切削、表面热处理等加工工艺。

6.1.2 机电一体化技术的发展

今后,机电一体化技术发展的趋势是"信息物理融合系统"(或称"智能技术系统")。"信息物理融合系统"的含义是:由具备物理输入输出且可互相作用的元件组成的网络。它不同于未联网的独立设备,也不同于没有物理输入、输出的单纯网络。

根据"系统生命周期管理"的理念和"信息物理融合系统"的技术要求,机电一体化今后发展的方向如下。

1. 创建跨学科的物理与信息系统融合的工程系统

由于机电一体化系统涉及机械、电工电子、检测控制、智能和计算机软硬件诸多学科和领域,在开发机电一体化系统(产品)时,应当把它看作一个工程系统,按系统工程的思想将各学科融合在一起;按照系统分析的方法,从体系结构上将其分解为跨学科的子系统或模块;从生命周期的角度将其视为一个多学科融合的系统工程;通过对系统的动态分析与优化,确保产品在其生命周期内实现高品质、高可靠性、高性价比,并在预定时间内达到用户和利益相关者要求实现的目标。在这里应当强调的是,今后开发任何机电一体化系统(产品),都应当应用上述以开发阶段特定的数字系统模型为基础建立的贯穿于产品整个生命过程的跨学科的系统工程方法。

2. 智能化设备的普遍应用

目前,许多工作场景都希望机电一体化系统(尤其是机器人)具有判断推理、逻辑思维、自主决策的能力,对智能化的机电一体化产品(系统)提出了强烈的需求;而嵌入式微处理器性能的提高(运算速度快、性能稳定、功能齐全、体积小、价格低)、智能科学技术和控制技术(专家系统、模糊逻辑、神经网络、遗传算法及其混合技术)的日臻成熟、传感器系统的集成化和智能化,为机电一体化系统的智能化提供了强有力的技术支持,因此,机电一体化系统的智能化会越来越急迫。在21世纪具有像人的四肢,灵巧的双手,敏感的视觉、听觉、触觉的机器人必将被研制出来。智能化设备将随处可见。

3. 大力促进软件的开发与应用

由于智能机电产品的种类会越来越多,数量会越来越大,智能水平会越来越高,所以软件在产品开发过程中的应用和在产品中的应用会越来越多。

(1) 抓紧开发工具软件

前面所说的 SysLM 软件目前还没有完整的应用系统,还停留在各子系统整合的阶段,急需在各子系统整合的基础上编制一套好用的系统软件,以利于机电一体化系统(产品)的开发设计和系统生命周期管理。

(2) 快速提高智能产品中软件的水平

当前,信息技术和软件已成为工业中最重要的增长动力,拥有强大的工业软件是取得竞争主动权的重要因素。在机电行业更是如此,因为其产品的增值点就在于智能化,而智能化的支撑就是产品的应用软件。只有高水平的软件才能真正实现智能化,所以过去只针对微处理器编写的驱动程序和针对检测控制子系统编写的数据处理和控制程序已远远不能适应智能产品的需要;现在需要的是使产品具有判断推理、逻辑思维和自主决策功能的软件、能对产品进行远程监测和远程维护的软件。

今后软件在机电一体化产品中所占的比重会越来越大,机电一体化系统的结构模型将由广义执行子系统、检测控制子系统和智能决策子系统(机械、电子和计算机)3个子系统组成,而且计算机软硬件所占的比重会大大超过机械与电子所占的比重。

4. 计算机网络普遍应用

网络需求体现在3个方面。

(1) 集散控制系统

将许多机电一体化设备用计算机网络(现场总线、局域网或 Internet)联系起来,实现全系统的联控,协同工作。

(2) 计算机集成设计、制造、管理系统

将企业内的机电一体化系统通过 Internet 或 Intranet 与企业的 SysLM 系统互联,实现管理、设计、生产的全面智能化与自动化。

(3) 遥测、遥控、遥操作

将企业内的机电一体化系统接入 Internet 中,实现远程管理(遥控、遥测、远程故障诊断、维护、远程软件设置等)。

对于上述需求,目前的网络通信技术和组网技术(有线、无线、广域网、局域网)都发展到可以实现的地步,所以计算机网络会得到普遍应用。

5. 设计制造更趋多样化

由于机电一体化系统应用领域广,涉及的知识面宽,产品类型多,在它的发展进程中,已不再沿袭传统的设计制造,呈现出多样化的趋势,具体表现在以下几个方面。

(1) 方案构思多样化

在概念设计阶段,不再按传统的思路去做,而是广开思路。例如,在设计广义执行子系统时,尽量将驱动装置与执行机构放到一起,或直接连接省去传动机构;采用多机驱动(以前尽量避免)将一个复杂运动机构分解为几个简单运动机构的组合;压电式加速度传感器不再外接电源,仅利用其运动产生的电荷等。

(2) 选材多样化

机电一体化产品已不再完全选择金属材料,有的用塑料,有的用半导体材料(如MEMS),还有的用纳米材料。

(3) 制造技术多样化

机电一体化产品的加工也不完全按照传统的机械加工、组装的方法,而是因材料而异。例如,半导体材料用光刻法,复杂零件采用计算机打印成形方法。

(4) 动力多样化

既有传统的电动、液压和气动,又有电磁铁、弹簧、压电驱动元件、记忆合金和微马达(有静电、超声、电磁、谐振和生物 5 种)。后 3 类都是微动装置。研究新型的动力源是永恒的课题。

机电一体化有广阔的发展前景,同学们将大有作为,请展开理想的翅膀,在机电一体化广阔的领域里翱翔吧!

6.1.3 人才教育的改革

要做好任何事情,人才都是第一位的,对于机电一体化系统的发展更是如此。所以在"工业 4.0"和"中国制造 2025"中都专门阐述了人才培养问题。

1. 人才现状

(1) 缺乏系统工程的理念

今后用 SysLM 系统软件进行机电产品(系统)的研发设计,必须把产品看作一个工程系统,用系统分析的方法建立系统(产品)的体系结构,以便把机械、电子、测控、智能和计算机软硬件各学科的知识相结合,进行综合分析与决策。但现在大多数机电工程师还缺乏系统工程的理念。

造成这一现象的原因如下。第一,学生学习知识的顺序〔先基础后专业(工程系统)〕与工作以后解决工程问题应用知识的顺序〔先系统后分支(基础知识)〕正好相反;第二,专业课的内容不注重系统工程的概念与系统分析的方法,工程实践又少(可以说在校期间学生学的知识是只见树木、不见森林),所以必然缺乏系统工程的理念。

(2) 缺乏跨学科综合型人才

机电一体化系统所涉及的学科很多,有机械、电工电子、检测控制、智能和计算机软硬件等,能全面掌握这些知识的人很少。原因有两个:一是大学里专业分得细,每个专业都学不全上述所有内容;二是已参加工作的毕业生总是偏向于从事与专业相关的工作,不去从事与所学专业无关的工作。

2. 需要什么样的人才

① 需要素质高、修养好、事业心强、全心全意投入机电一体化事业的人。

② 需要顾大局、有领导能力、能负责一个复杂的机电一体化系统研发的人才。

3. 关于人才培养的建议

① 对现有工程技术人员进行在岗培训(做与所学专业不同的工作)或进行继续教育(即我国与德国现在采用的不脱产的工程硕士的教育方法)。

② 修改机械电子工程专业的教学体系,更新教学内容。建议按照本书所建立的课程体系和所选的核心内容去组织教学。尤其是计算机类课程的设置按本书提出的建议设为 5 门课。在 4 年的教学活动中,以一个实际的机电一体化系统(产品,如机器人)贯穿所有课程和所有实践环节的教学活动〔即每门课程和所有的实践环节都要讲清楚,所讲的知识在机电一体化系统中有什么用(用在何处),使学生从入学开始就有工程系统的概念和系统(全局)融合的思想〕。

本书所建立的课程体系和各门课所选的核心内容依据以下指导思想。

a. 给学生建立一个机械电子工程专业的知识体系,使教学内容杂而不乱。

b. 以实际工程项目(如机器人)为导引进行教学,教给学生系统工程的思想和系统分析的方法。

c. 增加每个学科的基本理论(同时增加工程数学门类),减少解题方法介绍(重点讲用计算机解题的方法,对于其他方法可简单介绍,也可让学生自学,腾出时间加深理论内容的学习),突出定性分析问题的能力。专业课内容应着重介绍典型机电一体化系统的体系结构和进行产品策划和概念设计(构思方案)的经验,不再讲每个部件怎么设计(这些问题应当在各门专业技术基础课中解决)。

d. 给实践教学建立一个体系,以实际工程项目(如机器人)为导引尽量将课程实验、实习、课程设计和毕业设计统合到机电一体化系统中,以加深学生对实际工程系统的认识,并使其掌握应用机电一体化技术的能力。

上述思路基本符合 SysLM 的思想。对产品的研发设计主要体现在构思创新上,因为 SysLM BOX 库中已存储了许多典型的机械零件(也包括驱动单元)和自动控制模块,只要有巧妙的构思,就能有满意的产品,有了产品就可以利用 SysLM 自动化系统中的软件去进行各种技术分析与计算,再经过几次迭代就可以完成设计了。在这个过程中,已没有需要人工处理的问题,只要是基本原理明确,能正确地定性分析问题,定量计算已不是问题了,过去在教学中花大量时间教给学生的计算方法现在已不重要了(由计算机代替了),重要的是基本原理要学深学透,真正会用。

6.2 我国近期机电一体化方面的重点工作

由于社会生产和生活的需要,机电一体化技术得到了迅猛发展,各个领域的机电一体化产品层出不穷,几乎到了登月、潜海无所不能的地步,经过短短的几十年,就取得了如此骄人的成就。我国对机电一体化技术非常重视,每次制订国家科学发展规划时都把它作为重点内容。2015 年我国发布的"中国制造 2025"发展纲要指明了我国近期制造业的发展方向。其中很重要的部分是有关机电一体化的问题,因为提升制造业水平的核心技术是物理信息融合系统,是机电一体化系统的智能水平、数字化水平和网络通信能力。

下面对"中国制造 2025"发展纲要做一重点介绍,对于其中与机电一体化关系密切的内容将作比较详细的介绍。

1. 战略目标

立足国情,立足现实,力争通过"三步走"实现制造强国的战略目标。

第一步,力争用十年时间,迈入制造强国行列。到 2025 年,制造业整体素质大幅提升,创新能力显著增强,全员劳动生产率明显提高,两化(工业化、信息化)融合迈上新台阶,制造业数字化、网络化、智能化取得明显进展。

第二步,到 2035 年,我国制造业整体达到世界制造强国阵营中等水平,优势行业形成全球创新引领能力,全面实现工业化。

第三步,新中国成立一百年时,制造大国地位更加牢固,综合实力进入世界制造强国前列。制造业主要领域具有创新引领能力和明显竞争优势,建成全球领先的技术体系和产业体系。

2. 战略任务和重点

（1）提高国家制造业创新能力

完善以企业为主体、以市场为导向、政产学研用相结合的制造业创新体系。围绕产业链部署创新链，围绕创新链配置资源链，加强关键核心技术攻关，加速科技成果产业化，提高关键环节和重点领域的创新能力。

（2）推进信息化与工业化深度融合

加快推动新一代信息技术与制造技术融合发展，把智能制造作为两化深度融合的主攻方向；着力发展智能装备和智能产品，推进生产过程智能化，深化互联网在制造领域的应用，培育新型生产方式，全面提升企业研发、生产、管理和服务的智能化水平。

研究制定智能制造发展战略。编制智能制造发展规划，明确发展目标、重点任务和重大布局。加快制定智能制造技术标准，建立完善智能制造和两化融合管理标准体系。强化应用牵引，建立智能制造产业联盟，协同推动智能装备和产品研发、系统集成创新与产业化。促进工业互联网、云计算、大数据在企业研发设计、生产制造、经营管理、销售服务等全流程和全产业链的综合集成应用。加强智能制造工业控制系统网络安全保障能力建设，健全综合保障体系。

（3）强化工业基础能力

统筹推进核心基础零部件（元器件）、先进基础工艺、关键基础材料和产业技术基础（以下统称"四基"）的发展。制订工业强基实施方案，明确重点方向、主要目标和实施路径。制订工业"四基"发展指导目录，发布工业强基发展报告，组织实施工业强基工程。强化基础领域标准、计量体系建设，加快实施对标达标，提升基础产品的质量、可靠性和寿命。

加强"四基"创新能力建设。强化前瞻性基础研究，着力解决影响核心基础零部件（元器件）产品性能和稳定性的关键共性技术。建立基础工艺创新体系，利用现有资源建立关键共性基础工艺研究机构，开展先进成型、加工等关键制造工艺联合攻关；支持企业开展工艺创新，培养工艺专业人才。加大基础专用材料研发力度，提高专用材料自给保障能力和制备技术水平。建立国家工业基础数据库，加强企业试验检测数据和计量数据的采集、管理、应用和积累。加大对"四基"领域技术研发的支持力度，引导产业投资基金和创业投资基金投向"四基"领域重点项目。

（4）加强质量品牌建设

推广先进质量管理技术和方法。建设重点产品标准符合性认定平台，推动重点产品技术、安全标准全面达到国际先进水平。开展质量标杆和领先企业示范活动，普及卓越绩效、六西格玛、精益生产、质量诊断、质量持续改进等先进生产管理模式和方法。支持企业提高质量在线监测、在线控制和产品全生命周期质量追溯能力。组织开展重点行业工艺优化行动，提升关键工艺过程控制水平。开展质量管理小组、现场改进等群众性质量管理活动示范推广。加强中小企业质量管理，开展质量安全培训、诊断和辅导活动。

加强提升产品质量，完善质量监管体系。实施工业产品质量提升行动计划，针对汽车、高档数控机床、轨道交通装备、大型成套技术装备、工程机械、特种设备、关键原材料、基础零部件、电子元器件等重点行业，组织攻克一批长期困扰产品质量提升的关键共性质量技术，加强可靠性设计、试验与验证技术开发应用，推广采用先进成型和加工方法，在线检测装置、智能化生产和物流系统及检测设备等,使重点实物产品的性能稳定性、质量可靠性、环境适应性、使用寿命等指标达到国际同类产品先进水平。

推进制造业品牌建设。引导企业制订品牌管理体系,围绕研发创新、生产制造、质量管理和营销服务全过程,提升内在素质,夯实品牌发展基础。

(5) 全面推行绿色制造

加快制造业绿色改造升级。全面推进钢铁、有色、化工、建材、轻工、印染等传统制造业绿色改造,大力研发推广余热余压回收、水循环利用、重金属污染减量化、有毒有害原料替代、废渣资源化、脱硫脱硝除尘等绿色工艺技术装备,加快应用清洁高效铸造、锻压、焊接、表面处理、切削等加工工艺,实现绿色生产。加强绿色产品研发应用,推广轻量化、低功耗、易回收等技术工艺,持续提升电机、锅炉、内燃机及电器等终端用能产品能效水平,加快淘汰落后机电产品和技术。积极引领新兴产业高起点绿色发展,大幅降低电子信息产品生产、使用能耗及限用物质含量,建设绿色数据中心和绿色基站,大力促进新材料、新能源、高端装备、生物产业绿色低碳发展。

(6) 大力推动重点领域突破发展

① 新一代信息技术产业。

a. 集成电路及专用装备。着力提升集成电路设计水平,不断丰富知识产权 IP 核和设计工具,突破关系国家信息与网络安全及电子整机产业发展的核心通用芯片,提升国产芯片的应用适配能力。掌握高密度封装及三维(3D)微组装技术,提升封装产业和测试的自主发展能力,形成关键制造装备供货能力。

b. 信息通信设备。掌握新型计算、高速互联、先进存储、体系化安全保障等核心技术,全面突破第五代移动通信(5G)技术、核心路由交换技术、超高速大容量智能光传输技术、"未来网络"核心技术和体系架构,积极推动量子计算、神经网络等发展。研发高端服务器、大容量存储、新型路由交换、新型智能终端、新一代基站、网络安全等设备,推动核心信息通信设备体系化发展与规模化应用。

c. 操作系统及工业软件。开发安全领域操作系统等工业基础软件。突破智能设计与仿真及其工具、制造物联与服务、工业大数据处理等高端工业软件核心技术,开发自主可控的高端工业平台软件和重点领域应用软件,建立完善工业软件集成标准与安全测评体系,推进自主工业软件体系发展和产业化应用。

② 高档数控机床和机器人。

a. 高档数控机床。开发一批精密、高速、高效、柔性数控机床与基础制造装备及集成制造系统加快高档数控机床、增材制造等前沿技术和装备的研发,以提升可靠性、精度保持性为重点,开发高档数控系统、伺服电机、轴承、光栅等主要功能部件及关键应用软件,加快实现产业化,加强用户工艺验证能力建设。

b. 机器人。围绕汽车、机械、电子、危险品制造、国防军工、化工、轻工等工业机器人、特种机器人,以及医疗健康、家庭服务、教育娱乐等服务机器人的应用需求,积极研发新产品,促进机器人标准化、模块化发展,扩大市场应用。突破机器人本体、减速器、伺服电机、控制器、传感器与驱动器等关键零部件及系统集成设计制造等技术瓶颈。

③ 航空航天装备。

a. 航空装备。加快大型飞机研制,适时启动宽体客机研制,鼓励国际合作研制重型直升机;推进干支线飞机、直升机、无人机和通用飞机产业化。突破高推重比、先进涡桨(轴)发动机及大涵道比涡扇发动机技术,建立发动机自主发展工业体系。开发先进机载设备及系统,形成自主完整的航空产业链。

b. 航天装备。发展新一代运载火箭、重型运载器,提升进入空间的能力。加快推进国家民用空间基础设施建设,发展新型卫星等空间平台与有效载荷、空天地宽带互联网系统,形成长期持续稳定的卫星遥感、通信、导航等空间信息服务能力。推动载人航天、月球探测工程,适度发展深空探测。推进航天技术转化与空间技术应用。

④ 海洋工程装备及高技术船舶。

大力发展深海探测、资源开发利用、海上作业保障装备及其关键系统和专用设备。推动深海空间站、大型浮式结构物的开发和工程化。形成海洋工程装备综合试验、检测与鉴定能力,提高海洋开发利用水平。突破豪华邮轮设计建造技术,全面提升液化天然气船等高技术船舶国际竞争力,掌握重点配套设备集成化、智能化、模块化设计制造核心技术。

⑤ 先进轨道交通装备。

加快新材料、新技术和新工艺的应用,重点突破体系化安全保障、节能环保、数字化智能化网络化技术,研制先进可靠适用的产品和轻量化、模块化、谱系化产品。研发新一代绿色智能、高速重载轨道交通装备系统,围绕系统全生命周期,向用户提供整体解决方案,建立世界领先的现代轨道交通产业体系。

⑥ 节能与新能源汽车。

继续支持电动汽车、燃料电池汽车发展,掌握汽车低碳化、信息化、智能化核心技术,提升动力电池、驱动电机、高效内燃机、先进变速器、轻量化材料、智能控制等核心技术的工程化和产业化能力,形成从关键零部件到整车的完整工业体系和创新体系,推动自主品牌节能与新能源汽车同国际先进水平接轨。

⑦ 电力装备。

推动大型高效超净排放煤电机组产业化和示范应用,进一步提高超大容量水电机组、核电机组、重型燃气轮机制造水平。推进新能源和可再生能源装备、先进储能装置、智能电网用输变电及用户端设备发展。突破大功率电力电子器件、高温超导材料等关键元器件和材料的制造及应用技术,形成产业化能力。

⑧ 农机装备。

重点发展粮、棉、油、糖等大宗粮食和战略性经济作物育、耕、种、管、收、运、贮等主要生产过程使用的先进农机装备,加快发展大型拖拉机及其复式作业机具、大型高效联合收割机等高端农业装备及关键核心零部件,提高农机装备信息收集、智能决策和精准作业能力,推进形成面向农业生产的信息化整体解决方案。

⑨ 新材料。

以特种金属功能材料、高性能结构材料、功能性高分子材料、特种无机非金属材料和先进复合材料为发展重点,加快研发先进熔炼、凝固成型、气相沉积、型材加工、高效合成等新材料制备关键技术和装备,加强基础研究和体系建设,突破产业化制备瓶颈。积极发展军民共用特种新材料,加快技术双向转移转化,促进新材料产业军民融合发展。高度关注颠覆性新材料对传统材料的影响,做好超导材料、纳米材料、石墨烯、生物基材料等战略前沿材料提前布局和研制。加快基础材料升级换代。

⑩ 生物医药及高性能医疗器械。

发展针对重大疾病的化学药、中药、生物技术药物新产品,重点包括新机制和新靶点化学药、抗体药物、抗体偶联药物、全新结构蛋白及多肽药物、新型疫苗、临床优势突出的创新中药及个性化治疗药物。提高医疗器械的创新能力和产业化水平,重点发展影像设备、医用机器人等高性能诊疗设备,全降解血管支架等医用耗材,可穿戴、远程诊疗等移动医疗产品。实现生物3D打印、诱导多能干细胞等新技术的突破和应用。

(7) 深入推进制造业结构调整

持续推进企业技术改造,全面提升设计、制造、工艺、管理水平。稳步化解产能过剩矛盾。

促进大中小企业发展,引导大企业与中小企业通过专业分工、服务外包、订单生产等多种方式,建立协同创新、合作共赢的协作关系。推动建立一批高水平的中小企业集群。

优化制造业发展布局。落实国家区域发展总体战略和主体功能区规划,综合考虑资源能源、环境容量、市场空间等因素,制定和实施重点行业布局规划,调整优化重大生产力布局。建设一批优势突出、产业链协同高效、核心竞争力强、公共服务体系健全的新型工业化示范基地。

(8) 积极发展服务型制造和生产性服务业

推动发展服务型制造。引导和支持制造业企业延伸服务链条,从主要提供产品制造向提供产品和服务转变。

加快生产性服务业发展。大力发展面向制造业的信息技术服务,提高重点行业信息应用系统的方案设计、开发、综合集成能力。鼓励互联网等企业发展移动电子商务、在线定制、线上到线下等创新模式,积极发展对产品、市场的动态监控和预测预警等业务,实现与制造业企业的无缝对接,创新业务协作流程和价值创造模式。加快发展研发设计、技术转移、创业孵化、知识产权、科技咨询等科技服务业,发展壮大第三方物流、节能环保、检验检测认证、电子商务、服务外包、融资租赁、人力资源服务、售后服务、品牌建设等生产性服务业,提高对制造业转型升级的支撑能力。

(9) 提高制造业国际化发展水平

提高利用外资与国际合作水平。进一步放开一般制造业,优化开放结构,提高开放水平。引导外资投向新一代信息技术、高端装备、新材料、生物医药等高端制造领域,鼓励境外企业和科研机构在我国设立全球研发机构。

提升跨国经营能力和国际竞争力。支持发展一批跨国公司,通过全球资源利用、业务流程再造、产业链整合、资本市场运作等方式,加快提升核心竞争力。支持企业在境外开展并购和股权投资、创业投资,建立研发中心、实验基地和全球营销及服务体系;依托互联网开展网络协同设计、精准营销、增值服务创新、媒体品牌推广等,建立全球产业链体系,提高国际化经营能力和服务水平。鼓励优势企业加快发展国际总承包、总集成。

3. 战略支撑与保障

(1) 深化体制机制改革

完善政产学研用协同创新机制,改革技术创新管理体制机制和项目经费分配、成果评价和转化机制,促进科技成果资本化、产业化,激发制造业创新活力。深化国有企业改革,完善公司治理结构,有序发展混合所有制经济,进一步破除各种形式的行业垄断,取消对非公有制经济的不合理限制。

(2) 营造公平竞争市场环境

实施科学规范的行业准入制度,制定和完善制造业节能节地节水、环保、技术、安全等准入标准,加强对国家强制性标准实施的监督检查。加快发展技术市场,健全知识产权创造、运用、管理、保护机制。推进制造业企业信用体系建设,建设中国制造信用数据库,建立健全企业信用动态评价、守信激励和失信惩戒机制。

(3) 完善金融扶持政策

支持重点领域大型制造业企业集团开展产融结合试点,通过融资租赁方式促进制造业转型升级。在风险可控和商业可持续的前提下,通过内保外贷、外汇及人民币贷款、债权融资、股权融资等方式,加大对制造业企业在境外开展资源勘探开发、设立研发中心和高技术企业以及收购兼并等的支持力度。

(4) 加大财税政策支持力度

充分利用现有渠道,加强财政资金对制造业的支持,重点投向智能制造、"四基"发展、高端装备等制造业转型升级的关键领域,为制造业发展创造良好政策环境。

深化科技计划(专项、基金等)管理改革,支持制造业重点领域科技研发和示范应用,促进制造业技术创新、转型升级和结构布局调整。落实和完善使用首台(套)重大技术装备等鼓励政策,健全研制、使用单位在产品创新、增值服务和示范应用等环节的激励约束机制,实施有利于制造业转型升级的税收政策,推进增值税改革,完善企业研发费用计核方法,切实减轻制造业企业税收负担。

(5) 健全多层次人才培养体系

加强制造业人才发展统筹规划和分类指导,组织实施制造业人才培养计划,加大专业技术人才、经营管理人才和技能人才的培养力度,完善从研发、转化、生产到管理的人才培养体系。以提高现代经营管理水平和企业竞争力为核心,实施企业经营管理人才素质提升工程和国家中小企业银河培训工程,培养造就一批优秀企业家和高水平经营管理人才。以高层次、急需紧缺专业技术人才和创新型人才为重点,实施专业技术人才知识更新工程和先进制造卓越工程师培养计划,在高等学校建设一批工程创新训练中心,打造高素质专业技术人才队伍。强化职业教育和技能培训,引导一批普通本科高等学校向应用技术类高等学校转型,建立一批实训基地,开展现代学徒制试点示范,形成一支门类齐全、技艺精湛的技术技能人才队伍,鼓励企业与学校合作,培养制造业急需的科研人员、技术技能人才与复合型人才,深化相关领域工程博士、硕士专业学位研究生招生和培养模式改革,积极推进产学研结合。加强产业人才需求预测,完善各类人才信息库,构建产业人才水平评价制度和信息发布平台,建立人才激励机制,加大对优秀人才的表彰和奖励力度。建立完善制造业人才服务机构,健全人才流动和使用的体制机制。采取多种形式选拔各类优秀人才重点是专业技术人才到国外学习培训,探索建立国际培训基地。加大制造业引智力度,引进领军人才和紧缺人才。

(6) 完善中小微企业政策

落实和完善支持小微企业发展的财税优惠政策,优化中小企业发展专项资金使用重点和方式。发挥财政资金杠杆撬动作用,吸引社会资本,加快设立国家中小企业发展基金。鼓励大学、科研院所、工程中心等对中小企业开放共享各种实(试)验设施。加强中小微企业综合服务体系建设,完善中小微企业公共服务平台网络,建立信息互联互通机制,为中小微企业提供创业、创新、融资、咨询、培训、人才等专业化服务。

（7）进一步扩大制造业对外开放

支持制造业企业通过委托开发、专利授权、众包众创等方式引进先进技术和高端人才，推动利用外资由重点引进技术、资金、设备向合资合作开发、对外并购及引进领军人才转变。加强对外投资立法，强化制造业企业走出去法律保障，规范企业境外经营行为，维护企业合法权益。探索利用产业基金、国有资本收益等渠道支持高铁、电力装备、汽车、工程施工等装备和优势产能走出去，实施海外投资并购。加快制造业走出去支撑服务机构建设和水平提升，建立制造业对外投资公共服务平台和出口产品技术性贸易服务平台，完善应对贸易摩擦和境外投资重大事项预警协调机制。

（8）健全组织实施机制

成立国家制造强国建设领导小组，由国务院领导同志担任组长，成员由国务院相关部门和单位负责同志担任。领导小组的主要职责是：统筹协调制造强国建设全局性工作，审议重大规划、重大政策、重大工程专项、重大问题和重要工作安排，加强战略谋划，指导部门、地方开展工作。领导小组办公室设在工业和信息化部，承担领导小组日常工作。设立制造强国建设战略咨询委员会，研究制造业发展的前瞻性、战略性重大问题，对制造业重大决策提供咨询评估。支持包括社会智库、企业智库在内的多层次、多领域、多形态的中国特色新型智库建设，为制造强国建设提供强大智力支持。建立"中国制造2025"任务落实情况督促检查和第三方评价机制，完善统计监测、绩效评估、动态调整和监督考核机制。建立"中国制造2025"中期评估机制，适时对目标任务进行必要调整。

由"中国制造2025"可以看出，国家在大力支持、促进机电一体化的发展，同学们一定要抓住机遇，找准方向，为我国制造业的振兴大干一场。

第7章 关于如何学习的几点思考

前6章比较详细、系统地向同学们介绍了机械电子工程专业的培养目标、课程设置和专业发展趋势,同时也介绍了作为一位机电工程师所应具备的能力和知识体系,希望上述介绍对同学们了解、认识机械电子工程专业有所裨益。

同学们步入大学以后,除了紧张的课程学习之外,还有许多社团活动和文体活动可以参加,兴奋之余,这些丰富多彩、眼花缭乱的活动可能会使同学们不知所措。那么进入大学以后,到底应当怎么学习?这可能就是萦绕在同学们头脑中的新问题。下面就在大学里学生如何学习、如何培养和锻炼自己谈几点看法。

7.1 在大学里学什么

大学阶段是人生最美好的时期,大学生踌躇满志,英姿勃发,憧憬着自己所要成就的事业。这一时期,同学们的世界观逐渐形成。知识的积累不仅为将来奋斗、发展打下了良好基础,也为成就事业铺平了道路,可以说大学阶段是人生的关键阶段。那么到大学以后究竟应当学什么呢?答案很简单,首先"学做人",其次"学本领",二者缺一不可。

"学做人"主要是指遵纪守法有道德。所以在教学计划中,特别安排政治课、职业道德与法律法规课程,强调这一点。

"学本领"主要是指培养"工作能力"。要成就一番事业,首先要具有生存能力,不管做什么工作,首先要让自己生存下来;接着就要看你是否具有待人处世的能力(沟通、协调、团队精神)、学习的能力(尤其是自学能力)、理论与技术水平和解决实际工程技术问题的能力。

若一个人有德无才,则会对社会无益;而若一个人有才无德,则会危害社会。这个道理大家都懂,因为历史和现实都证明了这一点。所以各单位选聘人才时都要求德才兼备。同学们一定要做德才兼备的人。

7.2 在大学里怎么学

"怎么学"是指在大学里怎样才能把自己培养成德才兼备的人。下面从德与才两方面分别叙述。

7.2.1 如何逐步提高自己的道德修养

道德品质是社会熏陶和自我修养的结果,它是民族文化与文明的高度体现。中华民族的基本道德与高尚情操是中华儿女世世代代言传身教的结果。自古以来,每个家族和家庭都有祖训与家风,我们生下来就在父母的熏陶与教诲中将家风传承下来,这就是我们每个人道德品质的基础。俗话说的"三岁看小,七岁看老"就是这个道理。从小学到中学,最后到大学,每个学校都有自己的校园文化。优秀的校园文化和良好的校风会造就出无数的精英。当然,除了客观条件之外,最重要的还是自身修养,同一个学校会培养出截然不同的人就是证明。曾子曾说过的"吾日三省吾身"就是教诲人们要严格要求自己,修身养性,成为一个道德高尚的人。

一所学校的校园文化体现在校容、校纪、校风的各个方面,也蕴含在教学、科研、社团、文化等各类活动中,同学们一定要积极参加各种活动(日常学习、听学术报告与讲座、科技创新活动、社团活动、文体活动等),从中汲取营养,不断地培养、锻炼、提升自己。当然,也要量力而行,分清主次,有选择地参加。在集中精力学好每一门课的同时,还要积极参加各种社会活动和文体活动,将自己融入校园文化之中,这对培养沟通能力、交往能力、组织能力、表达能力、团队精神都是非常有益的。祝愿同学们经过大学生活的洗礼,成为一个诚信、正直、坦诚、公正、友善、永远充满信心、勇于承担个人责任、会利用法律手段保护公众健康、安全和推动社会进步的高级人才。

7.2.2 如何逐步提高自己解决实际工程问题的能力

对实际工程系统的分析设计能力主要体现在概念设计与详细设计阶段。而概念设计的难点是将总体功能分解为功能模块和进行方案比较;详细设计阶段的难点在于如何建立物理、数学模型和求解计算。下面总结一下如何利用前面讲过的知识解决实际工程问题。

1. 解决工程系统问题的思路

图 7-1 所示是根据第 3 章图 3-1〔机电一体化系统(产品)创新设计思路图〕简化的解决工程系统问题的思路。

图 7-1 解决工程系统问题的思路

下面对该图说明如下。

(1) 步骤说明

首先由实际工程系统"确定"总体功能,将总体功能"分解"为功能模块,将功能模块"抽象"为物理模型,根据物理模型"建立"数学模型,将数学模型"转化"为数字模型;然后利用计算机"应用程序"对数字模型进行计算,输出计算结果,"绘制"出施工图纸;最后根据施工图纸具体"施工",做出工程系统。

(2) 对每一步的说明

① "确定"总体功能:这是理论与实际相结合的工作。只需要用理论和经验做定性分析,根据实际情况确定总体功能,因此实际经验很重要。

②"分解"功能模块:这是设计中的一项重点工作。该工作主要是在系统分析的理论指导下进行,将实际工程系统抽象为"工程系统",确定"工作对象"与"物质流"。首先由"物质流"确定工艺流程,也就是确定对"工作对象"施加的各种"动作";其次根据"动作"需要确定"执行者"和"能量流";再次根据每个"执行者"之间的"动作"逻辑关系,确定"操控者"和"信息流";最后由"执行者"和"操控者"确定功能模块。也就是说,有多少个"执行者"就至少有多少个"执行模块",有多少个"操控者"就至少有多少个"操控模块"。这是因为,为方便制作很可能再将功能模块分解为功能单元。(这在第2章、第3章已讲过,请复习一下。)

③"抽象"物理模型:将功能模块抽象为物理模型是设计中的一项关键工作,也是难点。因为这项工作既要求工程师有深厚、扎实的理论基础(这些理论在物理、工程力学、机械设计、电工电路、检测控制等课程模块中都已讲过),又要求他们有丰富的实践经验(这是同学们最缺少的,应当在专业课和设计实践课中积累,更应当在毕业后的工作中积累)。同学们要牢记这一点,在今后的学习中一定要时刻注意理论联系实际,对已有的机电一体化系统(产品),都要问一个问题,即"它的物理模型是什么"。这对你今后的设计将大有裨益。下面还要说一下,为什么说这一步是关键,这是因为物理模型与实际问题的相近程度将决定最后定量计算的准确性。例如,我们在分析计算机械零件的工作能力时,工程力学中所给模型基本上都是线性模型,其应用条件是:材料是线弹性的,变形是非常微小的(我们几乎感觉不到)。如果工作条件或材料机械性能不符合上述条件,则线弹性模型是不对的。不管计算时小数点后取多少位,都无济于事,其结果会与实际相差甚远。故"抽象"物理模型这一步最关键。

④"建立"数学模型:由物理模型建立的数学模型一般是方程式(代数方程、数理方程),有时也可能是函数。由物理模型建立数学模型都是利用物理原理完成的,所以在物理、工程力学、电工、电路、测控等理论课中都特别强调了它们的"基本原理",希望同学们在学习上述课程时,一定要把所讲原理理解透,搞清这些原理到底揭示了什么自然规律,所给模型的使用条件是什么,以便能正确地建立数学模型。

⑤"转化"数字模型:用计算机计算上述数学模型必须先做两项工作。第一项是将上述模型(微分方程、数理方程)离散化,即用"计算数学"中讲的差分方程或用有限元法就可完成;第二项是将实际问题数字化,即用"数据结构"所讲的方法将实际问题的几何尺寸、物理参数(密度、弹性模量、电阻、电容、电感等)、输入量等都用合适的数据类型表示出来,以便给应用程序输入数据进行计算。

⑥"应用程序"仿真计算:这一步是应用计算机"应用程序"对上述离散化的数字模型进行计算。"计算数学"的算法都在 Matlab 程序中,有限元的算法都在 Ansys 程序中。若没有现成的程序可用,则需利用"算法语言与程序设计"所讲的程序设计方法自己编写"应用程序"。

⑦"绘制"施工图纸:设计方案通过了理论计算(即通过了工作能力校核)即可画出施工图纸,在这一步之前所有的图都是草图,到这一步则要求按"工程图学与 CAD""工程材料""机械制造基础""互换性与技术测量"等课程所讲的内容和"国标""规范""机械设计手册""电工手册""电子元器件手册"等文件的规定将草图"绘制"成施工图(包括机械的总装图、部件图和零件图,液压、气压、电路等的安装图)。

⑧"施工":这一步对机电一体化系统来说就是制造。在将图纸交车间之前,首先要根

据"机械制造基础"课程讲的知识,根据零件图编制"加工工艺规程"文件,根据总装图编制"装配工艺规程"文件,然后将图纸和上述文件交给机加车间进行加工,零件经检验(这是"互换性与技术测量"课程的内容)合格后,交总装车间总装,整机调试合格后备用(机械、液压、气压部分都完成了)。与此同时,电装车间也正按电路施工图在焊装("电装实习"内容)强、弱电的供电与控制电路,经检验合格后调试,调试成功后与机械部分联调,联调成功出厂销售。

2. 由解决工程系统问题的思路引出的对如何学习的几点看法

(1) 机电一体化系统分析与设计是培养学生具有解决实际问题能力的载体

任何工程问题(甚至包括社会问题)都是工程系统,任何专业都是为解决本专业的工程系统问题而设置的。在大学4年的学习活动中,正是这类专业工程系统让你掌握了这一类系统的系统分析方法。

因此,不管你学什么专业,只要你把这个专业系统作为学习系统分析原理的载体,学深吃透系统分析原理,那么今后无论遇到什么专业的问题,都可以举一反三,用所学的系统分析原理分析、解决另一类系统的实际问题。

有的学生入学以后,也许学的不是自己想学的专业,而毕业工作以后往往专业不对口,所以常会有情绪,影响学习和工作。这种情绪可以理解,但是完全没有必要。因为能考上理想的专业和找到专业对口工作的人毕竟只是一部分,只要自己有自学能力,又有理论基础,学会解决其他专业系统的问题是很容易的。因此,不管学什么专业都要认真学,勤思考,真正悟出通过这个载体(专业系统)揭示出来的解决工程问题的一般规律,掌握将来解决任何问题的方法。

(2) 如何协调工程系统设计的综合性与课程设置的分散性的关系

由上面的总结我们可以看到,设计一个工程系统是在综合应用与该系统有关的许多学科的知识,而课程设置却是从数学开始,按不同学科由基础到专业,一门一门地开课,最后专业课才详细地、系统地介绍系统设计知识,课程设置的顺序恰与系统设计的顺序相反。所以学生在选修教学计划所列课程时,不知道哪一门课在专业中起什么作用,从而不知道选哪门课好,往往有用的课没选,而用处不大、好得学分的就选了,造成到后面要用时,才发现选错了课,为时已晚。

本书对知识体系和课程体系就是按系统分析的顺序介绍的,说明了本专业所需知识之间的纵向关系,其目的之一就是让同学们知道,每门课在解决系统问题中的地位和作用。同学们在选课时,一定要随时翻阅本书,千万别漏选重要的课程。本课程实际上可以对工程系统的综合性与课程设置的分散性起一个协调作用。

(3) 解决工程问题所需要的四类知识

下面我们来说明一下本专业所需知识之间的横向关系。由课程设置图(图4-1)可见,要解决一个工程系统的问题,需要4类基本知识,即基本理论、基本技术、基本技能和工程知识。

① 基本理论:主要指学生应当掌握或了解的与本专业相关的基本理论,包括数、理、化等学科揭示自然规律的原理以及由这些原理引申出来的在相关工程中应用的定理。例如,在物理中揭示了力作用原理、能量守恒定律、功能转换原理、胡克定律等,那么在工程力学中(理论力学和弹性力学)则针对不同的力学模型由原理引申出许多定理和定律(请复习工程

力学模块的内容),以解决实际问题。其他学科也是如此,请自己总结。

学好这些基本理论非常重要,因为它们是将实际工程问题抽象成物理模型的依据,第 4 章的课程介绍对每个学科的基本原理都已列出,希望同学们能牢记它们。

在学习的时候,不要死记硬背,也不要分别按课程背,而应以物理学的原理为基础,看看后续课程是怎么样用到不同的物理模型中的,将前后课程进行分析比较,抓住定理、定律的实质以后,你就会发现基本原理其实并不多,它们大多数都是针对不同物理模型的变种。

② 基本技术:主要指学生应当掌握或了解的与本专业相关的基本技术。技术主要用在施工或制造的过程中。例如,机械制造技术用于机械零件加工和机器的总装,而电工电子技术用于将元器件组合成电路或控制板。

有些课程主要是讲技术的,如"工程材料"、"机械制造基础"、"互换性与技术测量"、"模拟电子技术"、"数字电子技术"和"计算机控制技术"。不是说这些课没有理论(在其本专业都有深奥的理论),而是对机械电子工程专业来说,学生只掌握其应用技术即可。因此,同学们在学习时,一定要知道什么类型的课要掌握的重点内容是什么?例如,对非计算机类专业的学生来说,所有的计算机类课都是教你"计算机有什么用途"和"怎么用",而不讲计算机的构成原理和软件工程的内容。在第 4 章的课程介绍中,也指出了这一点,希望能引起同学们的注意。

如果参加工作以后,需要知道所学技术的原理,你可找有关专业的书籍或资料自学。

③ 基本技能:主要指学生应当掌握的在实现实际工程时所应用的专业技能。这些技能只有通过亲自实践才能掌握,因此除了在每门课的介绍中指出需掌握的技能以外,单独设立了一系列的实践课,目的就是让同学们通过各类实践活动切实掌握有关技能,以便工作时能马上动手做事。

过去发现有些同学不太重视实践课,尤其是到工厂去实习时,走马观花,没有达到实习的目的。希望同学们能重视每一门实践课,抓紧一切时间锻炼自己的技能,以备不时之需。现在很多单位招聘都要求有两年实践经验的大学毕业生,可见实践技能的重要性。

④ 工程知识:主要指学生应当掌握或了解的与本专业相关的国家标准、工程规范、技术手册、定形图等。这些技术文件中有些内容是根据理论制订的,但绝大多数是对宝贵实践经验的总结(可能有的还找不到理论根据)。然而这却是工程师必须用到的,因此在各类课中要注意学习和掌握这些内容。

当然对于每一门课来说,这 4 类基本知识可能都有,希望同学们在学习每一门课时,自己去分析每部分内容的学习目的,以便真正掌握所学的内容。

(4) 物理模型的多样性与数学模型的归一性

其实,这一现象在 4.2.2 节"数学模块"中曾讲过,即"钢球弹簧系统"的振动方程式(4-9)与"电阻、电感、电容电路"的振荡方程式(4-10)的"数学模型"都是式(4-8)(二阶常系数线性微分方程)。为了更明确地说明这一现象,下面再举几个实例。

① 在物理中:

对于匀速直线运动,路程与时间的关系是 $S=vt$,其中,S 是路程,v 是速度,t 是时间。v 是常数,S 与 t 呈线性关系。

对于胡克定律,弹簧恢复力与其伸长量的关系是 $F=kx$,其中,F 是恢复力,k 是弹簧刚度,x 是伸长量。k 是常数,F 与 x 呈线性关系。

对于欧姆定律,导体两端电压与电流的关系是 $V=RI$,其中,V 是电压,R 是电阻,I 是电流。R 是常数,V 与 I 呈线性关系。

在静止的纯净水中,压强与水深的关系是 $P=\rho h$,其中,P 是压强,ρ 是密度,h 是水深。ρ 是常数,P 与 h 呈线性关系。

这样的物理规律还很多,如果把上面的 4 个公式抽象为一个数学公式,那就是

$$y=ax$$

它是直角坐标系中斜率为 a 的一条直线。这就是上面 4 个"物理定律"的"数学模型"。

② 由上面的分析,可以引出如下两点结论。

第一,不管什么自然现象(或社会现象),也不管什么学科的变化规律,只要它们所抽象的"模型"的规律为线性的,它们都可以建立"唯一的一个"线性的数字模型 $y=ax$。这就是所说的"物理模型的多样性与数学模型的归一性"。这样分析问题有一个好处,不必再记那么多的公式,只要记住什么自然规律是线性变化的即可,在应用时,只要将数学模型中的 x、a 和 y 给予不同的物理含义,即可得到不同的物理定律表达式。这样就可以把我们的注意力转移到对物理模型和物理规律的理解上,而不必再背那么多公式。

此外,由"物理模型的多样性与数学模型的归一性"还可以深刻体会到以专业系统为载体教会学生掌握分析各类系统的能力的可贵之处。

第二,由上面 4 个物理定律可以看出,它们只描述 4 个"理想"的"物理模型"的规律:第一个定律描述的是速度绝对均匀的模型,任何时刻,其值都是同一个常数 v(理想化);第二个定律描述的是弹簧刚度永远不变的模型,只有弹簧的材料处于线弹性变形阶段,k 才可能是一个常数(理想化);第三个定律描述的是电阻不随通电时间长短而变化(即不受发热影响)的模型,每个时刻电阻都是常数 R;第四个定律描述的是水的密度绝对均匀、不随深度变化的模型,密度永远为常数 ρ。

(5) 要正确选择物理模型

由上面的分析,大家应该明白,在描述自然规律的时候,为什么必须先抽象一些典型的"物理模型"。这是因为在"理想"条件下,由该"物理模型"所建立的"数学模型"才简单,只要它能抓住自然规律的本质,基本上反映自然变化规律即可。如果上面的 4 个定律中的常数都随时间变化,则数学方程将变为 $y=a(t)x$ 的形式,即非线性方程。对非线性方程只有先求出 $a(t)$ 的变化规律(曲线)才能求出 y 与 x 的关系曲线,这与线性模型是完全不同的。如果对非线性问题选择线性模型去分析计算,则是不对的。虽然非线性模型在数学计算上很复杂,但现在已有计算机帮助人们计算,计算已不成问题了。

在第 4 章的介绍中,特别强调"物理模型"就是基于上述原因。同学们在应用公式时,一定要注意,它是针对什么"物理模型",描述的是什么自然规律,千万不要乱套公式。如果实际问题与模型的条件相差较大,则由该模型所描述的规律不能用于所分析的问题。

3. 如何学习基础理论,悟出它的本质

在上学的时候一般都是老师讲什么,学生记什么;书上说什么,学生背什么。结果大部分学理工的学生满脑子都是公式,很少将不同学科、不同课程,加以分析与比较,"悟"出其中的门道。

理工专业的学生应主要学会做两件事,其一,会应用自然规律解决实际问题,它表现在会应用科学原理对实际问题进行定性分析,找出解决问题的思路(或说方案);其二,能按照

上述思路进行定量计算并给出结果。

要做好第一件事,就必须对揭示自然规律的原理、定律有深刻的理解与认识,概念非常清楚,知道它应当用在什么条件下。要做好第二件事则需要会用数学,明白你用的是什么数学原理,应该怎么用,数学的解答揭示了什么现象,表达了什么规律,其结果给出了什么结论。怎么做第一件事前面已反复讲过了,这里不再重复,下面讲如何做好第二件事。

要做好第二件事就必须先弄清楚在解工程问题时,都用了什么数学原理,或者说在由物理模型建立数学模型时都用了什么数学原理,所用的数学原理之间有什么关系?只要把这个问题搞清楚,把要用的数学原理学好、用好,问题就解决了。

要找出由各类物理模型建立数学模型时都用了什么数学原理,就必须将所建立的数学模型加以分析和比较,并抽象为一般的数学表达式〔就像前面举的例子(4个物理定律)一样〕,这样就清楚了要用什么数学原理,或者反过来说,就知道了一个数学模型它描述了多少个自然现象的规律。这个过程就是"悟",悟出数学与自然规律间的关系,悟出数学原理之间的关系。

为了介绍怎么做,下面再举一个例子。

例如,为了简化计算,设计钢桥时,可以将其简化为桁架这一力学模型,以杆件内力为未知数,利用节点静力平衡方程式逐点建立平衡方程,这样可以得到以杆件内力为未知数的一个线性代数方程组,也就是说桁架的"数学模型"是"线性代数方程组"。

再如,有一个直流电路网络,在求解它时,可以以线路内电流为未知数,利用基尔霍夫第一定律,逐个节点建立方程式,得到以线路电流为未知数的一个线性代数方程组,也就是说直流电路网络的"数学模型"也是"线性代数方程组"。

现在将思路放开一点,城市的自来水管路网、燃气管路网与电路网也有相似之处。基尔霍夫第一定律说,流入节点的电流之和等于流出节点的电流之和,即电流的流量在节点处应当连续。那么水管路网与燃气管路网也应当如此,即流入一个节点(即不同管路汇集点)的流量等于流出该节点的流量,这就是流体的连续性方程。若以流体(水或气)的管流量为未知数,利用流体连续性方程逐点建立方程式,则可以得到一个以管路流量为未知数的线性代数方程组。这就是说,水管路网、燃气管路网的"数学模型"也是"线性代数方程组"。这种类型的问题还有很多,就不再一一举例。

上面举了两类例子,一类是数学模型为线性函数(即直线),另一类是数学模型为线性代数方程组。将来你还会遇到,有一类问题的数学模型是常系数线性微分方程(一阶或二阶),有一类问题的数学模型是拉普拉斯方程或波动方程,在今后的学习中,要自己悟出它们的规律。

当你知道了不同学科的物理模型的数学模型归一性以后,有以下好处。

其一,你会发现数学模型一样的物理现象之间是可以互相模拟的。这是相似理论的基础,也是相似实验的依据。在今后的学习和工作中你可能会遇到,要注意应用。(由于篇幅原因不再多举实例,也不对相似理论作说明。)

其二,在对数学模型求解时,不同学科有不同的解法,而且这些解法很方便,有独到之处,你可以将好的解法用于数学模型相同的不同学科之中,以便于计算。

其三,对于同一数学模型的不同物理模型,它们的其他类型的数学模型基本也都一样。例如,对于网络结构形式的物理模型,其数学模型都是线性代数方程组;在用计算机程序进行计算时要输入各类参数,这就要用数据结构的知识,学到时你会发现,它们的数据结构模型都是带有加权的有向图(这是数学图论的知识),当你学会一种物理模型的输入结构以后,可以将其用到其他相似的物理系统中。

由于同学们刚入学,掌握的知识还不够多,没有办法举很多实例,在此主要想告诉同学们,要明白"师傅领进门,修行在个人"的道理,在今后的学习中,对学过的各门课程一定要主动地、不断地加以分析,综合与比较,经过反复思索,发现它们的共同之处,这样既可以少记许多公式,又利于不同课程知识之间的融合。尤其是机械电子工程专业涉及的知识面很广,不仅涉及机械、电子、控制、智能和计算机等学科,还涉及固体、液体、气体等物质,你不仅要学习机械、电子与控制,还要学习通信、计算机、智能等专业的内容,因此,用上述方法去学习,从数学模型的角度把不同学科的内容综合在一起并进行分析比较,绝对有利于学习。

4. 知识与能力

这个问题似乎很简单,掌握的知识越多,能力越强。然而,还需要明确以下两点,即如何积累知识,如何将知识转化为能力。

(1) 如何积累知识

既要注意从书本中获取知识,又要注意从实践中获取知识。除了从课本中获取知识之外,还要广泛涉猎杂志、报纸和网络资讯,这样你可以了解新的科学领域和新的科学技术。另外,还要广泛涉猎人文知识,如绘画、书法、文艺、体育以及社会生活各方面的知识,这样既可以增强你的社交能力、生活能力,也可以为你今后的创新设计打下良好的基础。

对于实践知识,除了通过实践课获取之外,还可以通过参观(参观科技或人文展览会,参观企业、工厂和农村)与访问(访问专家、学者、技术员、工人和农民)。参观时,不但要看,而且要记,记住各种产品的生产工艺过程,记住生产时都用了什么技术。访问时,不但要听,也要记,记住被访问者的实践经验。

上述两项活动(读书与实践)都是积累知识的过程,将这些知识储存起来,作为你创新设计的来源。

(2) 如何将知识转化为能力

有知识不会用等于没有能力。例如,计算机的数据库存储的知识很多,但是若没有应用程序调用,再多的知识也是没有用的。

那么,怎么样培养能力呢?那就是"编制应用程序"。这当然是一个比喻,意思就是要经常针对各类实际问题想一想解决思路,这相当于概念设计,不必计算。问题想多了,思路广了,用的知识多了,你的能力也就增强了。例如,参加科技创新活动和社团活动都是培养能力的很好途径。

总之,每个人的基础不同,思维方法不同,只要根据自己的实际情况,勤于思考,善于总结,总能找到适合自己的学习方法。

参 考 文 献

[1] 钱锐.机电一体化技术(上、下)[M].北京:高等教育出版社,2005.
[2] Shetty,Kolk.机电一体化系统设计[M].张树生,等,译.北京:机械工业出版社,2006.
[3] 李瑞琴.机电一体化系统创新设计[M].北京:科学出版社,2005.
[4] 朱喜林,张代治.机电一体化设计基础[M].北京:科学出版社,2005.
[5] 邹慧君.机械系统设计原理[M].北京:科学出版社,2004.
[6] 张策.机械原理与机械设计(上、下册)[M].北京:机械工业出版社,2011.
[7] 孙桓,傅则绍.机械原理[M].北京:高等教育出版社,1990.
[8] 李棨.电子精密机械制造工艺学[M].北京:北京邮电学院出版社,1990.
[9] 李景湧.有限元法[M].北京:北京邮电大学出版社,1999.
[10] 王龙甫.弹性理论[M].北京:科学出版社,1984.
[11] 铁摩辛柯,盖尔.材料力学[M].北京:科学出版社,1978.
[12] 邱秉权.分析力学[M].北京:中国铁道出版社,1998.
[13] 哈尔滨工业大学理论力学教研室.理论力学(上、下册)[M].北京:高等教育出版社,1983.
[14] 许福玲,陈尧明.液压与气压传动[M].北京:机械工业出版社,2007.
[15] 李岚,梅丽凤,等.电力拖动与控制[M].北京:机械工业出版社,2012.
[16] 何光忠,李伟.计算机控制系统[M].北京:清华大学出版社,1998.
[17] 刘豹,唐万生.现代控制论[M].北京:机械工业出版社,2011.
[18] 杨叔子,杨克冲,等.机械工程控制基础[M].武汉:华中理工大学出版社,1996.
[19] 管致中,夏恭恪.信号与线性系统(上、下册)[M].北京:高等教育出版社.1989.
[20] 坦尼伯姆.计算机网络[M].曾华燊,等,译.成都:成都科学技术大学出版社,1999.
[21] 毛京丽,常永宁,张丽,等.数据通信原理[M].北京:北京邮电大学出版社,2002.
[22] 肖丁,关建林,周春燕,等.软件工程模型与方法[M].北京:北京邮电大学出版社,2011.
[23] 谭浩强.C程序设计[M].北京:清华大学出版社,1995.
[24] 谢楚屏,陈慧南.数据结构[M].北京:人民邮电出版社.1995.
[25] 阎石.数字电子技术[M].北京:高等教育出版社,2000.
[26] 童诗白,华成英.模拟电子技术[M].北京:高等教育出版社,2004.
[27] 崔晓燕.电路分析基础[M].北京:科学出版社,2006.
[28] 李瀚荪.电路分析基础(上、中、下)[M].北京:高等教育出版社,1983.

参考文献

[29] 齐欢,王小平. 系统建模与仿真[M]. 北京:清华大学出版社,2004.
[30] 张三慧. 工科大学物理(4册)[M]. 北京:北京科学技术出版社,1987.
[31] 胡运权. 运筹学教程[M]. 北京:清华大学出版社,2003.
[32] 王遇科. 离散数学[M]. 北京:北京理工大学出版社,1998.
[33] 南京大学数学系计算数学专业. 线性代数[M]. 北京:科学出版社,1978.
[34] 复旦大学. 概率论(4册)[M]. 北京:人民教育出版社,1979.
[35] 斯米尔诺夫. 高等数学教程第三卷. 第二分册[M]. 叶彦谦,译. 北京:人民教育出版社,1958.
[36] 李庆扬,王能超,易大义. 数值分析[M]. 武汉:华中理工大学出版社,1986.
[37] 王暄银,陶国良,陈鹰. 机电一体化的创新及发展方向[N]. 浙江大学学报,2000,6(6).
[38] 国务院中国制造2025[EB/OL]. (2015-05-19)[2017-8-1]. http://finance.people.com.cn/n/2015/0519/c1004-27024042.html.
[39] 森德勒. 工业4.0[M]. 邓敏,李现民,译. 北京:机械工业出版社,2015.
[40] 钟义信. 智能科学技术导论. 北京:北京邮电大学出版社,2006.
[41] 吴军. 智能时代. 北京:中信出版集团,2016.
[42] 吴军. 数学之美. 北京:中国工信出版集团,2020.
[43] 盛立东. 模式识别导论. 北京:北京邮电大学出版社,2010.
[44] 林子雨. 大数据技术原理及应用. 北京:中国工信出版集团,人民邮电出版社,2020.
[45] 朱雪龙. 应用信息论基础. 北京:清华大学出版社,2001.
[46] 邹慧君. 机械系统设计原理. 北京:科学出版社,2003.

附录 关于实践课安排的建议

1. 实践课目前存在的问题

尽管教育部对实践课很重视,但目前实践课仍存在以下问题。

(1) 时间问题

① 实践课的总学时少。实践课包括各专业的实验、实习、课程设计、毕业设计等。学校规定,每个学生到毕业时至少要修满 190 学分,而分配给实践课的总学分才 43 学分,约占总学分的 23%,实践课应占总学分 1/3 才比较合适,因为学生是学工科的。

② 课程实验学时少。为了保证实习、课程设计、毕业设计的学时,课程实验的学时少之又少,甚至有的课程只开三四节实验课(每个实验两个学时)。

(2) 场地问题

① 实验室面积小。由于扩招,本科生、研究生都要用实验室,学校的建设跟不上,所以实验室不够用。

② 实习场地难找。现在很多企业都是自主经营,怕学生实习影响生产,一般都不愿意接收学生实习,有的企业即便愿意接收学生实习,也不愿意让学生动手,这严重影响了实习质量。

(3) 经费问题

尤其是电子类的实验,耗材较贵,所以不敢让学生放手去做,往往用已做好的实验箱,学生换几个元器件就算做完了实验,或者干脆在计算机上做模拟实验。实验箱是黑匣子,模拟实验是"玩"数学,学生不亲自动手去做,动手能力就不可能得到培养。

(4) 指导教师问题

实验都应当由授课教师亲自去指导,而不是由实验员指导,这样一方面可以将实验与课堂上所讲的内容很好地衔接、配合,另一方面也可以检验学生是否都学会了,概念是否都清楚了。

(5) 虚拟化实验问题

由于时间、场地、经费等问题得不到解决,现在有许多实验都采用计算机模拟实验来代替,这是不对的。不管什么实验都是为了培养学生分析问题的能力和动手能力,而虚拟实验是在理想模型、理想参数下做的,与实际的实验相差甚远。要想提高学生的能力,就必须让学生自己动手去实践。

(6) 关于毕业设计问题

① 有些教师带毕业设计不认真。其表现是,有的教师带毕业设计题目深度不够,达不到对学生进行专业设计综合训练的目的;有的教师对学生平时的检查指导不够,以致最后的毕业设计水平不高。

② 有些学生做毕业设计不认真。其表现是,没有时间好好地做设计,结果是软件多、硬件少,理论多、实践少。

2. 对教学安排的建议

鉴于目前实践课存在的问题和本专业正在进行"卓越工程师规划"试点的情况,对本专业的教学安排提出如下建议。

(1) 以工程项目(以机器人设计制造为主)为导引安排全部教学活动

本课程已比较详细地介绍了机电一体化系统的基本概念及其设计思路,对机械电子工程专业的知识体系和课程体系也作了系统的介绍,学生应当对机电一体化系统有了基本的认识,所以在本课程讲完以后,可以给学生布置作业。每个人选一个机电一体化系统的中、小项目(书后附的机器人项目或学生自己感兴趣的项目),并在3年内(一年级下学期初至四年级上学期末)完成。在这3年内,要求学生带着完成项目这一任务去学习,要求教师围绕着完成这些(包括所有学生的)项目的内容去授课。这样,以工程项目为导引,将各门课的知识与机电一体化系统的设计与制造紧密联系起来,理论联系实际地进行教学活动。例如,在讲每一门课时,都可以将设计制造机器人或其他机电一体化系统中的相关内容作为例题或习题,让学生去分析解决。

当然,这样做会大大加重教师的负担。教师除了熟悉自己讲的课程之外,还要对学生选的那些项目进行分析与分解,确定将哪些项目中的哪些内容分配到哪门课去讲,或作为例题或习题。同时,学生也要有主动性,要动脑筋思考怎样完成自己的项目,平时听课时要十分注意与项目相关的知识,还要主动查资料,再与老师或同学讨论与项目相关的问题。可以实行导师制;课堂教学可以采用讨论式,将项目中的共性问题拿出来,让大家一起讨论,以便学生将原理、概念性的问题理解透。对于个别的疑难问题,可以请导师一起共同想办法解决,就像科技创新小组一样。

(2) 实践课程的安排

实践课程基本上都围绕着项目来进行,要有导师具体指导,该导师就是毕业设计的指导教师,具体安排可做如下考虑。

① 课程实验:主要按课程需要安排,能结合项目的尽量结合。例如,电路实验可以结合测控系统的典型电路。

② 实习:各类实习都按原计划安排。金工实习中可以增加"数控机床的认识实习",即让学生了解各类数控机床的系统构成、特点,使学生对"单机自动化"的设备(系统)有比较明确的认识;工艺实习中可以增加"自动生产线的认识实习",使学生对"系统自动化"的机电一体化系统有比较明确的认识。专业实习时学生一定要去观察一个机电一体化产品生产的整个过程(包括广义执行子系统和检测控制子系统的全部设计、制造、组装、调试和最后联调)。电装实习的装焊对象可以选一个单片机开发板或嵌入式(ARM)开发板,为后续课程(单片机或嵌入式的课程,检测、控制课程等)的应用做准备。

③ 课程设计:所有的课程设计都以学生选的项目为内容。例如,项目为"清障机器人",则可以"清障"为核心做各种课程设计。例如,"机械原理课程设计"可以"清障机构"(包括清障机构的方案选择、运动和动力分析、画草图及运动图等)为主要设计对象;"机械设计课程设计"可以上面原理课设计好的"清障机构"为对象,对其中的各个零件进行工作能力校核,并选择电动机或其他驱动装置。"机制工艺课程设计"(应当安排在"机械设计课程设计"之

后)可以上面机械设计课设计好的"清障机构"中的零件为对象进行"工艺规程"设计,并给出全部工艺文件,同时要求同学们自己找时间到实验室的数控机床上亲自加工出一个零件(包括加工程序编写)。对于"测控电路课程设计",学生可以选择自己项目中的一两个单元电路做设计对象,设计并焊装,调好备用。对于"测控系统课程设计",以"清障工作"的各个"执行机构"为控制对象设计测控系统(可能不止一个),并选择元器件焊装、初调好备用(在系统中,应当将"电装实习"做的开发板、"测控电路课程设计"做的单元电路都用上)。

④ 毕业设计:最好在四年级第一学期就开始做。将前面各课程设计做的东西全部集中起来,再按设计方案(这时对原设计的初始方案可以进行一些修改)将广义执行子系统和检测控制子系统都组装好(除了学生自己做的东西以外,其他的可用现成组件或插件),并将二者组装在一起联调。

项目做完以后,按毕业设计的要求写一份毕业设计论文,该毕业设计论文应当按本书图 3-1〔机电一体化系统(产品)创新设计的思路图〕给出的过程去写,重点是"概念设计"与"详细设计"的步骤。这样做也解决了四年级第二学期没有时间做毕业设计的问题。

3. 以项目为导引进行教学的几点好处

① 结合项目进行教学,对教师来说,使所讲述的理论更有针对性;对学生来说,使所学的内容更有实用性,且使学生将每门课所学的内容综合在一起(更具有系统性),同时也培养了学生解决工程问题的能力。

② 由项目导引实践环节,所有实践环节能结合项目的尽量结合,前面做的东西后面用,既可以节省经费和时间,又可以充分利用实验室(实验室开放),还可以做一个完整的毕业设计。

③ 培养了师资。上述安排相当于每个教师都在带领着学生搞项目,这样既丰富了教师的经验,又提高了教师自身的设计能力。因为真正的设计能力也是有些教师所缺少的。

4. 实践项目目录

为了更好地实现上面的安排,现选了过去的创新实验、机器人大赛等活动做过的一些项目,列在附表 1 中。当然,同学们也可以做自己感兴趣的项目,只要是机电一体化产品(系统)即可。

附表 1　实践项目目录表

序号	项目名称	客户需求	指导教师
1	仿人步行机器人的设计与开发 1	做一个双足步行机器人,使其沿直线行走,最慢 5 s 走一步	
2	仿人步行机器人的设计与开发 2	做一个双足步行机器人,使其沿规划好的曲线行走,最慢 10 s 走一步	
3	自动跳舞双足机器人的设计与开发	做一个双足机器人,使其在原地跳舞,最慢 10 s 一个动作	
4	自动寻迹机器人的设计与开发	做一个轮式行走机器人,使其按规划好的任何轨迹自动行走,速度为 0.5 m/s(可用红外、可见光或超声波控制方向)	
5	避障机器人的设计与开发	做一个轮式行走机器人,使其在行走过程中自动避开前面的障碍物,速度为 0.5 m/s(传感器自己选)	

续 表

序号	项目名称	客户需求	指导教师
6	清障机器人的设计与开发	做一个轮式行走机器人,使其在自动行走的过程中,边走边清除前面的路障。行走速度为 1 m/s,清障方式要求用机械手	
7	自动爬楼梯机器人的设计与开发	做一个自动轮式行走机器人,该机器人的轮子由可变机构制成。平地行走时,轮子收缩变成一个小圆柱,当爬楼梯时,轮子机构展开	
8	自动引线地老鼠的设计与开发	电缆线管道由带圆孔的长方形水泥块铺设而成,圆孔直径为 100 mm;铺设时不同水泥块之间的孔径相对位置可能有 5~10 mm 的误差,做一个地老鼠,使其带着一根钢丝由管道一端爬到另一端	
9	天然气地下管线自动探伤地老鼠的设计与开发	城市地下天然气管道应当进行年检。管道直径为 300 mm,设计开发一个地老鼠,使其能携带超声探伤传感器对管道进行检测	
10	有隔离柱的玻璃幕墙清洁机器人的设计与开发	有的楼宇为了遮光,在玻璃幕墙的窗棂处加了水泥(或其他材料)板或柱,柱的截面尺寸如左图所示,设计开发一个清洁机器人	
11	迷宫机器人的设计与开发	有任意一个迷宫,设计开发一个机器人,使其从入口进,从出口出,行进中自动寻路	
12	自动寻食机械鱼的设计与开发	水面漂浮着鱼食,无固定位置,设计开发一个机械鱼,使其自动地在水里游,并寻找鱼食	
13	自动潜浮机械鱼的设计与开发	设计开发一个机械鱼,使其能自己游动,并能浮到水面或潜入水底	
14	自动爬墙机械壁虎的设计与开发	根据壁虎脚掌外翻和内收机理,选合适的黏性材料,设计、研发一个机械壁虎,使其在垂直墙面上爬行	
15	四旋翼小飞机的设计与研发	做一四旋翼小飞机,使其能按规划路线自动飞行	
16	敲鼓机器人的设计与研发	设计开发一种能敲鼓的机器人,该机器人能完整地演奏一首曲子	
17	拉小提琴机器人的设计与研发	设计开发一种能演奏小提琴的机器人,该机器人能完整地演奏一首曲子	
18	投球机械人的设计与开发	将 5 个高 1 m、内径 15 cm 的圆筒放在一条直线上,两桶间隔 1 m,设计一个机器人,机器人小车斗内放 10 个直径 10 cm 的小球,要求机器人在 3 min 内在每一个桶内至少自动地放一个球	

续表

序号	项目名称	客户需求		指导教师
19	投篮机器人的设计与开发		有9个篮筐吊在铁架上,如左图所示,篮筐有3个进球篮圈,篮圈的平面都与地面垂直,呈三角形分布,设计开发一个投篮机器人,使其在3 min内将球投入9个篮内。机器人自带20个球	
20	搭桥机器人的设计与开发		左图所示为一座桥的两个桥台,设计开发一个自动机器人,把桥旁的梁(木板)拿起放到两个桥台上如虚线所示位置	
21	上台阶过桥送物机器人的设计与开发	如上图所示,梁放到桥台上以后,梁将高出桥台面,设计一个自动机器人,使其拿上物品,走过桥面,将物品送到对岸,注意梁比桥台高一个台阶		
22	取物机器人的设计与开发	有一个饭碗,里面放有一个馒头,碗被放在1 m高的台面上,设计一个自动机器人,使其走到台面前,将馒头取出		
23	抬物机器人的设计与开发	这个题目由两个人做。一个人做一个自动行走机器人,另一个人做一个手动遥控机器人。这两个机器人用一条扁担抬起一个物品,并按规定路线前行,其间不允许扁担掉下来		
24	装配机器人的设计与开发	这个题目由两个人做。设计一条自动化装配生产线,将两块板用两个螺栓组装到一起		